危险化学品从业单位安全生产标准化培训教材

危险化学品从业单位
安全生产标准化指导手册

国家安全生产监督管理总局化学品登记中心
中国石油化工股份有限公司青岛安全工程研究院　组织编写

曲福年　主编

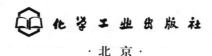
化学工业出版社
·北京·

《危险化学品从业单位安全生产标准化指导手册》从安全生产的角度，表述了国内外危险化学品安全管理现状、危险化学品从业单位安全生产标准化评审标准释义、危险化学品从业单位安全产标准化建设流程及相关文件、企业申请考核评级应具备的条件和程序等。

《危险化学品从业单位安全生产标准化指导手册》可作为危险化学品安全管理、安全生产标准化培训教材，也可作为危险化学品从业单位实施安全标准化活动的重要参考资料。

图书在版编目（CIP）数据

危险化学品从业单位安全生产标准化指导手册/国家安全生产监督管理总局化学品登记中心，中国石油化工股份有限公司青岛安全工程研究院组织编写；曲福年主编 . —北京：化学工业出版社，2017.10（2022.7 重印）

危险化学品从业单位安全生产标准化培训教材

ISBN 978-7-122-30306-6

Ⅰ.①危⋯　Ⅱ.①国⋯②中⋯③曲⋯　Ⅲ.①化工产品-危险品-安全生产-生产管理-标准化管理-手册

Ⅳ.①TQ086.5-65

中国版本图书馆 CIP 数据核字（2017）第 175159 号

责任编辑：杜进祥　　　　　　　　　文字编辑：孙凤英
责任校对：王素芹　　　　　　　　　装帧设计：韩　飞

出版发行：化学工业出版社（北京市东城区青年湖南街 13 号　邮政编码 100011）
印　　装：涿州市般润文化传播有限公司
787mm×1092mm　1/16　印张 17½　字数 432 千字　2022 年 7 月北京第 1 版第 10 次印刷

购书咨询：010-64518888　　　　　　　售后服务：010-64518899
网　　址：http://www.cip.com.cn
凡购买本书，如有缺损质量问题，本社销售中心负责调换。

定　　价：88.00 元　　　　　　　　　　　　　　版权所有　违者必究

《危险化学品从业单位安全生产标准化指导手册》
编写人员

曲福年　任佃忠　程玉河

刘艳萍　张道斌　孙青松

田　敏　韩超一　林　晖

王　浩　吕晓蓉　曲　微

▶ 前言

　　为了贯彻落实《中华人民共和国安全生产法》《国务院关于进一步加强企业安全生产工作的通知》《国务院安委会关于深入开展企业安全生产标准化建设的指导意见》以及《国家安全监管总局关于进一步加强危险化学品企业安全生产标准化工作的通知》等法律法规、文件的要求，切实做好危险化学品从业单位安全生产标准化建设工作，逐步提高企业安全生产管理水平，我们结合企业实际，组织编写了《危险化学品从业单位安全生产标准化指导手册》。

　　本手册共四章，从安全生产的角度，表述了国内外危险化学品安全管理现状、危险化学品从业单位安全生产标准化评审标准释义、危险化学品从业单位安全产标准化建设流程及相关文件、企业申请考核评级应具备的条件和程序等。本手册可作为危险化学品安全管理、安全生产标准化培训教材和危险化学品从业单位开展安全生产标准化活动的重要参考资料。

　　在编写本手册过程中，国内很多从事危险化学品安全管理与技术研究的专家也提出了宝贵意见，得到了应急管理部化学品登记中心（原国家安全生产监督管理总局化学品登记中心）、中国石油化工股份有限公司青岛安全工程研究院的大力支持和帮助，在此表示衷心的感谢！同时，在编写过程中，我们参考了有关书籍、资料和信息等，在此也对其作者深表感谢。

编　者

2020 年 8 月

目录

第 1 章

危险化学品安全生产标准化综述

随着社会的高速发展，化学品已广泛应用到各个行业中，特别是危险化学品的生产和使用量日益增多。然而，危险化学品具有易燃、易爆、有毒及强腐蚀等危险特性，在生产、使用、储存、运输、经营以及废弃处置过程中，一旦发生事故，将造成重大人身伤亡和经济损失，给社会造成极其恶劣的影响。如 1984 年美国联合碳化公司博帕尔农药厂甲基异氰酸酯泄漏事故，造成 4000 人死亡，50 万人中毒；2005 年英国邦斯菲尔德油库（Buncefield Oil Depot）发生一系列爆炸，造成 2000 人左右应急撤离，43 人受伤，20 多个储罐设施受火灾严重影响。又如 2013 年中国石化"11·22"原油管道泄漏爆炸事故，造成 62 人死亡、136 人受伤，直接经济损失 75172 万元；2015 年"8·12"天津港瑞海公司危险品仓库特别重大火灾爆炸事故，造成 165 人遇难，8 人失踪，798 人受伤住院治疗，304 幢建筑物、12428 辆商品汽车、7533 个集装箱受损，直接经济损失 68.66 亿元。

一系列的危险化学品事故无一不在社会上产生严重影响，因此，加强危化品安全管理、提升危化品企业安全管理水平是社会稳定和保护人民群众生命财产安全的需要，是国民经济健康持续发展的重要保障条件。

1.1 国外危险化学品安全管理概况

1.1.1 危险化学品安全管理体制健全

（1）美国化学品安全管理体制

美国对化学品安全管理采取分领域管理的模式。美国拥有强有力的化学品安全管理机构、严格的执法管理计划与程序以及完备的化学品管理技术支撑体系和公众参与机制。美国化学品安全管理涉及的部门较多，但分工明晰，管理也相对有序。主要有：美国劳工部职业安全健康局（OSHA），负责化学品对作业场所的影响，重点对企业内部；美国环保署（EPA），负责工业化学品对大众和环境的影响，重点对企业外部；消费品安全委员会（CP-SC），负责消费产品安全；农药、食品、药品监管局（FDA），负责医药、化妆品、食品中的农药残留监管；运输部（DOT），负责化学品的运输；农业部（USDA），负责肉类、家禽及蛋类产品涉及的化学品安全。另外，在 1997 年，美国国会成立了一个独立的非监管性的联邦机构——美国化学品安全局（CSB），主要负责化学品事故调查。此外，美国化工过程安全中心（CCPS）、美国石油学会（API）等机构在化学品安全监管中也发挥着重要作用。

1976 年颁布、1979 年正式实施的《有毒物质控制法》，是美国化学品管理中一部很重要的法规，管理的范围涵盖了化学品的整个生命周期。1986 年颁布的《应急计划与公众知情权法》引入了"重大危险源设施通报及应急泄漏和排放报告"制度和"有毒化学物质排放清单"（TRD）制度，规定企业有义务减少有毒化学物质对环境的影响且必须向公众披露有毒化学物质的相关信息。《职业安全卫生法》（OSHA）主要针对工作场所中的有害化学物质安全管理，立法目的是保证劳动者劳动条件尽可能地安全与卫生，向劳动者提供全面福利设施，保护人力资源。《高危险化学品过程安全管理法规》（PSM）是美国职业安全健康局于 1992 年 2 月发布的，其立法目的是规范高危险化学品企业的安全管理。与职业安全健康管理体系不同，过程安全管理专注于高危险化学品企业预防重大事故，如火灾、爆炸、有毒化学品泄漏等。美国《危险物品运输法》（HMTA）的立法目的是增强运输部门的立法与执行权力，以充分保护公民在运输危险货物过程中生命或财产不受到危害。

（2）欧盟化学品安全管理体制

欧洲是近代工业的发祥地，经过几百年的发展，在化学品的生产、储存、运输、使用和废弃过程中建立了一系列比较完善而有效的法规标准，很多法规的实施甚至影响着世界各国。欧盟的化学品管理部门主要涉及欧盟理事会、欧洲议会、欧盟委员会、欧洲法院、欧洲经济与社会委员会和欧洲化学品管理署。

欧盟是全球范围内化学品管理法规最健全、管理体制最完善的组织。2006 年，欧盟通过了当今世界上最严格的化学品管理法规——《欧盟关于化学品注册、评估、授权与限制的法规》（REACH 法规），率先引入了基于风险的化学品管理理念，这部标志性法规自 2008 年起正式实施，并已经成为世界各国争相效仿的法规模式。此外，欧盟创建了全球首部基于联合国 GHS 制度的立法《欧盟物质和混合物分类、标签和包装法规》（CLP 法规），并在 2012 年初公布了涵盖约 10 万个化学物质的"化学品分类和标签目录"，该目录是迄今为止全球范围内最大的物质分类数据库。

欧盟法规指令贯穿化学品的生产、使用及废弃各环节。在化学品生产环节，《实施提高员工工作场所安全健康工作水平措施 89/391/EEC 指令》提出应优先评估职业风险，关注提高作业场所工人安全和健康的应用措施，这个指令奠定了欧盟健康保护和工作安全的法律的基础；《工作场所化学品（CA）的 98/24/EC 指令》提出保护员工免受因从事与化学制剂相关的工作，或因工作场所中化学制剂的影响，而引起的或可能引起的安全和健康风险；《工作场所致癌物、致变物及生殖毒性（CMR）的 2004/37/EC 指令》规定雇主必须采取适当的措施保证工人或工人代表接受足够和合适的培训；《关于改善工人在爆炸环境中潜在风险的安全与健康保护的最低要求的 1999/92/EC 指令》（ATEX 137）规定雇主必须为在有爆炸危险环境中工作的员工提供充分和合适的爆炸防护培训等方面的保护；《塞维索（SEVESO）指令》重在预防危险化学品重大事故。在化学品销售环节，《欧洲进出口危险化学品事先知情同意规程 649/2012/EU 指令》为欧盟特定危险化学品的进出口设定了指导方针；《关于进出口危险化学品的 304/2003/EC 指令》和《关于进出口危险化学品的 689/2008/EC 指令》对"禁止或严格限制的化学品的通知，向缔约方和其他国家发出口通知、回复出口通知，化学品贸易的信息交流，化学品进口相关义务，对某些化学品及其制品的出口管制，出口化学品的附带信息，化学品过境运输信息，成员国主管部门管制进出口的相关义务，技术援助"等方面作了明确的规定，并要求各成员国遵照执行。在化学品使用环节，通过 GHS 法规、REACH 法规、CLP 法规对市场流通的物质进行控制，达到提高对人的健康和环境保护水平的目的。

（3）相关国际组织化学品安全管理制度

联合国、国际劳工组织等为促进并指导各国加强化学品安全管理工作以及国际化学品贸易合作，制定了多项国际化学品公约、管理方针等，从化学品的生产、储存、运输、使用、销售到废物处置的各个环节都提出了要求。

联合国在国际化学品安全管理的战略规划方面制定了多项国际化学品公约和章程，如《21 世纪议程》《国际化学品管理战略方针》《关于持久性有机污染物的斯德哥尔摩公约》《维也纳公约》等。1993 年 6 月 2 日，国际劳工组织通过《预防重大工业事故公约》（ILO 第 174 号公约），主要目的是预防包括危险化学品在内的重大工业事故和减轻该类事故的后果。批准该公约的成员国有责任制定、实施并定期评审国家控制重大事故风险，保护工人、公众和环境的方针。1990 年 6 月 25 日，国际劳工局理事会第 77 届会议正式通过了《作业场所安全使用化学品公约》（第 170 号公约），该公约适用于使用化学品的所有经济活动部门，明确规定了政府的责任、雇主的责任、工人的义务和权利、出口国的责任。我国是国际劳工组织成员国，1994 年 10 月 27 日，全国人大八届十次会议已批准了该公约，正式承诺执行该公约。1996 年原化工部和劳动部共同组织制定并颁布了《工作场所安全使用化学品规定》。

第 170 号公约和我国的《工作场所安全使用化学品规定》的核心内容是：

① 对化学品进行危险性鉴别和分类并进行登记；

② 危险化学品包装上必须加贴安全标签；

③ 向危险化学品用户提供安全技术说明书；

④ 对作业场所的工作人员进行培训教育，并提供必要的安全卫生设施和防护措施；

⑤ 制定化学事故应急预案，提供应急措施。

1.1.2　企业安全管理模式先进

发达国家的化工企业，尤其是大型石油和化工公司，把做好安全、健康、环境（HSE）工作看成是公司形象的标志，成为企业生存发展的基础。

① 企业积极制定本单位的安全、健康、环境标准。企业制定和执行的标准越高、越严、越全面，企业的信誉和形象则越好。世界知名公司，如 BP 公司、杜邦公司、壳牌公司、陶氏化学公司等都已推行了健康、安全与环境管理体系，遵循 PDCA（计划、实施、检查、改进）的动态循环管理模式，安全生产管理水平不断提高，取得了很大的经济效益和社会效益。

② 企业积极进行安全卫生研究和开发。杜邦公司有自己的研究开发中心，其毒理研究和动物实验的规模相当宏大。美国石油公司研究和开发的《安全控制系统》和《故障分析控制系统》，不仅使本公司安全水准达到很高水平，也使世界石油化工界受益。

③ 企业根据生产装置的具体状况，定期或不定期地对其进行安全评价。美国道化学公司研究开发的危险指数评价法、英国帝国化学公司研究开发的蒙德指数评价方法已在全球得到广泛应用。

④ 加拿大化工企业界总结出《责任与关怀》——企业自愿采取的加强安全、健康与环保的管理理念和体系，包括化学品的生产、销售、储运、回收、废弃的各个环节，强调要有员工、客户、供应商、社区公众的共同参与，最终实现零污染排放、零人员伤亡、零财产损失

目标。

　　⑤ 企业界普遍推行"职业安全健康管理体系",强调企业内部的规范化管理,把安全、卫生工作分成若干要素,根据企业实际情况制定目标和计划,实施计划,审查评估,持续改进,在一定期限内完成从计划到改进的一个循环,反复进行,不断提高企业的安全管理水平。

1.2　国内危险化学品安全管理概况

1.2.1　危险化学品法律法规体系

　　在我国,目前还没有专门针对危险化学品安全管理的法律,但是部分相关法律涉及了化学品的安全管理,如 2002 年颁布、2014 年重新修订的《中华人民共和国安全生产法》中涉及危险化学品安全生产管理的基本原则等内容,《中华人民共和国固体废物环境污染防治法》涉及废弃化学品安全管理,《中华人民共和国职业病防治法》涉及作业场所有害化学品对作业人员健康的影响。

　　在行政法规层次上,2002 年颁布的《危险化学品安全管理条例》是我国对化学品进行安全管理的核心法规,规定了化学品生产、储存、使用、经营和运输等多个环节的安全管理原则和基本要求。在危险化学品安全管理的严峻形势要求下,2011 年对条例进行了修订,作出了重大调整和补充,内容由原来的 7 章 74 条变成了 8 章 102 条,对危险化学品的生产、储存、经营和运输安全管理提出了具体要求,提出了基于联合国《全球化学品统一分类和标签制度》(GHS) 的危险化学品新定义,调整了各有关部门的职责分工,完善了危险化学品登记和鉴定制度,加大了违法行为处罚力度等。

　　为了配合条例实施,先后制修订了《危险化学品登记管理办法》《危险化学品经营许可证管理办法》《危险化学品包装物、容器定点生产管理办法》《危险化学品生产储存建设项目安全审查办法》《危险化学品目录》等部门规章。《安全生产许可证条例》和《国务院关于进一步加强安全生产工作的决定》发布实施后,又制定了危险化学品安全生产、经营及使用许可实施办法。各省、区、市人民政府也制定了一系列地方性法规和规章。目前,危化品安全法律法规体系已经初步形成并逐步完善,危化品安全管理工作基本上可以做到有法可依。这些法律和行政法规对依法加强危险化学品安全生产管理工作发挥了重要作用,促进了安全生产法制建设。

1.2.2　危险化学品企业现状

　　我国是化学品生产和使用大国。目前,全球能够生产十几万种化学品,我国生产的各种化工产品达 45000 多种,产量迅猛增长。一些主要化工产品的产量纷纷跃居世界前列。危险化学品不仅仅局限于危险化学品生产、经营、使用单位,已经深入到工、矿、商、贸、农、林、牧、渔等各行各业。据统计,2015 年化肥总产量 4519.8 万吨(产能 7627.36 万吨)、硫酸 8800 万吨、纯碱 3300 万吨、染料 115 万吨,世界第一;原油加工量 7.6 亿吨、烧碱 3338 万吨、乙烯 2358 万吨,世界第二。近几年,这一数据仍呈上升趋势。

　　截至 2015 年 12 月底,全国共有危化品从业单位 26 万余家,其中生产单位 17984 家,经营单位 242968 家,使用单位 3347 家(办理使用许可的约 1000 家)。

我国危化品生产企业安全管理水平参差不齐，大体可分为 4 种情况：一是大型化工跨国公司在华企业，工艺、技术和设备先进，安全环保管理较严，职工队伍素质及安全意识较高。二是中国石油、中国石化、中国海油为代表的中央企业，技术和装备先进，规章制度健全，管理水平较高，安全状况比较稳定。三是地方国有化工企业，大多建于 20 世纪五六十年代，企业安全管理有一定基础，但多数单位历史包袱重，经济效益差，安全投入不足，生产工艺陈旧，设备带病运转，安全保障能力下降。四是以私营为主的小化工企业，普遍工艺落后，设备简陋，人员素质及安全意识低，安全管理差，事故多发。

随着我国改革开放的逐步深化，国内经济市场化和国际经济活动全球化的深刻变化，化学品安全管理工作也面临着许多新的问题和难点。我国经济成分的多样化，给化学品安全管理造成了非常复杂的局面。在一些地区，一些企业以牺牲安全为代价获取短期、局部经济利益的情况相当普遍，整体安全素质下降趋势比较明显。我国国有企业长期以来习惯于上级行业部门的行政管理，政府的行业主管部门也习惯于直接管理企业内部事物。国家机关改革后，行业行政职能削弱甚至撤销（如化工部、石油和化学工业局以及地方化工厅局相继撤销），要求企业依法自主经营、自我约束、自己承担法律责任。但是，由于相关的法律法规不健全或监督执行不力，安全工作又不直接与收益相关联，有些危化品企业在工作中就往往把经济效益放在首要的位置，而仅仅把"安全第一"放在口头上。某些私企、合资或小型外商独资化工企业的安全工作比国有企业还要差，频频发生事故。有相当一部分从事危化品生产的中小企业没有建立和完善安全生产规章制度和岗位操作规程，有的即使有安全生产规章制度和操作规程，也只是为了应付检查，做表面文章，没有真正落到实处。并且，许多企业的安全生产规章制度和操作规程多年未进行修订，满足不了不断变化的新技术、新设备、新工艺的安全要求。有的企业没有建立安全生产管理机构或配备专职的安全管理人员，未按规定配备足够的安全管理人员，造成安全管理混乱，生产安全事故不断发生。2015 年国内发生的一般以上的石油与化工事故共 115 起，死亡 359 人，与 2014 年（105 起，280 人）相比，事故起数增加 10 起，上升 9.5％；死亡人数增加 79 人，上升 28.2％。按生产、使用、运输、储存、经营和废弃处置环节进行分析，各环节事故起数由多到少排列，依次为运输环节、生产环节、储存环节、使用环节、废弃处置环节、经营环节，各环节事故起数分布及比例见图 1-1。

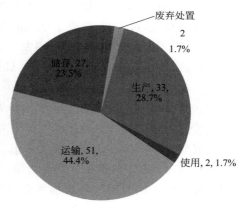

图 1-1　国内各环节事故分布情况

面对严峻的安全生产形势，迫切要求国家建立更完备的危化品安全管理机制，制定更加完备的危化品安全管理法规，加大依法严管的力度，推行现代化的安全管理模式。

1.3　安全生产标准化发展历程

20 世纪 80 年代初期，为提高企业安全生产水平，煤炭、有色、建材、电力、黄金等多个行业相继开展了质量标准化创建活动，收到了较好的效果，积累了一定的经验。

2004 年初，国务院下发《关于进一步加强安全生产工作的决定》（以下简称《决定》），明确提出要在全国所有工矿、商贸、交通运输、建筑施工等企业普遍开展安全质量标准化活动。原国务院副总理黄菊在国务院安委会第二次全体会议上再次强调，要制定颁布各行业的安全质量标准，规范安全生产行为，指导各类企业建立健全各环节、各岗位的安全质量标准，推动企业安全质量管理上等级、上水平。

为贯彻落实国务院《决定》和国务院领导同志的指示精神，国家安全监管总局印发了《关于开展安全质量标准化活动的指导意见》（安监管政法字〔2004〕62 号），对开展此项工作进行了全面部署，提出了明确要求，并组织起草了《危险化学品从业单位安全质量标准化标准及考核评级办法》（征求意见稿），在江苏省、山东省的 4 市 26 个试点单位进行了安全标准化试点工作。试点工作取得了阶段性的成效，提高了试点单位的安全管理水平。

2005 年，在总结试点经验、广泛征求专家意见和吸收借鉴国内外先进的安全管理经验基础上，国家安全监管总局对"征求意见稿"进行了修订，形成了《危险化学品从业单位安全标准化规范》（试行），并于 2005 年 12 月 16 日印发了《关于印发〈危险化学品从业单位安全标准化规范〉（试行）和〈危险化学品从业单位安全标准化考核机构管理办法（试行）〉的通知》，开始在全国危险化学品从业单位实施安全标准化活动，形成了安全监管部门组织、危化品企业广泛参与、考核机构提供技术支持的工作格局。

2007 年，根据《国家安全生产监督管理总局关于下达 2007 年安全生产行业标准项目计划的通知》（安监总政法〔2007〕96 号）工作安排，国家安全监管总局化学品登记中心起草了《危险化学品从业单位安全标准化通用规范》（AQ 3013—2008）以及氯碱、合成氨、硫酸、电石、涂料、溶解乙炔生产企业安全标准化实施指南 7 个 AQ 标准，并由国家安全监管总局陆续发布施行，初步形成了危化品安全标准化标准体系。

2009 年，国家安全监管总局印发《关于进一步加强危险化学品企业安全生产标准化工作的指导意见》（安监总管三〔2009〕124 号），明确了今后一段时期危险化学品安全标准化的工作目标和任务。

2010 年，为进一步落实企业安全生产主体责任，加强企业安全生产规范化建设，国家安全监管总局发布了《企业安全生产标准化基本规范》（AQ/T 9006—2010），为工矿商贸企业开展安全生产标准化建设提供依据。

2010 年 11 月，国家安全监管总局、工业和信息化部联合印发了《关于危险化学品企业贯彻落实〈国务院关于进一步加强企业安全生产工作的通知〉的实施意见》（安监总管三〔2010〕186 号），要求企业全面贯彻落实《基本规范》《通用规范》，积极开展安全生产标准化工作。通过开展岗位达标、专业达标，推进企业的安全生产标准化工作，不断提高企业安全管理水平。

2011 年 6 月，国家安全监管总局印发了《国家安全监管总局关于印发危险化学品从业单位安全生产标准化评审标准的通知》（安监总管三〔2011〕93 号，以下简称《评审标准》），作为考核危化品企业安全生产标准化达标的统一标准，进一步促进危化品企业安全生产标准化工作规范化、科学化，为危化品企业安全生产标准化建设提供指导。9 月，印发了《关于印发危险化学品从业单位安全生产标准化评审工作管理办法的通知》（安监总管三〔2011〕145 号），明确了危化品企业安全生产标准化评审条件、流程、评审单位、达标分级及其他相关要求。

2012 年 5 月 3 日，国家安全监管总局办公厅印发了《关于印发危险化学品从业单位安全生产标准化评审人员培训及考核大纲的通知》（安监总厅管三函〔2012〕68 号），明确了危化品企业安全生产标准化评审人员的基本条件、培训大纲和考核要求。5 月 31 日，为贯彻落实国务院安委会和国家安全监管总局关于安全生产标准化工作的部署，大力培植和创建一批危化品安全生产标准化一级企业，推动和深化危化品安全生产标准化工作，提升全国危化品安全生产水平，国家安全监管总局办公厅印发了《关于大力培植危险化学品安全生产标准化一级企业的通知》（安监总厅管三函〔2012〕99 号）。8 月 22 日，国家安全监管总局办公厅印发了《国家安全监管总局办公厅关于启用危险化学品从业单位安全生产标准化信息管理系统的通知》（安监总厅管三函〔2012〕151 号），要求各级安全监管部门、评审组织单位、评审单位、企业通过信息系统办理达标评审申请的提交、受理、评审和公告，并补录达标信息。

2014 年 6 月 3 日，国家安全监管总局印发了《关于印发企业安全生产标准化评审工作管理办法（试行）的通知》（安监总办〔2014〕49 号），规范和加强非煤矿山、危险化学品、化工、医药等企业安全生产标准化评审工作，推动和指导企业落实安全生产主体责任。

1.4　安全生产标准化意义

① 开展安全生产标准化工作，是贯彻落实安全发展理念、树立可持续发展思想的重要手段。开展安全生产标准化工作，是贯彻落实安全发展理念的重要措施，是树立可持续发展思想的重要手段，是贯彻落实党在最近一个时期安全发展的重要体现。十八大报告明确要求"强化公共安全体系和企业安全生产基础建设，遏制重特大安全事故"，与十七大报告明确要求"坚持安全发展，强化安全生产管理和监督，有效遏制重特大安全事故"有着明显区别。主要区别就在于工作重点的历史性转变，由立足于强化"管理和监督"向立足于强化"基础建设"转变。实现这样的转变，充分体现了我国安全生产事业的巨大进步，是党中央在科学把握安全生产形势基础上所作出的重大战略决策。

② 开展安全生产标准化工作，是贯彻实施《中华人民共和国安全生产法》、落实企业安全生产主体责任的重要举措。实现各地区、各行业、各企业安全生产状况的稳定好转，必须从生产经营单位的基础工作抓起，落实企业安全生产主体责任，建立自我约束、持续改进的安全生产机制。《中华人民共和国安全生产法》对生产经营单位在遵守法规、加强管理、健全责任制和完善安全生产条件等方面都作出了明确规定，同时还明确了生产经营单位的主要负责人、安全管理人员和所有从业人员的安全生产责任。2014 年新修订的《中华人民共和国安全生产法》第四条规定：生产经营单位必须遵守本法和其他有关安全生产的法律、法规，加强安全生产管理，建立、健全安全生产责任制和安全生产规章制度，改善安全生产条件，推进安全生产标准化建设，提高安全生产水平，确保安全生产。所以，开展好安全生产标准化工作，有利于促进《中华人民共和国安全生产法》的更好贯彻落实，有利于企业主体责任的落实和安全工作的落实，能够促使企业通过自我约束主动地遵守各项安全生产法律、法规、规章、标准。

③ 开展安全生产标准化工作，是实施安全生产许可制度、强化源头管理的有效措施。国务院 2004 年颁布、2014 年修订的《安全生产许可证条例》，对矿山、危险化学品、民用爆炸物品、建筑施工等高危行业实行安全生产许可制度。《安全生产许可证条例》从制度保障、组织机构、安全评价和作业条件等 13 个方面对高危行业的安全生产作出了明确的规定，

这是有效实施安全监管和消除事故隐患的重要措施，实现安全生产状况稳定好转的法律保障。安全生产标准化工作内容已完全涵盖了安全生产许可规定的 13 个条件，是核心。开展安全生产标准化工作就是要求企业各部门、生产岗位、作业环节的安全工作和各种设备、设施、环境，必须符合法律、法规、规章、规程等规定，达到和保持安全生产许可制度所规定的条件和标准，使企业生产始终处于良好的安全运行状态，从而满足高危企业安全生产的市场准入要求。安全生产标准化工作有助于促进危化品行业的安全工作符合安全许可条件的要求。贯彻安全许可制度也有利于促进安全生产标准化工作的开展。只有开展好安全生产标准化工作，才能为实施安全生产许可制度奠定好基础，创造好条件；而实施安全生产许可制度，又有利于促进安全条件的改善和整个安全生产工作上台阶、上水平。所以，通过开展安全生产标准化工作，提高企业的安全意识，保证安全许可制度的实施，最终达到强化源头管理的目的。

④ 开展安全生产标准化工作，是预防事故、保障广大人民群众生命和财产安全的重要手段。我国危化品行业中，中、小型企业的安全生产管理基础薄弱，生产工艺和装备水平较低，作业环境相对较差，事故隐患较多，伤亡事故时有发生。生产安全事故多发的主要原因之一就是企业安全生产责任不到位，基础工作薄弱，管理混乱，"三违"现象普遍存在。开展安全生产标准化工作，就是要求企业加强安全生产基础工作，建立严密、完整、有序的安全管理体系和规章制度体系，完善安全生产技术规范，使安全生产工作常态化、规范化、标准化。安全生产标准化是以风险管理为核心和基础，强调任何事故都是可以预防的和零事故理念，将传统的事后处理转变为事前预防。要求企业建立健全岗位标准，严格执行岗位标准，杜绝违章指挥、违章作业和违反劳动纪律现象，切实保障广大人民群众生命和财产安全。

⑤ 开展安全生产标准化工作，是建立安全生产长效机制的一种有效途径。安全生产标准化借鉴了以往开展质量标准化活动的经验，是新形势下安全生产工作方式方法的创新和发展。安全生产标准化要求企业各个生产岗位、生产环节的安全工作，必须符合法律、法规、规章、规程等规定，达到和保持一定的标准，使企业生产始终处于良好的安全运行状态，以适应企业发展的需要，满足从业人员安全生产的愿望。安全生产标准化突出了安全生产工作的重要地位，要求企业自觉坚持"安全第一，预防为主，综合治理"的方针，做到安全生产工作的常态化、规范化和标准化。要求企业的安全生产行为必须合法、合规，安全生产各项工作必须符合《安全生产法》等法律法规和规章、规程以及技术标准。安全生产标准化就是要求企业落实主体责任，建立健全安全生产责任制、安全生产规章制度和操作规程，提高本质安全水平和安全管理水平，建立安全生产长效机制。企业应增强抓好安全工作的自觉性，把安全生产标准化当作关系企业生存发展和从业人员根本利益的"生命工程""民心工程"来抓，采取有力措施，建立长效机制，深入持久地坚持下去。

⑥ 开展安全生产标准化工作，是企业自身在竞争的市场环境中生存发展的需要。随着社会主义市场经济体系的建立、发展和不断完善，企业间的竞争更加激烈。企业要跻身于世界，在日益激烈的市场竞争中立足、生存和发展，必须有一个好的安全状况。安全生产标准化是企业安全生产工作的基础，是提高企业核心竞争力的关键。安全生产标准化搞不好，安全生产没有保证，企业就没有进入市场、参与竞争的能力，生存发展就是一句空话。只有抓好安全生产标准化，做到强根固本，才能迎接市场经济的挑战，在市场竞争中立于不败之地。

⑦ 开展安全生产标准化工作，是实施分类分级监管的重要依据。各级安全监管部门在对危化品企业进行安全监管时，可以企业安全生产标准化级别高低，实施分类分级监管，针对一级企业、二级企业、三级企业，采取不同的频次、内容实施监管，加大低级别企业的安全监管力度，确保其符合安全生产要求。

一个现代化企业除了它的经济实力和技术能力外，还应具有强烈的社会责任感，树立对职工安全与健康负责的良好形象。现代企业在市场中的竞争不仅是资本和技术的竞争，也是品质和形象的竞争。因此，开展安全生产标准化将逐渐成为现代企业的普遍需求。通过开展安全生产标准化，一方面可以改善作业条件，增强劳动者身心健康，提高劳动效率。另一方面由于有效地预防和控制工伤事故及职业危险、有害因素，对企业的经济效益和生产发展也具有长期的积极效应。

总之，危化品企业开展安全生产标准化工作，具有重要的实际意义，需要我们深入研究行业特点，深入贯彻国家安全监管总局要求，深入学习法律、法规，广泛吸收国内外先进经验，结合企业的自身特点，有效开展安全生产标准化工作，建立安全生产长效机制，以实现危化品安全生产形势根本好转。

1.5　安全生产标准化原则

企业开展安全生产标准化工作，要遵循"安全第一、预防为主、综合治理"的方针，以风险管理为基础与核心，要与生产实际相结合，切忌两张皮现象。

安全生产标准化采用 PDCA 动态循环的管理模式（见图 1-2），主要以企业自我管理为主，实施过程中应体现全员、全过程、全方位、全天候的安全监督管理原则，通过有效方式实现信息的交流和沟通，不断提高安全意识和安全管理水平，建立起自我约束、持续改进的安全生产管理长效机制。

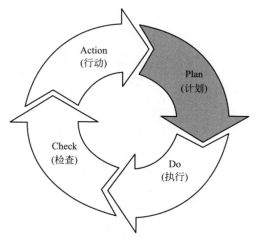

图 1-2　PDCA 动态循环，又名"戴明环"

第2章

危险化学品安全生产标准化评审标准释义

《危险化学品从业单位安全生产标准化评审标准》由 12 个 A 级要素和 56 个 B 级要素组成，见表 2-1。

表 2-1 《危险化学品从业单位安全生产标准化评审标准》管理要素表

A 级 要 素	B 级 要 素
1. 法律、法规和标准	1.1 法律、法规和标准的识别和获取
	1.2 法律、法规和标准符合性评价
2. 机构和职责	2.1 方针目标
	2.2 负责人
	2.3 职责
	2.4 组织机构
	2.5 安全生产投入
3. 风险管理	3.1 范围与评价方法
	3.2 风险评价
	3.3 风险控制
	3.4 隐患排查与治理
	3.5 重大危险源
	3.6 变更
	3.7 风险信息更新
	3.8 供应商
4. 管理制度	4.1 安全生产规章制度
	4.2 操作规程
	4.3 修订
5. 培训教育	5.1 培训教育管理
	5.2 从业人员岗位标准
	5.3 管理人员培训
	5.4 从业人员培训教育
	5.5 其他人员培训教育
	5.6 日常安全教育
6. 生产设施及工艺安全	6.1 生产设施建设
	6.2 安全设施
	6.3 特种设备
	6.4 工艺安全
	6.5 关键装置及重点部位
	6.6 检维修
	6.7 拆除和报废

续表

A 级 要 素	B 级 要 素
7. 作业安全	7.1　作业许可
	7.2　警示标志
	7.3　作业环节
	7.4　承包商
8. 职业健康	8.1　职业危害项目申报
	8.2　作业场所职业危害管理
	8.3　劳动防护用品
9. 危险化学品管理	9.1　危险化学品档案
	9.2　化学品分类
	9.3　化学品安全技术说明书和安全标签
	9.4　化学事故应急咨询服务电话
	9.5　危险化学品登记
	9.6　危害告知
	9.7　储存和运输
10. 事故与应急	10.1　应急指挥与救援系统
	10.2　应急救援设施
	10.3　应急救援预案与演练
	10.4　抢险与救护
	10.5　事故报告
	10.6　事故调查
11. 检查与自评	11.1　安全检查
	11.2　安全检查形式与内容
	11.3　整改
	11.4　自评
12. 本地区的要求	

说明：1. 本章中字体颜色加黑的内容为《评审标准》原文。

2. 危险化学品简称危化品。

3. 安全生产标准化简称安全标准化。

4. OHS 是指职业安全健康。

5. HSE 是指健康、安全与环境。

2.1　法律、法规和标准

2.1.1　法律、法规和标准的识别和获取

【标准化要求】

1. 企业应建立识别和获取适用的安全生产法律、法规、标准及其他要求管理制度，明确责任部门，确定获取渠道、方式和时机，及时识别和获取，定期更新。

【企业达标标准】

1. 建立识别和获取适用的安全生产法律法规、标准及政府其他有关要求的管理制度；

2. 明确责任部门、获取渠道、方式；

3. 及时识别和获取适用的安全生产法律法规和标准及政府其他有关要求；

4. 形成法律法规、标准及政府其他有关要求的清单和文本数据库，并定期更新。

为了解并遵守与企业生产经营活动有关的安全生产法律、法规及其他要求，企业应制定识别和获取适用的安全生产法律、法规及其他要求的管理制度，在制度中明确责任部门、时机、频次和方式，建立有效的获取渠道（如各级政府、行业协会或团体、数据库和服务机构、媒体、网络等），并按照制度要求及时获取相关的法律法规、规范性文件、部门规章及其他要求等。

企业应主动地、经常性地获取法律、法规及其他要求，并对获取的法律、法规及其他要求内容识别到条款，明确企业适用的具体条款和适用部门。企业应建立适用的法律、法规及其他要求的目录清单（参见表2-2）和文本数据库，并定期更新。

【标准化要求】

2. 企业应将适用的安全生产法律、法规、标准及其他要求及时传达给相关方。

【企业达标标准】

采用适当的方式、方法，将适用的安全生产法律、法规、标准及其他要求及时传达给相关方。

企业应采用适当的方式、方法，将获取的适用的安全生产法律、法规及其他要求及时传达给相关方，尤其是承包商、周围的社区居民等，提高相关方的法律意识，规范安全生产行为。企业应保留相关的发放记录。

2.1.2 法律、法规和标准符合性评价

【标准化要求】

企业应每年至少1次对适用的安全生产法律、法规、标准及其他要求的执行情况进行符合性评价，消除违规现象和行为。

【企业达标标准】

1. 每年至少1次对适用的安全生产法律、法规、标准及其他有关要求的执行情况进行符合性评价；

2. 对评价出的不符合项进行原因分析，制定整改计划和措施；

3. 编制符合性评价报告。

为了保证法律、法规和标准的有效贯彻和落实，规范从业人员的行为，消除违规现象和行为，企业应每年至少开展一次法律、法规和标准的符合性评价，查找违法现象，确保企业和从业人员能够按照法律、法规的要求安全生产。

企业可以自行组织进行符合性评价（见表2-3），也可以聘请中介机构进行。

企业对评价出的不符合项，应进行原因分析，制定整改计划和措施，及时整改。

企业应编制符合性评价报告（见表2-4），记录评价过程、结果以及整改情况。

表 2-2　适用的安全生产法律、法规及其他要求清单

序号	文件/标准名称	文件/标准号	颁布部门	发布日期	实施日期	适用部门	适用条款	识别日期

表 2-3　相关法律法规和标准符合性评价表

序号	文件/标准名称	实施日期	适用条款	符合情况	备注(不满足原因)

表 2-4　法律法规和标准符合性评价报告

名称	_____年度法律法规及标准符合性评价报告
目的	
范围	
评价组织	
参与人员	
评价日期	
不符合项描述	
原因分析	
整改措施	

2.2　机构和职责

2.2.1　方针目标

【标准化要求】

　　1. 企业应坚持"安全第一，预防为主，综合治理"的安全生产方针。主要负责人应依据国家法律法规，结合企业实际，组织制定文件化的安全生产方针和目标。安全生产方针和目标应满足：

　　① 形成文件，并得到所有从业人员的贯彻和实施；

　　② 符合或严于相关法律法规的要求；

　　③ 与企业的职业安全健康风险相适应；

　　④ 目标予以量化；

　　⑤ 公众易于获得。

【企业达标标准】

　　1. 主要负责人组织制定符合本企业实际的、文件化的安全生产方针；

　　2. 主要负责人组织制定符合企业实际的、文件化的年度安全生产目标；

　　3. 安全生产目标应满足：

　　① 形成文件，并得到所有从业人员的贯彻和实施；

　　② 符合或严于相关法律法规的要求；

　　③ 与企业的职业安全健康风险相适应；

　　④ 根据安全生产目标制定量化的安全生产工作指标；

　　⑤ 应以公众易于获得的方式发布安全生产目标。

　　（1）安全生产方针

　　企业应该贯彻、执行"安全第一，预防为主，综合治理"的安全生产方针。在生产经营活动中，企业在处理保证安全与实现生产经营活动的其他各项目标的关系上，要始终把安全特别是从业人员和其他人员的人身安全放在首要的位置，实行"安全优先"原则。坚持重在预防，落实责任。加大安全生产投入，深化隐患排查治理，筑牢安全生产基础。安全生产管理工作有助于促进经济效益的增长，降低生产经营成本。安全出效益，本质化安全出大效益，这是从无数事故血的教训中得出的道理。

　　企业制定的安全生产方针要文件化、公开化，应由主要负责人制定和签发。企业安全生产方针明确了企业安全生产的发展方向和行动纲领，确定了企业安全生产的职责和绩效总目标，表明了企业实现安全生产的正式承诺，尤其是主要负责人的安全承诺。企业的安全生产方针应贯彻到每一位从业人员并执行，应向社会公开。企业的安全生产方针应该与企业的其他方针（如质量方针、环境方针等）保持一致，并具有同等重要程度。

　　企业在制定安全生产方针时，应考虑以下因素：

　　① 企业的风险；

② 法律法规及其他要求；

③ 企业的安全生产状况、绩效；

④ 相关方的需求；

⑤ 所需的资源；

⑥ 从业人员及相关方的意见和建议；

⑦ 持续改进的可能性和必要性。

企业安全生产方针的制定要经过认真研究和交流，要符合或严于法律法规的要求。要与企业的风险相符，即在风险评价的基础上，预防和减少生产安全事故的发生，保护从业人员的生命和财产安全。

企业的安全生产方针应包括对遵守法律法规的承诺，包括对持续改进和预防事故、保护从业人员安全的承诺。

案例 1　中国石油化工集团公司 HSSE 方针

组织引领，全员尽责，管控风险，夯实基础。

案例 2　某燃气公司的职业健康安全方针

安全供气，优质服务；控制风险，关注健康；以法治司，持续改进。

案例 3　日本昭和电工德山公司的安全生产方针

安全第一，即安全在一切事物中位于优先的位置。

（2）安全生产目标

为实现安全生产方针，企业应制定一个可测量的、持续改进的、能够实现的年度安全生产目标，并为评价安全绩效提供依据。

企业在制定年度安全生产目标时，应充分考虑以下因素：

① 企业的整体经营方针和目标；

② 安全生产方针；

③ 风险评价的结果；

④ 法律法规及其他要求；

⑤ 可选择的技术方案；

⑥ 财物、经营要求；

⑦ 从业人员及相关方的要求、意见；

⑧ 对以前安全生产目标完成情况的分析；

⑨ 生产安全事故、事件及事故隐患；

⑩ 绩效考核的结果等。

企业制定的安全生产方针和目标应该是合理的，与实际的职业安全健康风险相适应，可以实现的，能够量化的要予以量化，应该以适当的方式向相关方公开，便于监督。

案例4　中国石油化工集团公司HSSE目标

零伤害，零污染，零事故。

案例5　BP公司的安全目标

不发生事故、不损害人员健康、不破坏环境。

【标准化要求】

2. 企业应签订各级组织的安全目标责任书，确定量化的年度安全工作目标，并予以考核。企业各级组织应制定年度安全工作计划，以保证年度安全工作目标的有效完成。

【企业达标标准】

1. 将企业年度安全目标分解到各级组织（包括各个管理部门、车间、班组），签订安全生产目标责任书；

2. 定期考核安全生产目标完成情况；

3. 企业及各级组织应制定切实可行的年度安全生产工作计划。

（1）目标分解

为确保年度安全目标的实现，企业应将年度安全生产目标层层分解到每个管理部门、车间、班组等各级组织。要充分考虑各管理部门、车间、班组的安全职责，并且在分解时应予以量化。

（2）安全目标责任书

企业主要负责人应该每年与各管理部门、车间签订安全目标责任书，车间应该与每个班组签订安全目标责任书，并对安全目标的实现情况进行考核。考核结果要与经济利益挂钩。

各管理部门、各基层单位的安全目标责任书的内容不应该千篇一律，应结合其职责来制定。安全目标责任书应突出本部门、本岗位的安全职责和安全指标等要求。企业、各管理部门、车间和班组，应根据各自的年度安全目标，制定安全工作计划，以确保本企业、本部门、本车间和本班组的安全目标的实现，最终保证整个企业的安全生产方针和目标的顺利完成。

制定的安全工作计划应形成文件，明确实施计划的职责和权限，确定责任人和责任部门，确定实现安全目标的方法、资源和时间表。应定期监测计划的实施情况，针对有关变化及时进行修订。

2.2.2　负责人

【标准化要求】

1. 企业主要负责人是本单位安全生产的第一责任人，应全面负责安全生产工作，落实安全生产基础和基层工作。

【企业达标标准】

1. 明确企业主要负责人是安全生产第一责任人；
2. 主要负责人对本单位的危险化学品安全管理工作全面负责，落实安全生产基础与基层工作。

企业的主要负责人是指直接参与企业经营管理的最高管理者，是指对企业生产经营和安全生产负全面责任、有生产经营决策权的人员。如何理解主要负责人，要根据实际情况来确定：主要负责人必须是企业开展生产经营活动的主要决策人，享有本单位生产经营活动的最终决定权，全面领导生产经营活动；主要负责人必须是实际领导、指挥生产经营日常活动的决策人；主要负责人必须是能够承担企业安全生产全面领导责任的决策人。一般来讲，主要负责人包括有限责任公司或股份公司的董事长、总经理，以及其他独立生产经营单位的经理、厂长等。企业必须以文件或制度的形式明确谁是安全生产第一责任人。

企业安全生产基层工作是指安全生产工作的基础层面，即车间以下生产班组；安全生产基础工作是机构建设、法制建设、安全投入、教育培训、安全生产责任制等基本保障要素。"双基"工作是系统工程，要作为建立安全生产长效机制的基本因素来强化，着眼当前，考虑长远。

"双基"工作是企业安全生产的基石，只有强本固基，才能实现安全生产的最佳效益。企业的主要负责人要按照《安全生产法》的要求，全面负责本单位的安全生产工作，做好基层与基础工作，切实抓好安全生产。

【标准化要求】

2. 企业主要负责人应组织实施安全标准化，建设企业安全文化。

【企业达标标准】

1. 主要负责人组织开展安全生产标准化建设；
2. 制定安全生产标准化实施方案，明确实施时间、计划、责任部门和责任人；
3. 制定安全文化建设计划或方案。

企业主要负责人应负责组织开展安全标准化建设工作，主动参与、支持，带头做好安全标准化各项工作。在开展安全标准化工作时，应制定实施方案，明确时间、计划、责任部门、责任人及职责，落实实施方案，建设好安全标准化工作，规范安全管理。将安全标准化作为企业安全管理的有效手段和工具，并且与企业其他管理体系有机融合，全面提升企业整体安全管理水平。

企业应按照《评审标准》以及国家法规、标准的要求，推行安全标准化管理，促进企业持续改进安全生产绩效。企业安全标准化工作应该涵盖所有的生产经营活动和区域，做到各岗位都有操作标准，每项工作都有标准作依据，实施标准化管理，以实现岗位达标、专业达标和企业达标。

现代企业制度必须配合现代的企业安全文化，用安全文化引领安全生产。企业安全文化的建设与管理越来越受到广泛的重视，已经涌现出极富个性和魅力的杰出代表。

企业安全文化不是单纯的思想或矫揉造作的文字，不是企业与文化的嫁接，而是企业在生产经营实践中逐步形成的，为全体从业人员所认同并遵守的，带有本单位特点的使命、愿景、宗旨、精神、价值观和经营与安全理念，以及这些理念在生产经营实践、管理制度、从业人员行为方式与企业对外形象的体现的总和。

企业安全文化是由众多相互依存、相互作用的元素结合而成的有机统一体。企业要切实把握安全文化的内在特质，寻找安全文化建设和管理的有效途径，认清不同元素在安全文化体系中的作用，认识和理解安全文化的结构，特别是企业安全文化的深层结构。

企业安全文化深层结构的概念可以提供一种对企业向内向外传播的文化符号体系和企业中权力运用之间的逻辑关系进行检验的方法。"深层结构"指的是一个社会组织的基本的理性体系，它是企业的一部分，向人们提供了什么是合适的和不合适的企业行为的意识，也就是我们通常所说的理念和价值观。简单来说，它是一个框定组织成员意识的实用逻辑。企业的价值观是企业安全文化最为核心的部分，是企业安全文化的源泉，是企业安全文化结构中的稳定因素。

企业安全文化建设要取得显著效果，要使从业人员认同企业的价值观并转化成自觉行为，在企业安全文化的深层结构和表层结构之间要建立起一道桥梁——以价值观为导向、以物质基础和权力（或权威）基础作保障的企业制度和行为规范。企业在安全文化建设过程中，应充分考虑自身内部的和外部的文化特征，引导全体员工的安全态度和安全行为。通过全员参与实现企业安全生产水平持续进步，达到以严格的安全生产规章或程序为基础，实现在法律和政府监管符合性要求之上的安全自我约束，最大限度地减小生产安全事故风险；对寻求和保持卓越的安全绩效做出全员承诺并付诸实践；使自己确信能从任何安全异常和事件中获取经验并改正与此相关的所有缺陷。

企业应依据《企业安全文化建设导则》（AQ/T 9004）的要求，并结合自身实际情况开展安全文化建设，三级企业应制定安全文化建设计划或方案，并按照计划或方案开展安全文化建设。

【标准化要求】

无。

【企业达标标准】

二级企业应初步形成安全文化体系。

一级企业有效运行安全文化体系。

二级企业应初步形成安全文化体系，基本实现 PDCA 的运行机制。一级企业有效运行安全文化体系，形成具有自身特色的安全文化模式，并能够按照 PDCA 运行机制良性发展，持续改进安全文化绩效。

杜邦公司在发展历程中形成了具有自身特点的安全文化。杜邦公司的安全文化建设参见案例 6。

案例 6　杜邦公司安全文化建设

杜邦公司在 200 年的发展历程中，逐步形成了具有自身特点的企业安全文化。杜邦将企业安全文化建设划分为四个阶段，建立了企业安全文化发展模型，并建立了一套塑造企业安全文化的辅助工具。

（1）企业安全文化发展模型

按照企业安全文化发展模型（见图 2-1），一个企业的安全文化的建设要经历四个阶段：自然本能阶段、严格监督阶段、独立自主管理阶段和互助团队管理阶段。

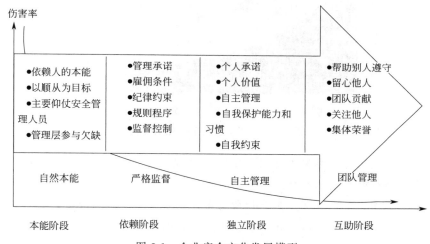

图 2-1　企业安全文化发展模型

在自然本能阶段，企业和员工对安全的重视仅仅是一种自然本能保护的反应，缺少高级管理层的参与，安全承诺仅仅是口头上的，安全管理主要依靠安全管理人员，员工以服从为目标，因怕受到罚款而不得不遵守安全规程。

在严格监督阶段，企业已经建立起必要的安全管理系统和规章制度，各级管理层对安全做出承诺；安全已经成为雇佣的一种条件，但员工意识没有转变，依然处于被动地位，受纪律约束。这一阶段是强制监督管理，没有重视对员工安全意识的培养，员工处于从属与被动的状态。

在独立自主管理阶段，企业已经建立起很好的安全管理制度、系统，各级管理层对安全负责；员工对安全做出个人承诺，具有很强的自我保护能力和自我约束能力，按规章制度、标准进行生产，安全意识已经深入员工内心，把安全作为自己工作的一部分。

在互助团队管理阶段，员工不但注意自己的安全，还帮助别人遵守安全，留心他人的安全表现，把知识传授给他人，实现经验分享。

杜邦的安全文化可以概括为：①管理层负责安全工作，安全专业人员起协调和协助作用，管理层对于其管理区域的"零事故"负责。②所有的员工参与安全管理，安全是所有人的责任，安全是"我"的责任。

（2）杜邦企业安全文化的建设

杜邦公司建立了循序采用的安全培训观察计划（STOP）系统（见图2-2），作为各阶段安全文化建设的一种辅助工具。杜邦STOP系统共分为四大模块：主管STOP™、高级STOP™、员工STOP™和相互STOP™。这四个模块彼此关联、循序采用，贯穿于安全文化建设的各个阶段，最终使全体员工拥有完全的安全意识，完善企业安全文化，并达到最低伤害的目的。

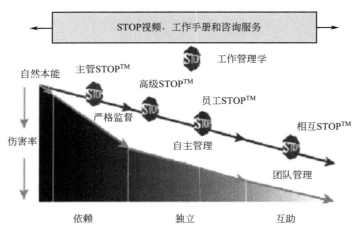

图2-2 杜邦企业安全文化的建设

在严格监督阶段，通过实施主管STOP™来强调高层领导的承诺和主动参与。指导经理人员、主管及小组领导人，有技巧地观察员工的工作情形、优化员工的不安全行为以及鼓励员工遵守安全工作守则，以减少工作场所的事故及伤害。在这一阶段，要求领导承诺和建立起"零事故"的安全文化，从工作上要重视人力、物力、财力的安全投入，从思想上切实重视安全。

在独立自主管理阶段，首先在主管STOP™的基础上，实施高级STOP™，着重强化安全系统，使组织达到一个新的安全水平。然后，针对全体员工进行员工STOP™的培训，强调安全是每个人的责任，指导员工如何获得安全知识及自我审核技能，以辨认并消除不安全行为和不安全状态来减少伤害。由此创造一个积极的安全环境，使员工以积极的态度对待安全问题，并创造更安全的工作环境。

在互助团队管理阶段，通过实施相互STOP™，帮助参与者学习与工作伙伴互动，使安全融入日常的工作中，并将安全视作自己的第二天性。指导参与者如何针对人员行为及工作场所的状况定期进行相互观察，为整个组织创造一个"员工合作"的安全环境。

【标准化要求】

3. 企业主要负责人应作出明确的、公开的、文件化的安全承诺，并确保安全承诺转变为必需的资源支持。

【企业达标标准】

1. 安全承诺的内容应明确、公开、文件化；

2. 主要负责人应确保安全生产标准化所需的资金、人员、时间、设备设施等资源。

企业的主要负责人要作出文件化的安全承诺，确保企业员工和公众的安全，确保企业遵守法规、预防事故、安全发展。安全承诺要向企业的员工和社会公开，让他们予以监督。同时，主要负责人要提供资源保障，确保本单位的安全生产正常、有序地开展。安全标准化的资源包括人力、财力、物力、技术和方法等。

主要负责人安全承诺内容应包括：

① 遵守所在国家和地区的法律、法规；

② 对企业的安全事务负有义不容辞的责任；

③ 最大限度地不发生事故、不损害员工健康；

④ 公开的安全生产表现；

⑤ 提供必要的人力、物力和财力资源支持；

⑥ 树立表率作用，不断强化和奖励正确的安全行为；

⑦ 以预防为主，开展风险管理、隐患治理；

⑧ 定期进行绩效考核，实现安全生产管理的持续改进。

企业负责人、各级管理人员及从业人员都应做好安全标准化工作。企业的主要负责人在安全标准化工作中应起到表率作用，这对安全标准化工作的有效实施至关重要，要奖励正确的安全生产行为，处罚错误的安全生产行为。

各级管理人员不仅要模范地执行安全标准化工作的要求，还要履行安全生产职责和义务，起到模范带头作用。

杜邦公司的做法值得我们借鉴和学习。杜邦公司要求领导在日常工作中要充分发挥表率作用，以实际行动表明对安全的承诺。而且，杜邦公司要求各级领导在分配工作任务时，无论多简单的工作，都要利用机会说明安全方面的问题。

案例 7　某公司的职业健康安全承诺

为实现安全生产方针和目标，我们承诺：

● 建立职业安全健康管理体系，全面、持续地识别、评估和控制与运行过程相关的职业安全健康方面的风险，定期制定切实可行的职业安全健康目标，通过全体员工的努力来持续改进我们的职业安全健康业绩，确保人身、企业财产的安全及对环境的保护；

● 提供必要的人力、物力和财力资源支持，以保证公司目标的实现；

● 遵守国家及地方政府有关职业安全健康方面的法律、法规要求、行业标准和企业的规章制度；

● 在生产活动中将职业安全健康放在优先地位，加大在职业安全健康方面的投入，加强生产技术及设备的改进，制定有效的应急措施，防止火灾、爆炸、有毒有害气体泄漏及伤亡等各类事故的发生；

● 加强对员工劳动保护的管理，确保全体员工的健康；

- 提供全体员工的培训，增强职业安全健康意识；
- 加强对承包商和供应商的职业安全健康管理，杜绝违章作业行为；
- 开展风险管理，定期进行风险评价；
- 努力向社会提供符合安全要求的高品质产品；
- 定期公布职业安全健康业绩，通过公众的监督，使我们的职业安全健康业绩得到持续改进，促使企业可持续发展；
- 公司的各级最高管理者是职业安全健康的第一责任人，每位员工对公司的职业安全健康事务负有义不容辞的责任，职业安全健康表现是公司奖励和聘用员工及承包商的重要依据。

案例8 某公司职业健康安全承诺

- 严格遵守国家和地方的 OHS 法律法规以及相关的集团公司制度和企业标准；
- 本着"安全第一，预防为主"的准则，制定 OHS 目标，并逐步实施；
- 定期开展危险、有害因素辨识与风险评价，制定有效控制措施，保障员工工作环境的安全；
- 加强员工教育培训，提高员工健康安全意识，关注员工身心健康；
- 定期向集团公司汇报 OHS 业绩，和公众加强沟通；
- 发动全体员工，持续提高职业健康安全管理业绩，以达到"安全供气、优质服务"之目的。

案例9 BP 公司的 HSE 承诺

BP 公司提出在其所有的生产经营活动中，都要做到：

- 不论在世界上的任何地方开展生产和经营活动，将完全遵守所有的法律法规，达到或超过其要求。
- 提供安全的工作环境，保护人身、财产和生产经营活动不受伤害或损害。
- 确保所有的雇员、承包商和其他有关人员的信息沟通，训练有素，积极参与，并承诺投身不断改进 HSE 的过程。要意识到安全生产不仅要有技术可靠的装置和设备，还离不开称职的员工和活跃的 HSE 文化，没有任何活动重要到可以置安全于不顾。
- 定期检查，确保所采取的措施行之有效。
- 全员参加危险、有害因素识别和风险评估、保障审查以及 HSE 结果报告。
- 保持公众对其生产整体性的信心。公开报告 HSE 业绩，征求外部人士的意见以增进与 BP 公司生产活动有关的内外部 HSE 问题的了解。
- 要求代表 BP 公司工作的各方认识到他们会影响到 BP 公司的生产及声誉，因而必须按照 BP 公司的标准开展工作。确保 BP 公司自身、承包商和其他各方的管理体系充分支持 BP 公司对 HSE 业绩的承诺。
- BP 公司的每一项生产和经营活动都必须满足 HSE 各项要求。

【标准化要求】

4. 企业主要负责人应定期组织召开安全生产委员会（以下简称安委会）或领导小组会议。

【企业达标标准】

主要负责人定期组织召开安委会会议，或定期听取安全生产工作情况汇报，了解安全生产状况，解决安全生产问题。

安委会或安全生产领导小组是企业安全生产的最高决策机构，它应由企业领导层以及各职能部门的有关领导组成。企业应定期召开安委会会议或安全生产领导小组会议，如每月、每季度或每半年召开一次，分析、研究和解决当前生产经营活动中存在的重要安全生产问题或重大安全隐患，明确责任部门、要求等，部署下一阶段的安全工作重点和要求。会议应形成纪要或记录。

【标准化要求】

无。

【企业达标标准】

1. 落实领导干部带班制度；
2. 主要负责人要对领导干部带班负全责。

企业要建立领导干部现场带班制度，带班领导负责指挥企业重大异常生产情况和突发事件的应急处置，抽查企业各项制度的执行情况，保障企业的连续安全生产。生产车间也要建立由管理人员参加的车间值班制度。值班不等于带班，《关于危险化学品企业贯彻落实〈国务院关于进一步加强企业安全生产工作的通知〉的实施意见》（安监总管三〔2010〕186 号）规定，企业副总工程师以上领导干部要轮流带班。副总工程师以上领导参加和现场带班是领导干部带班的主要特征。根据危化品行业的特点，一般来讲，在特殊时期或特殊作业情况下领导干部必须带班。企业主要负责人要对领导干部带班负全责。带班应形成记录。

2.2.3 职责

【标准化要求】

1. 企业应制定安委会和管理部门的安全职责。

【企业达标标准】

制定安委会和各管理部门及基层单位的安全职责。

企业应明确各职能部门的安全职责，衔接好不同职能间和不同层次间的职责，形成文件。

企业应明确以下安全生产管理机构和职能部门的安全职责：

① 安委会或领导小组；

② 安全生产管理部门；

③ 机械、动力、设备部门；

④ 生产、技术、计划、调度、质量、计量部门；

⑤ 消防、保卫部门；

⑥ 职业卫生、环保部门；

⑦ 供销、运输部门；

⑧ 基建（工程）部门；

⑨ 劳动人事、教育部门；

⑩ 财务部门；

⑪ 工会部门；

⑫ 科研、设计、规划部门；

⑬ 行政、后勤部门；

⑭ 其他有关部门。

企业还应该明确生产基层单位和班组的安全职责。

企业应将安全生产职责和权限向所有相关人员传达，确保其了解各自职责的范围、接口关系和实施途径。

【标准化要求】

2. 企业应制定主要负责人、各级管理人员和从业人员的安全职责。

【企业达标标准】

1. 明确主要负责人安全职责，对《安全生产法》规定的主要负责人安全职责进行细化；

2. 明确各级管理人员的安全职责，做到"一岗一责"；

3. 明确从业人员安全职责，做到"一岗一责"。

企业应明确所有管理人员和从业人员的安全职责和权限，形成文件。"管生产必须管安全、谁主管谁负责"，这是我国安全生产工作长期坚持的一项基本原则。企业的主要负责人，作为单位的主要领导者，对单位的生产经营活动全面负责，必须同时对单位的安全生产工作负责。企业的主要负责人有责任、有义务在开展生产经营活动的同时，做好安全生产工作，坚持以人为本的原则，按照安全发展战略的要求，认真贯彻落实"安全第一、预防为主、综合治理"的方针，正确处理好安全与发展、安全与效益的关系，做到生产必须安全，不安全不生产。企业主要负责人的安全职责是将《安全生产法》第十八条所赋予的法定安全职责结合企业安全生产实际进行细化，主要负责人应掌握和履行其安全职责，在安全生产工作中起领导作用。

安全生产管理人员作为本单位具体负责安全生产管理的专业人员，是贯彻落实有关安全生产方针、政策、法律、法规、标准以及规章制度等事项的具体执行者，也是主要负责人在安全生产方面的重要助手。他们有责任和义务履行组织或参与拟订本单位安全生产规章制度、操场规程，组织或参与本单位安全生产教育和培训等《安全生产法》第二十二条规定的各项法定安全职责。各级管理人员应对其管辖范围内的安全生产负责。

企业应根据个人的职务、岗位职责明确以下人员的安全职责，做到有岗必有安全职责：

① 主要负责人或个人经营的投资人；

② 经理（厂长、总裁等）、副经理（副厂长、副总裁等）；

③ 总工程师、总经济师、总会计师、总机械师、总动力师及各副总；

④ 各级管理人员；

⑤ 各级专（兼）职安全员、安全工程师及技术人员；

⑥ 从业人员等。

【标准化要求】

3. 企业应建立安全生产责任考核机制，对各级管理部门、管理人员及从业人员安全职责的履行情况和安全生产责任制的实现情况进行定期考核，予以奖惩。

【企业达标标准】

1. 建立安全生产责任制考核机制；

2. 对企业负责人、各级管理部门、管理人员及从业人员安全生产责任制进行定期考核，予以奖惩。

企业要建立、完善并严格履行"一岗一责"的全员安全生产责任制，尤其是要完善并严格履行企业领导层和管理人员的安全生产责任制。岗位安全生产责任制的内容要与本人的职务和岗位职责相匹配。安全生产责任制是企业各项安全生产规章制度的核心，是企业行政岗位责任制度和经济责任制度的重要组成部分。安全生产责任制是按照安全生产方针和"管生产必须管安全""谁主管谁负责"的原则，将各级管理人员、各职能部门、各基层单位、各班组和广大从业人员在安全生产方面应该做的工作和应负的责任加以明确规定的一种制度。企业安全生产责任制的核心是实现安全生产的"五同时"，即在计划、布置、检查、总结和评比生产的同时，计划、布置、检查、总结和评比安全工作。安全生产责任制包括两个方面，一是纵向，从主要负责人到一般从业人员的安全生产责任制；二是横向，从安委会到各职能部门的安全生产责任制。要做到横向到底，纵向到边，不留死角。

企业应建立完善相应机制，保证安全生产责任制的落实。主要负责人对安全生产责任制落实情况全面负责，安全生产管理机构具体负责安全生产责任制的监督和考核工作。企业应当建立完善安全生产责任制监督、考核、奖惩的相关制度，明确安全生产管理机构和人事、财务等相关职能部门的职责。安全生产责任制的落实情况应当与企业的安全生产奖惩措施挂钩。要奖优罚劣，对严格履行安全生产职责的，应当予以奖励；对未认真履行安全生产职责或者存在重大事故隐患、发生生产安全事故的，给予严惩。

【标准化要求】

无。

【企业达标标准】

二级企业建立了健全的安全生产责任制和安全生产规章制度体系，并能够持续改进。

二级企业安全生产责任制和安全生产规章制度要形成体系，实现制度建立、落实、检查考核、评审和改进各个环节的有效管理，持续改进。

2.2.4　组织机构

【标准化要求】

1. 企业应设置安委会，设置安全生产管理部门或配备专职安全生产管理人员，并按规定配备注册安全工程师。

【企业达标标准】

1. 设置安委会。

2. 设置安全管理机构或配备专职安全管理人员。安全生产管理机构要具备相对独立职能。专职安全生产管理人员应不少于企业员工总数的 2%（不足 50 人的企业至少配备 1 人），要具备化工或安全管理相关专业中专以上学历，有从事化工生产相关工作 2 年以上经历。

3. 按规定配备注册安全工程师，且至少有一名具有 3 年化工安全生产经历；或委托安全生产中介机构选派注册安全工程师提供安全生产管理服务。

企业应根据规模大小，建立安委会或领导小组，安委会或领导小组应该由企业的主要负责人领导。安委会通常会设置办公室作为日常办事机构，安委会办公室一般设在安全生产管理部门。

企业应按照《安全生产法》第二十一条规定，设置专门的安全生产管理机构或配备专职的安全生产管理人员。安全生产管理机构，是指企业内部设立的专门负责安全生产管理实务的独立部门；专职安全生产管理人员，是指在企业中专门负责安全生产管理，不再兼做其他工作的人员。在什么情况下应当设置安全生产管理机构，在什么情况下可以配备专职安全生产管理人员，企业可以根据本单位的规模大小、安全生产风险等实际情况，自主作出决定。一般来讲，规模较小的企业，人员较少，可只配专职安全生产管理人员；规模较大的企业则应当设置安全生产管理机构。无论是配备专职安全生产管理人员，还是设置安全生产管理机构，必须以满足本单位安全生产管理工作的实际需要为原则。《国家安全监管总局、工业和信息化部关于危险化学品企业贯彻落实〈国务院关于进一步加强企业安全生产工作的通知〉的实施意见》（安监总管三〔2010〕186 号）对企业安全生产管理机构的设置和专职安全生产管理人员的配备也作出了具体规定。

企业应按照国家关于注册安全工程师的有关规定，配备、使用注册安全工程师。如果企业没有条件培养注册安全工程师，则应与安全生产中介机构签订委托协议，由其选派符合要求的注册安全工程师为企业提供安全生产管理服务。配备或选派的注册安全工程师，应至少有一名具有 3 年化工安全生产经历。

当前，中小企业安全工作"无人管、不会管"问题比较突出。全国中小企业就业人员占规模以上工业企业总人数的 80% 左右，中小企业事故起数和死亡人数占全国生产安全事故的总起数和总死亡人数的 50% 左右。特别是小微型危化品企业，从业人员安全素质低，无专业化的安全生产管理、技术人员，是导致事故发生的重要原因。为此，借鉴注册律师、注册会计师等做法，建立注册安全工程师制度，逐步推动企业安全生产管理专业化，提高安全生产水平。

【标准化要求】

2. 企业应根据生产经营规模大小，设置相应的管理部门。

【企业达标标准】

1. 根据生产经营规模设置相应管理部门；

2. 生产、储存剧毒化学品、易制爆危险化学品的单位，应当设置治安保卫机构，配备专职治安保卫人员。

企业应根据规模大小和风险特点，设置设备、技术、生产、动力、后勤等管理部门。为了加强对剧毒化学品和易制爆危险化学品的管理，防止其被盗失窃而引发事故，企业还应设置治安保卫部门或配备专职治安保卫人员。

【标准化要求】

3. 企业应建立、健全从安委会到基层班组的安全生产管理网络。

【企业达标标准】

建立从安全生产委员会到管理部门、车间、基层班组的安全生产管理网络，各级机构要配备负责安全生产的人员。

企业应健全基层单位和基层班组的安全管理组织，建立从安委会、管理部门、基层单位、基层班组的安全生产管理网络，各级组织在其管辖范围内都应有负责安全生产的管理人员。

2.2.5　安全生产投入

【标准化要求】

1. 企业应依据国家、当地政府的有关安全生产费用提取规定，自行提取安全生产费用，专项用于安全生产。

【企业达标标准】

根据国家及当地政府规定，建立和落实安全生产费用管理制度，确保安全生产需要。

为了保证企业改善劳动条件所需的资金，国务院曾于 1979 年规定"企业每年在固定资产更新和技术改造费用中提取 10％～20％用于改善劳动条件"。1993 年新的会计制度实行后，取消了这一规定。但新的财务制度规定"企业在基本建设和技术改造过程中发生的劳动安全措施有关费用，直接计入在建工程成本，企业在生产过程中发生的劳动保护费用直接计入制造费用"。新制度使劳动安全措施经费不受任何比例限制，拓宽了费用来源。《安全生产法》第二十条："生产经营单位应当具备的安全生产条件所必需的资金投入，由生产经营单位的决策机构、主要负责人或者个人经营的投资人予以保证，并对由于安全生产所必需的资金投入不足导致的后果承担责任。"财政部、国家安全生产监管总局于 2006 年联合下发了《〈高危行业企业安全生产费用财务管理暂行办法〉的通知》（财企〔2006〕478 号），明确规定了安全费用提取的标准、范围、使用和管理以及财务监督等的管理办法。但事实上，近年来由于各种原因，大多企业未能严格按照 478 号文的规定足额提取和使用安全生产费用，以至于存在的安全隐患越来越多，风险增大，事故后果严重。2012 年 2 月，财政部、国家安全监管总局又联合发布了《企业安全生产费用提取和使用管理办法》（财企〔2012〕16 号），该办法对财企〔2006〕478 号文进行了修订完善，扩大了适用范围，安全生产费用的提取和使用不再仅仅局限于高危行业。同时，安全生产费用提取和使用管理也由暂行办法变为正式管理办法。

为了保证安全生产所需的费用，满足《安全生产法》《国务院关于进一步加强安全生产工作的决定》等有关规定，企业应建立安全投入保障制度，明确安全费用的提取标准，按照确定的提取标准自行提取，并且用于安全生产，不得挪作他用。

企业的决策机构、主要负责人或个人经营的投资人应该确保安全生产的资金投入，避免产生严重的后果。

【标准化要求】

2. 企业应按照规定的安全生产费用使用范围，合理使用安全生产费用，建立安全生产费用台账。

【企业达标标准】

1. 按照国家及地方规定合理使用安全生产费用；
2. 建立安全生产费用台账，载明安全生产费用使用情况。

企业应该建立安全费用台账，记录安全费用的提取情况和安全费用的使用情况。安全费用台账的保存期限，应该满足有关规定的要求。

依法保证安全生产所必需的资金投入包括：

① 完善、改造和维护安全防护设施设备支出（不含"三同时"要求初期投入的安全设施），包括车间、库房、罐区等作业场所的监控、监测、通风、防晒、调温、防火、灭火、防爆、泄压、防毒、消毒、中和、防潮、防雷、防静电、防腐、防渗漏、防护围堤或者隔离操作等设施设备支出；

② 配备、维护、保养应急救援器材、设备支出和应急演练支出；

③ 开展重大危险源和事故隐患评估、监控和整改支出；

④ 安全生产检查、评价（不包括新建、改建、扩建项目安全评价）、咨询和标准化建设支出；

⑤ 配备和更新现场作业人员安全防护用品支出；

⑥ 安全生产宣传、教育、培训支出；

⑦ 安全生产适用的新技术、新标准、新工艺、新装备的推广应用支出；

⑧ 安全设施及特种设备检测检验支出；

⑨ 其他与安全生产直接相关的支出。

主要承担安全管理责任的集团公司经过履行内部决策程序，可以对所属企业提取的安全费用按照一定比例集中管理，统筹使用。

【标准化要求】

3. 企业应依法参加工伤保险或安全责任险，为从业人员缴纳保险费。

【企业达标标准】

依法参加工伤保险，为全体从业人员缴纳保险费。

购买工伤保险是法律强制性要求。国务院 2003 年 4 月 27 日颁发的《工伤保险条例》规定："任何用人单位都必须为员工（事实用工关系的人员）购买工伤保险，从而保障因工作遭受事故伤害或者患职业病的职工获得医疗救治和经济补偿，促进工伤预防和职业康复，分散用人单位的工伤代价。"因此，企业应该按照规定为所有的从业人员购买工伤保险，以解除从业人员的后顾之忧。

同时，企业还应当为从事易燃、易爆和剧毒等高危作业的人员办理意外伤害保险。所需保险费用直接列入成本（费用），不在安全费用中列支。企业为职工提供的职业病防治、工伤保险、医疗保险所需费用，不在安全费用中列支。

【标准化要求】

无。

【企业达标标准】

实行全员安全责任保险。

《国家安全监管总局、工业和信息化部关于危险化学品企业贯彻落实〈国务院关于进一步加强企业安全生产工作的通知〉的实施意见》（安监总管三〔2010〕186 号）作出规定，明确企业要积极推行安全生产责任险，实现安全生产保障渠道多样化。

2.3　风险管理

2.3.1　范围与评价方法

【标准化要求】

1. 企业应组织制定风险评价管理制度，明确风险评价的目的、范围和准则。

【企业达标标准】

1. 制定风险评价管理制度，并明确风险评价的目的、范围、频次、准则及工作程序；
2. 明确各部门及有关人员在开展风险评价过程中的职责和任务。

企业应建立风险评价管理制度，确定评价组织、负责人、目的、范围、准则、方法、时机和频次，明确各部门及有关人员在开展风险评价过程中的职责、任务和工作程序，适时进行风险评价，控制风险，预防事故或事件的发生。

【标准化要求】

2. 企业风险评价的范围应包括：

1) 规划、设计和建设、投产、运行等阶段；

2) 常规和非常规活动；

3) 事故及潜在的紧急情况；

4) 所有进入作业场所人员的活动；

5) 原材料、产品的运输和使用过程；

6) 作业场所的设施、设备、车辆、安全防护用品；

7) 丢弃、废弃、拆除与处置；

8) 企业周围环境；

9) 气候、地震及其他自然灾害等。

【企业达标标准】

风险评价范围满足标准要求。

(1) 危险、有害因素识别（风险评价）的范围

本要素所涉及风险评价的责任主体为企业，要求企业将风险评价作为一个安全管理工具来使用。范围中除第 1) 条应由企业按照国家有关规定规范管理，选择有相应资质的中介机构进行安全评价或评估之外，其余 8 条大致可划分为三大类：危险性作业活动；设备、设施；企业的周围环境及地质条件。企业在确定风险评价范围时，要做到横向到边，纵向到底，不留死角。

企业可以通过事先风险分析、评价，制定风险控制措施，将管理关口前移，实现事前预防，达到消减危险、有害因素，控制风险的目的。

风险分析时机：常规活动每年一次（检查与评审），非常规活动开始之前。

常规活动：是按组织策划的安排在正常状态下实施的活动。如出料、切换、清罐（塔、器）、加料、提（降）负荷及重要参数的调整、巡检和作业现场清理等按既定要求和计划实施的生产运行活动以及按计划的安排进行的设备设施的维护保养活动等。

非常规活动：是组织在风险较大以及异常和紧急情况下实施的活动。如装置开停车、重大隐患项目治理、生产设备出现故障而进行的临时抢修、突然停电、水、气（汽）的处理等活动。

企业应该识别所有常规和非常规的生产经营活动，所有生产现场使用的设备设施和作业环境中存在的危险、有害因素，通过工程控制、行政管理和个人防护等措施，有效消减风险，遏制事故，避免人身伤害、死亡、职业病、财产损失和工作环境破坏等意外事故的发生。

(2) 基本内容

① 危险、有害因素　可能造成人员伤亡、疾病、财产损失、工作环境破坏的根源或状态。这种"根源或状态"来自作业环境中物的不安全状态、人的不安全行为、有害的作业环境和管理上的缺陷。

危险、有害因素识别也称为危险、有害因素辨识，是认知危险、有害因素的存在并确定其特性的过程。

对危险、有害因素的概念要有正确的理解，需注意危险、有害因素是造成事件的根源或状态，不是事件本身。如不能将火灾或爆炸当成危险、有害因素，而应把导致火灾或爆炸的因素找出来。造成一个事件的危险、有害因素可能有很多，应一一识别出来。还应将事件发生后可能出现的结果识别出来。参见图 2-3。

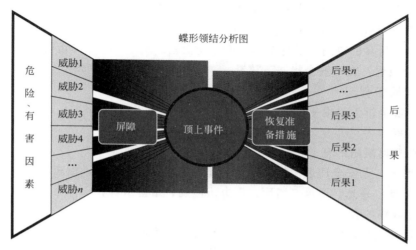

图 2-3　危险、有害因素-事件-后果关系图

② 危险、有害因素的根源及性质　在进行危险、有害因素识别时，应充分考虑危险、有害因素的根源及性质。如造成火灾和爆炸的因素，造成冲击与撞击、物体打击、高处坠落、机械伤害的原因，造成中毒、窒息、触电及辐射（电磁辐射、同位素辐射）的因素，工作环境的化学性危险、有害因素和物理性危险、有害因素，人机工程因素（比如工作环境条件或位置的舒适度、重复性工作、照明不足等），设备的腐蚀、焊接缺陷等，导致有毒有害物料、气体的泄漏的原因等。危险、有害因素识别按照《企业职工伤亡事故分类标准》（GB 6441—1986）附录 A-A6 不安全状态和附录 A-A7 不安全行为，可以认为导致事故发生的直接原因即为危险、有害因素。导致《企业职工伤亡事故分类标准》GB 6441—1986 所列的 20 类事故的因素也可以认为是危险、有害因素。

属于物的不安全状态的有：

a. 装置、设备、工具、厂房等　设计不良：设计强度不够，稳定性不好，密封不良，外形缺陷，外露运动件，缺乏必要的连接装置，构成的材料不合适；防护不良：无安全防护装置或不完善，无接地、绝缘或接地绝缘不充分，缺个人防护用具或个人防护用具不良；维护不良：设备废旧、疲劳、过期而不更新，出了故障未处理，平时维护不善。

b. 物料　物理性：高温物（固液气）、低温物、粉尘与气溶胶、运动物；化学性：易燃易爆物质、自燃物质、有毒物质、腐蚀性物质、其他化学危险、有害因素物质；生物性：致病微生物、传染性媒介物、致害动物、致害植物、其他生物性危险、有害因素。

c. 有害噪声的产生　机械性、液体流动性、电磁性。

d. 振动等。

属于人的不安全行为的有：

a. 不按规定方法操作，不按规定使用，使用有毛病的，选用有误，离开运转的机械，机械超速，送料或加料过快，机动车超速，违章驾驶。

b. 不采取安全措施　不防意外风险，不防装置突然开动，无信号开车，无信号移动物体。

c. 对运转设备清洗、加油修理调节，对运转装置、带电设备、加压容器、加热物、对装有危险物容器违规操作。

d. 使安全防护装置失效　拆掉安全装置，使之不起作用，安全装置调整错误。

e. 制造风险状态　货物过载。

f. 使用保护用具的缺陷　不用护具，不穿安全鞋，使用护具方法错误。

g. 不安全放置　在不安全状态下放置。

h. 接近危险场所。

i. 某些不安全行为　用手代替工具。

j. 误动作等。

属于作业环境缺陷的有：

a. 作业场所　无安全通道，间隔不足，配置缺陷，信号缺陷，标志缺陷。

b. 环境因素　采光，通风，温度，压力，湿度，给排水等。

属于管理缺陷的有：

a. 对物理性能控制的缺陷，设计检测不符合处置方面的缺陷。

b. 对人失误控制的缺陷　教育、培训、检测。

c. 工艺过程作业过程程序的缺陷。

d. 作业组织的缺陷　人事安排不合理，负荷超限，禁忌作业，色盲。

e. 来自相关方的风险管理的缺陷　合同采购无安全要求。

f. 违反工效学原理　如所用机器不合人的生理、心理特点。

③ 危险、有害因素产生的后果：危险、有害因素产生的后果包括人身伤害、死亡（包括割伤、挫伤、擦伤、肢体损伤等）、疾病（如头痛、呼吸困难、失明、皮肤病、癌症、肢体不能正常动作等）、财产损失、停工、违法、影响商誉、工作环境破坏、水和空气、土壤、地下水及噪声污染等。

【标准化要求】

3. 企业可根据需要，选择科学、有效、可行的风险评价方法。常用的评价方法有：

1）工作危害分析（JHA）；

2）安全检查表分析（SCL）；

3）预危险性分析（PHA）；

4）危险与可操作性分析（HAZOP）；

5）失效模式与影响分析（FMEA）；

6）故障树分析（FTA）；

7）事件树分析（ETA）；

8）作业条件危险性分析（LEC）等方法。

【企业达标标准】

1. 可选用 JHA 法对作业活动、SCL 法对设备设施（安全生产条件）进行危险、有害因素识别和风险评价；

2. **可选用 HAZOP 法对危险性工艺进行危险、有害因素识别和风险评价；**

3. **选用其他方法对相关方面进行危险、有害因素识别和风险评价。**

企业可根据需要，选择有效、可行的风险评价方法进行危险、有害因素识别、风险评价。其中比较常用和比较容易掌握的方法主要是工作危害因素分析（JHA）和安全检查表分析（SCL），有条件的企业可选用危险与可操作性分析（HAZOP）进行工艺危害风险分析。本文主要介绍 JHA 和 SCL 两种方法。

（1）工作危害分析（JHA）

从作业活动清单中选定一项作业活动，将作业活动分解为若干个相连的工作步骤，识别每个工作步骤的潜在危险、有害因素，然后通过风险评价，判定风险等级，制定控制措施。

作业步骤应按实际作业步骤划分，佩戴防护用品、办理作业票等不必作为作业步骤分析。可以将佩戴防护用品和办理作业票等活动列入控制措施。划分的作业步骤不能过粗，但也不能过细，能让别人明白这项作业是如何进行的，对操作人员能起到指导作用为宜。电器使用说明书中对电器使用方法的说明可供借鉴。

作业步骤简单地用几个字描述清楚即可，只需说明做什么，而不必描述如何做。作业步骤的划分应建立在对工作观察的基础上，并应与操作者一起讨论研究，运用自己对这一项工作的知识进行分析。

对于每一步骤都要问可能发生什么事，给自己提出问题，比如操作者会被什么东西打着、碰着；他会撞着、碰着什么东西；操作者会跌倒吗；有无危险、有害因素暴露，如毒气、辐射、焊光、酸雾等等。危险、有害因素导致的事件发生后可能出现的结果及其严重性也应识别。然后识别现有安全控制措施，进行风险评估。如果这些控制措施不足以控制此项风险，应提出建议的控制措施。统观对这项作业所作的识别，规定标准的安全工作步骤。最终据此制定标准的安全操作程序。

识别各步骤潜在危险、有害因素时，可以按下述问题提示清单提问：

① 身体某一部位是否可能卡在物体之间？

② 工具、机器或装备是否存在危险、有害因素？

③ 从业人员是否可能接触有害物质？

④ 从业人员是否可能滑倒、绊倒或摔落？

⑤ 从业人员是否可能因推、举、拉用力过度而扭伤？

⑥ 从业人员是否可能暴露于极热或极冷的环境中？

⑦ 是否存在过度的噪声或震动？

⑧ 是否存在物体坠落的危险、有害因素？

⑨ 是否存在照明问题？

⑩ 天气状况是否可能对安全造成影响？

⑪ 存在产生有害辐射的可能吗？

⑫ 是否可能接触灼热物质、有毒物质或腐蚀性物质？

⑬ 空气中是否存在粉尘、烟、雾、蒸汽？

以上仅为举例，在实际工作中问题远不止这些。

还可以从能量和物质的角度做出提示。其中从能量的角度可以考虑机械能、电能、化学能、热能和辐射能等。机械能可造成物体打击、车辆伤害、机械伤害、起重伤害、高处坠落、坍塌、放炮、火药爆炸、瓦斯爆炸、锅炉爆炸、压力容器爆炸。热能可造成灼烫、火灾。电能可造成触电。化学能可导致中毒、火灾、爆炸、腐蚀。从物质的角度可以考虑压缩或液化气体、腐蚀性物质、可燃性物质、氧化性物质、毒性物质、放射性物质、病原体载体、粉尘和爆炸性物质等。

工作危害分析（JHA）的主要目的是防止从事此项作业的人员受伤害，当然也不能使他人受到伤害，不能使设备和其他系统受到影响或受到损害。分析时不能仅分析作业人员工作不规范的危险、有害因素，分析作业环境存在的潜在危险、有害因素，即客观存在的危险、有害因素更为重要。工作不规范产生的危险、有害因素和工作本身面临的危险、有害因素都应识别出来。我们在作业时常常强调"三不伤害"，即不伤害自己，不伤害别人，不被别人伤害。在识别危险、有害因素时，应考虑造成这三种伤害的危险、有害因素。

如果作业流程长、作业步骤很多，可以按流程将作业活动分为几大块。每一块为一个大步骤，可以再将大步骤分为几个小步骤。

利用 JHA 法进行的危险、有害因素识别见案例 10、案例 11。

案例 10　工作危害分析记录表

工作任务：__更换撒气轮胎__　　　　工作岗位：_____

分析人员：_____　　　　日　　期：_____

序号	工作步骤	危险、有害因素	控制措施
1	停车	距过往车辆太近	将车开到远离交通的地方，打开应急灯
		停车地面松软不平	选择牢固平整的地方
		向前或向后溜车	刹车、挂挡，在撒气轮胎斜对面的轮胎前后放垫块
2	搬备用轮胎和工具箱	站位不当	两腿站立，尽可能靠近轮胎或工具箱
3	撬下轮毂帽、松开凸耳螺栓	轮毂帽蹦出	平稳用力撬轮毂帽
		扳手滑动	选择合适扳手，缓慢平稳用力

案例 11　工作危害分析记录表

工作岗位：_____　　　　工作任务：__化学品罐内表面清洗__

分析人员：_____　　分析日期：_____　　审核人：_____　　审核日期：_____

序号	工作步骤	危险、有害因素	控制措施
1	确定罐内状况	①爆炸性气体 ②氧气浓度不足 ③化学品暴露：刺激性、有毒气体、粉尘或蒸气；刺激性、有毒、腐蚀性、高温液体；刺激性、腐蚀性固体 ④转动的叶轮或设备	制定限制性空间进入程序(OSHA 标准 1910.146)；办理由安全、维修和领班签署的工作许可证；做空气分析试验，通风至氧气浓度为 19.5%～23.5%、可燃气体浓度小于爆炸下限的 10%(与国内标准不同，国内标准分为两类)；可能需要蒸煮储罐内表面，冲洗并排出废水，然后再如前所述通风；佩戴合适的呼吸装置——压缩空气呼吸器或长管呼吸器；穿戴个体防护服；携带吊带和救生索[参照 OSHA 标准：1910.106, 1910.146, 1926.100, 1926.21(b)(6)；NIOSH Doc. ♯80-406]；如有可能，应从罐外清洗储罐

续表

序号	工作步骤	危险、有害因素	控制措施
2	选择培训操作人员	①操作员有呼吸系统疾病或心脏病 ②其他身体限制 ③操作员未经培训：无法完成任务	由工业卫生医师检查是否适于工作；培训作业人员；演练（参照 NIOSH：Doc. ♯80-406）
3	装配设备	①软管、绳索、设备：绊倒危险 ②电气：电压太高，导体裸露 ③马达：未闭锁，未挂警示牌	按序摆放软管、绳索、缆线和设备，留出安全机动的空间；使用接地故障断路器；如果有搅拌马达，则闭锁并挂警示牌
4	在罐内架设梯子	梯子滑动	牢牢地绑到人孔顶端或刚性结构上
5	准备进罐	罐内有气体或液体	通过储罐原有管线倒空储罐；回顾应急程序；打开储罐；由工业卫生医师或安全专家查看工作现场；在接到储罐的法兰上加装盲板；检测罐中空气（用长探头检测器）
6	在储罐进口处架设设备	绊倒或跌倒	使用机械操纵的设备；在罐顶工作位置周围安装栏杆
7	进罐	①梯子：绊倒危险 ②暴露于危险性环境	针对所发现的状况提供个体防护装备（参照 NIOSH Doc. ♯80-406，OSHA CFR 1910.134）；派罐外监护人，指令并引导操作员进罐，监护人应有能力在紧急状况下从罐中拉出操作员
8	清洗储罐	与化学品的反应，引起烟雾或使空气污染物释放出来	为所有作业人员和监护人提供防护服和防护装备；提供罐内照明（Ⅰ级，1组）；提供排气通风；向罐内提供空气；经常检测罐内空气；替换操作员或提供休息时间；如需要，提供求助用通信手段；安排两人随时待命，以防不测
9	清理	操纵设备，导致受伤	演练；使用工具操纵的设备

案例 11 由美国职业安全健康管理局编制，未作风险评价。我们可以从中体会到国外危险、有害因素识别的思路。

工作危害分析之后，经过评审，应进一步确定正确的作业步骤，制定此项作业的标准操作规程。由上述工作危害分析案例 10 写成的标准操作规程如下。

（1）停车

① 即便轮胎瘪了，也要慢慢开车，离开道路，开到远离交通的地方。打开应急闪光灯提示过往司机，过往车辆就不会撞你。

② 选择坚实平整的地方，这样就可以用千斤顶将车顶起而不至于跑车。

③ 刹车挂挡，在车轮的前后放置垫块，这些措施可以防止跑车。

（2）取备用轮胎和工具箱

为避免腰背扭伤，朝上转动备用轮胎，转至轮槽的正上位。站位尽可能靠近备用轮胎主体，并滑动备用轮胎，使轮胎靠近身体，搬出并滚至撒气轮胎处。

（3）撬下轮毂帽松下凸耳螺栓（螺帽）

① 稳定用力，慢慢撬下轮毂帽，防止轮毂帽崩出伤人。

② 使用恰当的长柄扳手，稳定用力，慢慢卸下凸耳螺栓（螺帽）。这样扳手就不会滑动，伤不着你的关节了。

（4）如此往下编写……

（2）安全检查表（SCL）分析

安全检查表分析方法是一种经验的分析方法，是分析人员针对拟分析的对象列出一些项目，识别与一般工艺设备和操作有关的已知类型的危险、有害因素、设计缺陷以及事故隐患，查出各层次的不安全因素，然后确定检查项目。再以提问的方式把检查项目按系统的组成顺序编制成表，以便进行检查或评审。

安全检查表分析可用于对物质、设备、工艺、作业场所或操作规程的分析。编制的依据主要有：

① 有关标准、规程、规范及规定；

② 国内外事故案例和企业以往的事故情况；

③ 系统分析确定的危险部位及防范措施；

④ 分析人的经验和可靠的参考资料；

⑤ 有关研究成果，同行业或类似行业检查表等。

用安全检查表分析危险、有害因素时，既要分析设备设施表面看得见的危险、有害因素，又要分析设备设施内部隐蔽的内部构件和工艺的危险、有害因素。超压排放，自保阀等安装方向，安全阀额定压力，温度、压力、黏度等工艺参数的过度波动，防火涂层的状态，管线腐蚀、框架腐蚀、炉膛超温、炉管爆裂、水冷壁破裂，仪表误报，泵、阀、管、法兰泄漏、盘管内漏，反应停留时间的变化，防火、安全间距、消防道路与装置和储罐的间距，报警联锁，防爆电气防爆问题、装置区的非防爆问题，消防器材数量，仪表误差，安全设施状况，作业环境，等等，在识别危险、有害因素时都应考虑到。

用安全检查表对设备设施进行危险、有害因素识别时，应遵循一定的顺序。大而言之，可以先识别厂址，考虑地形、地貌、地质、周围环境、气象条件等，再识别厂区。厂区内可以先识别平面布局、功能分区、危险设施布置、安全距离方面的危险、有害因素，再识别具体的建筑物、构筑物和工艺流程等。小而言之，对于一个具体的设备设施而言，可以按系统一个一个地检查，或按部位顺序检查，从上到下、从左往右或从前往后都可以。以汽车为例，按系统检查可以检查制动系统、转向系统、润滑系统、冷却系统、发动机系统、传动系统、电气系统、灯光系统和防盗系统等。按部位检查则可检查车身、底盘、转向、传动、发动机和车灯等。

安全检查表分析的对象是设备设施、作业场所和工艺流程等，检查项目是静态的物，而非活动。故此所列检查项目不应有人的活动，即不应有动作。

项目列出之后，还应列出与之对应的标准。标准可以是法律法规的规定，也可以是行业规范、标准或本企业有关操作规程、工艺规程或工艺卡片的规定。有些项目是没有具体规定的，在这种情况下，可以由熟悉这个检查项目的有关人员确定。应该清楚，一个检查项目对应的标准可能不止一个。检查项目应该全面，检查内容应该细致。应该知道，达不到标准就是一种潜在危险、有害因素。

列出标准之后，还应列出不达标准可能导致的后果。应特别注意，系统之间的影响，对相邻系统的影响是一种更加重要的后果，应一并列出，并要考虑相应的控制措施，防止、消除或减轻设备之间或系统之间的影响。对装置内部的部件也应列出检查项目和控制措施。

检查项目和检查标准列出之后，还应列出现有控制措施。控制措施不仅要列报警、消防、检查检验等耳熟能详的控制措施，还应列出工艺设备本身带有的控制措施，如联锁、安全阀、液位指示、压力指示等。

例如，用安全检查表分析高压聚乙烯高压循环气体冷却器，检查内容为内管，检查标准：无腐蚀、无磨蚀、无泄漏。其控制措施只列出每班检查是不全面的。尚应注明用检测仪表检测内管泄漏的乙烯，并且巡检时查看此表。壳程冷却水中如有乙烯，所装仪表可检测出来。操作工每 2 小时巡检一次，查看此仪表，记录读数。针对腐蚀和磨蚀的控制措施则应列出检修时进行无损探伤、做破坏性检测、金相分析、疲劳分析、应力分析、蠕变分析，并且内管使用的是进口特种管材。定期更换、预防性维护这类措施也应写入。超高压装置管线等部位不能烧焊，而采用法兰连接或铁块四通连接。高压管线焊点拍片，工艺条件的波动，如温度、流量和压力的变化应在检查表中反映出来，并找出原因，还应分析参数波动对各系统的影响，提出相应措施。

对设备设施的分析不必单列仪表，而是以主体设备为分析对象，其他附属仪表、附件如机泵、压力表、液位计、安全阀等可以放在同一张表中分析。小型设备可以按区域或功能放在同一张表中分析，每一项设备为一个检查项目，每一项设备列出多项标准。

案例 12 是使用安全检查表分析法对聚乙烯合成装置作的危险、有害因素识别。很容易看出来，表中并无危险、有害因素二词。此处应该特别强调，达不到检查标准的项目即为危险、有害因素。此分析记录表分析的项目以及所列的检查标准不见得全面，在此只是提供一种危险、有害因素识别的思路。

案例 12　安全检查表分析

单位：聚乙烯合成装置　　　设备名称：前段压缩机　　　区域：压缩
分析人员：＿＿＿＿＿＿＿＿　　　日期：××××年××月××日

序号	检查项目	检查标准	未达标准的主要后果	现有控制措施	建议改正/控制措施
1	基础	表面无裂缝	设备损坏	大检修时检查	定期检查
		无明显沉降	设备损坏	大检修时检查	定期检查
		地脚螺栓无松动无断裂	设备损坏	大检修时检查,紧固或更换	定期检查
2	缓冲罐	无腐蚀减薄	耐压不够、爆炸	一年一次压力容器检测	
		出口无堵塞	超压引起爆炸	操作工每 2 小时巡检一次	
		法兰、螺栓无严重锈蚀	泄漏引起燃烧爆炸	日班管理人员每天检查一次	
3	安全阀	到压起跳	系统压力降低,操作不稳,财产损失	一年校验一次,安全阀有备件	备用安全阀
		安全阀能自动复位	压力降低,操作不稳,财产损失	一年校验一次,安全阀有备件	
		安全阀无介质堵塞	超压不起跳,引起爆炸	一年校验一次	
4	活塞杆	磨损度在极限范围内	拉伤气缸、乙烯泄漏爆炸、财产损失	开车前盘车,大修时检查同轴、同心度	备活塞杆
		无裂纹	撞缸、乙烯泄漏爆炸、财产损失、人员伤亡	大修时无损探伤,检查余隙容积。检查锁紧螺母	备活塞杆
		活塞无异常声音	撞缸、乙烯泄漏爆炸、财产损失、人员伤亡	无损探伤,检查余隙容积	
5	填料	磨损量不引起乙烯向外泄漏	爆炸、人员伤亡、财产损失	乙烯自动检测,报警,及时更换填料	
		乙烯泄漏量≤250kg/h	资源消耗,财产损失	乙烯自动检测,报警,及时更换填料	

序号	检查项目	检查标准	未达标准的主要后果	现有控制措施	建议改正/控制措施
6	润滑油联锁系统	外部润滑油压力≥0.16MPa	停机、抱轴、烧坏电机、财产损失、着火爆炸	每小时检查一次压力,压力＜0.2MPa备用泵自动切换,压力＜0.16MPa装置联锁,中、大修时校验联锁系统,每3个月检查一次在用油质量,不合格及时更换,平时每年更换一次	
		内部润滑油压力注入正常	停机、抱轴、烧坏电机、财产损失、着火爆炸	每小时检查一次压力,注油不正常时,现场手动调整注油量,油泵停运时,系统联锁停车,每批油检验合格方可使用	
7	压缩机进出口温度	各段吸入温度＜50℃ 各段出口温度＜130℃	压机超温、气阀损坏、汽活塞杆拉伤/着火爆炸	每小时巡检一次	
8	电机	电流≤222A	电机烧损,系统停车	电器人员每天巡检一次,操作人员每2小时巡检一次	
		各联锁点完好	电机烧损,系统停车	自动监控	
		轴承无异声	电机烧损,系统停车	电器人员每天巡检一次,操作人员每2小时巡检一次	
		电机绝缘性符合要求	电机烧损,系统停车,人员触电	每年检查绝缘性	
9	接地	接地线连接完好	人员触电	安全检查时检查	

【标准化要求】

4. 企业应依据以下内容制定风险评价准则:
1) 有关安全生产法律、法规;
2) 设计规范、技术标准;
3) 企业的安全管理标准、技术标准;
4) 企业的安全生产方针和目标等。

【企业达标标准】

1. 根据企业的实际情况制定风险评价准则;
2. 评价准则应符合有关标准规范规定;
3. 评价准则应包括事件发生可能性、严重性的取值标准以及风险等级的评定标准。

企业制定的评价准则包括事件发生的可能性 L、后果的严重性 S 及风险度 R。评价准则即是评价标准,对同一企业而言它是唯一的。但是它又是动态的,随着时间和企业的发展等情况而变化。企业在制定评价准则时,应依据:

① 有关安全生产法律、法规;
② 设计规范、技术标准;
③ 企业的安全管理标准、技术标准;
④ 企业的安全生产方针和目标等。

事件发生的可能性可参照表 2-5 来制定。

表 2-5　事件发生的可能性（L）判断准则

等级	标准
5	在现场没有采取防范、监测、保护、控制措施，或危险、有害因素的发生不能被发现（没有监测系统），或在正常情况下经常发生此类事故或事件
4	危险、有害因素的发生不容易被发现，现场没有检测系统，也未作过任何监测，或在现场有控制措施，但未有效执行或控制措施不当，或危险、有害因素常发生或在预期情况下发生
3	没有保护措施（如没有保护防装置、没有个人防护用品等），或未严格按操作程序执行，或危险、有害因素的发生容易被发现（现场有监测系统），或曾经作过监测，或过去曾经发生类似事故或事件，或在异常情况下发生过类似事故或事件
2	危险、有害因素一旦发生能及时发现，并定期进行监测，或现场有防范控制措施，并能有效执行，或过去偶尔发生危险事故或事件
1	有充分、有效的防范、控制、监测、保护措施，或员工安全卫生意识相当高，严格执行操作规程。极不可能发生事故或事件

而可能性 L 又与事件发生的频率和现有的预防、检测、控制措施有关。现有控制措施到位，并处于良好状态，则事件发生的可能性降低。表 2-5 所列等级数字越大，事件发生的可能性越大。

事件发生后结果的严重性可参照表 2-6 来制定。

表 2-6　事件后果严重性（S）判别准则

等级	法律、法规及其他要求	人	财产损失/万元	环境影响	停工	公司形象
5	违反法律、法规和标准	死亡	>50	大规模公司外	部分装置（>2套）或设备停工	重大国际国内影响
4	潜在违反法规和标准	丧失劳动能力	>25	公司内严重污染	2套装置停工或设备停工	行业内、省内影响
3	不符合上级公司或行业的安全方针、制度、规定等	截肢、骨折、听力丧失、慢性病	>10	公司范围内中等污染	1套装置停工或设备	地区影响
2	不符合公司的安全操作程序、规定	轻微受伤、间歇不舒服	<10	装置范围污染	受影响不大，几乎不停工	公司及周边范围
1	完全符合	无伤亡	无损失	没有污染	没有停工	没有受损

风险等级判定准则可参照表 2-7 制定。

表 2-7　风险等级判定准则及控制措施

风险度	等级	应采取的行动/控制措施	实施期限
20～25	巨大风险	在采取措施降低危害前，不能继续作业，对改进措施进行评估	立刻
15～16	重大风险	采取紧急措施降低风险，建立运行控制程序，定期检查、测量及评估	立即或近期整改
9～12	中等	可考虑建立目标、建立操作规程，加强培训及沟通	2年内治理
4～8	可接受	可考虑建立操作规程、作业指导书但需定期检查	有条件、有经费时治理
<4	轻微或可忽略的风险	不需采用控制措施，但需保存记录	

企业要根据自己的实际特点，比如生产规模、危险程度等，参照表 2-5～表 2-7，制定适合本单位的评价准则，以便于准确地进行风险评价。

2.3.2 风险评价

【标准化要求】

1. 企业应依据风险评价准则，选定合适的评价方法，定期和及时对作业活动和设备设施进行危险、有害因素识别和风险评价。企业在进行风险评价时，应从影响人、财产和环境等三个方面的可能性和严重程度分析。

【企业达标标准】

1. 建立作业活动清单和设备、设施清单；
2. 根据规定的频次和时机，开展危险、有害因素辨识、风险评价；
3. 从影响人、财产和环境等三个方面的可能性和严重性进行评价。

(1) 建立作业活动清单和设备、设施清单

① 按岗位划分作业活动　识别作业活动过程中的危险、有害因素通常要划分作业活动，作业活动可以按常规活动、非常规活动、开停车及管理活动等类别划分，工艺操作最好以生产装置的单元进行划分，管理活动以车间的管理岗位进行划分。进入受限空间作业，动火或高处作业，带压堵漏，物料搬运，机泵（械）的组装操作、维护、改装、修理，药剂配制，取样分析，承包商现场作业，弯头推制，吊装等皆属作业活动。作业活动清单参见表 2-8。

表 2-8　作业活动清单

序号	作业岗位(地点)	作业活动	备　注

② 设备、设施清单　识别危险、有害因素之前可先列出拟分析的设备设施清单，如表 2-9 所示。可参照设备设施管理台账，按照十大类别归类，同一单元或装置内介质、型号相同的设备设施可合并，在备注内写明数量。十大类别：炉类、塔类、反应器类、储罐及容器类、冷换设备类、通用机械类、动力类、化工机械类、起重运输类、其他设备类。

表 2-9　设备设施清单

序号	设备名称	位　号	类　别	部　门	备　注

③ 识别设备设施和管理活动的危险、有害因素可按下述顺序：

a. 厂址：地质、地形、周围环境、气象条件（台风）等；

b. 厂区平面布局：功能分区、危险设施布置、安全距离等；

c. 建（构）筑物；

d. 生产工艺流程；

e. 生产设备、装置、化工、机械、电气、特殊设施（锅炉）等；

f. 作业场所：粉尘、毒物、噪声、振动、辐射、高低温；

g. 工时制度、女工保护、体力劳动强度等；

h. 管理设施、急救设施、辅助设施等。

（2）风险的定义

风险是发生特定危险事件的可能性及后果的结合。

$$风险度 R = 可能性 L × 后果严重性 S$$

（3）企业应根据已确定的评价准则进行评价

风险评价是评价风险程度并确定其是否在可接受范围的全过程。

可接受风险是企业符合法律义务，符合本单位的安全生产方针的风险，以及本单位经过评审认为可接受的风险。

企业在进行风险评价时，应从影响人、财产和环境三个方面的可能性和严重程度分析。

风险应该是事件发生的可能性和事件发生结果的严重性的结合。导致事件发生的危险、有害因素有很多，可能性应该是所有可导致事件发生的危险、有害因素导致事件发生的可能性。至于后果则比较好判断，事件发生后结果的严重性可通过表 2-6 来判别。

应该清楚，可能性是不期望发生的事件或事故发生的可能性。可以按照图 2-4 所示的概念，将一项作业、一个装置或一个单元中可能导致同一事件发生的危险、有害因素找出来，评价此事件发生的可能性和此事件一旦发生其后果的严重性。事件应尽可能找上一级事件，如管道破裂，可引起泄漏，泄漏又分为自储罐泄漏或自反应器泄漏，泄漏遇上点火源可导致火灾或爆炸、环境污染，如泄漏出来的物质有毒还可导致人员中毒。我们在做风险评价时，最好分析前面的事件，如分析破裂这一事件，对于管道破裂这一事件，可列出所有导致管道破裂的危险、有害因素，再列出管道破裂可能产生的结果，如自管道中的泄漏，自反应器的泄漏，自储罐的泄漏，中毒、火灾爆炸等。在此基础上评价各种危险、有害因素导致管道破裂发生的可能性和管道一旦破裂所产生结果的严重性。最终确定管道破裂的风险。分析事件的级别越往前，越能找出导致事件发生的原因，采取的措施越有针对性。危险、有害因素识别、风险评价事件选择概念参见图 2-4。

企业在进行风险评价时，应从影响人、财产和环境三个方面的可能性和严重程度分析，重点考虑以下因素：

① 火灾和爆炸；

② 冲击和撞击；

③ 中毒、窒息和触电；

④ 有毒有害物料、气体的泄漏；

⑤ 其他化学、物理性危害因素；

⑥ 人机工程因素；

⑦ 设备的腐蚀、缺陷；

⑧ 对环境的可能影响等。

（4）风险管理的机理

危险、有害因素识别与风险评价的目的是控制风险，对风险实施有效管理。风险管理的

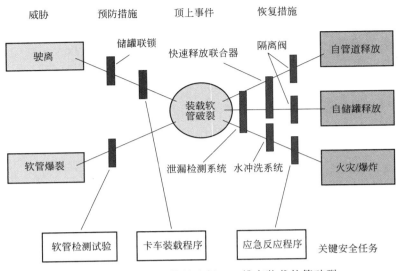

图 2-4　风险评价事件的选择——槽车装载软管破裂

机理是先确定分析的范围和目标，从我们从事的活动、使用的设备设施中选取分析对象，对作业活动、设备设施、工艺过程、作业场所等方面进行危险、有害因素识别。继而按照风险评价的准则进行风险评价，划分风险等级，确定风险是否属于可接受风险。对于不可接受风险，企业尚可根据风险值的大小将其分为极大风险、重要风险、中等风险等，分别规定整改的期限和整改措施。控制措施采取之后，应该再做一次风险评价，确定风险是否降低到了可容忍的程度。倘若风险尚未降低至可接受的程度，应该进一步采取措施，直至将风险降低至可接受的程度。各个环节都应该由相应级别的有关人员、部门或委员会进行监督和审查。风险管理的机理见图 2-5。

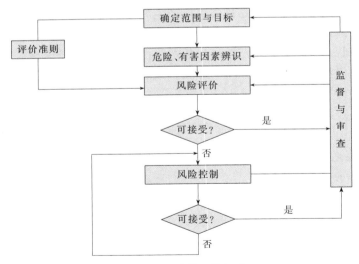

图 2-5　风险管理的机理

按风险度 R＝可能性 L×严重性 S，计算出风险值，判断是否属于可接受风险。如果是可接受风险，可以维持原有的管理。如果是不可接受风险，则应提出改进计划，用硬件方面的措施、软件方面的措施，或者说工程措施、技术措施、管理措施等对风险实施控制，使之达到可接受的程度。

【标准化要求】

2. 企业各级管理人员应参与风险评价工作,鼓励从业人员积极参与风险评价和风险控制。

【企业达标标准】

1. 厂级评价组织应有企业负责人参加;
2. 车间级评价组织应有车间负责人参加;
3. 所有从业人员应参与风险评价和风险控制。

企业的各级管理人员应负责组织、参与风险评价工作,鼓励从业人员积极参与风险评价和风险控制。全员参与是安全标准化的一个重要理念,各级领导和管理人员应充分重视风险管理。应做到厂级评价组织有企业负责人参加,车间级评价组织有车间负责人参加,所有从业人员都参与与自己工作和岗位相关的风险评价和风险控制,而不是仅仅几个人在应对这项工作。

2.3.3　风险控制

【标准化要求】

1. 企业应根据风险评价结果及经营运行情况等,确定不可接受的风险,制定并落实控制措施,将风险尤其是重大风险控制在可以接受的程度。企业在选择风险控制措施时:

1)应考虑:
(1) 可行性;
(2) 安全性;
(3) 可靠性。
2)应包括:
(1) 工程技术措施;
(2) 管理措施;
(3) 培训教育措施;
(4) 个体防护措施。

【企业达标标准】

1. 根据风险评价的结果,建立重大风险清单;
2. 结合实际情况,确定优先顺序,制定措施消减风险,将风险控制在可以接受的程度;
3. 风险控制措施符合标准要求。

(1) 记录重大风险

企业应根据风险评价的结果,即风险 R 值的大小,以表 2-7 为依据,将风险进行等级划分,确定重大风险,按优先顺序进行控制治理。

在识别危险、有害因素时,应该有针对性地将现有管理措施和技术措施、预防性措施和应急措施都列出来,以便平时经常检查控制措施的有效性、充分性。每年都应列出重大风险,提出风险控制措施。

企业对判定为重大风险的,应进行记录,并定期更新。记录格式可参照表 2-10。

表 2-10 重大风险及控制措施清单

序号	危险、有害因素	潜在事件及后果	风险等级	部门、装置、工艺、设施	改进措施	操作、技术人力资源需求限制	评估负责人	参考序号

保存部门： 　　　　　　　　　　　　　　　　　　　　　　保存期限： 　　　年

（2）为了对风险进行有效的控制，制定针对性的预防和控制措施是必要的

企业应根据风险评价的结果、自身经营情况、财务状况和可选技术等因素，确定优先顺序，制定措施消减风险，将风险控制在可以接受的程度，防止事故的发生。

企业需将危险、有害因素识别、风险评价的结果用于安全管理方案的制定，并作为员工培训、操作控制（编写安全操作规程、工艺规程）、应急预案编写、检查监督的输入信息。

在危险、有害因素识别、风险评价的同时，即应提出控制措施。应该先考虑消除危险、有害因素，再考虑抑制危险、有害因素，修订或制定操作规程，最后采用减少暴露的措施控制风险。

① 消除危险、有害因素，实现本质安全。可以考虑选择其他先进的工艺过程，从根本上消除现有工艺过程中存在的危险、有害因素；改造现有的工艺过程，消除工艺过程中的危险、有害因素；可以考虑用危险性小的物质、原材料代替危险性大的物质、原材料。还可以通过改善环境，改进或更换装备或工具，提高装备、工具的安全性能来保证安全。

② 抑制（遏制）危险、有害因素。可以考虑将系统封闭起来，使有毒有害物质无法散发出来。机器的旋转部分加装挡板，在噪声大、粉尘重的场所使用隔离间等措施来抑制危险、有害因素。

③ 修订或制定操作规程。操作人员操作不当引发事故的可能性很大，因而通过危险、有害因素识别，尤其是工作危险、有害因素分析，规定适当的作业步骤，使作业人员按步骤、按顺序操作，对于保证安全非常重要。通过危险、有害因素识别，可以尽可能避开认为危险性较大的操作步骤，提出更为合理、安全的操作步骤，并以标准操作规程的形式固定下来，使作业人员有章可循，按程序操作。操作规程中应写明各步骤的主要危险、有害因素及其对应的控制方法，最好指出操作不当可能带来的后果。

④ 减少暴露，降低严重性。控制措施的最后一道防线是个体防护用品。可以通过使用个体防护用品等措施来减少暴露，降低严重性。

具体地说，制定控制措施应当按危险、有害因素-事件-结果的关系，先列出预防性措施，即防止危险、有害因素导致事件或事故发生的措施，再列出事件一旦发生，防止事件发生产生的结果或减轻事件发生的后果严重性的措施，这些措施是恢复性措施（避免事件扩大，事件发生后经采取恢复性措施恢复到原来的安全状态）或应急措施。应当注意，导致事件发生的危险、有害因素有许多，每一项危险、有害因素都应采取几项措施。当然，措施既可以是硬件措施或技术措施，也可以是软件措施或管理措施。有时一项措施可以同时控制几项危险、有害因素或几个结果。

对结果的控制不容忽视。结果的控制措施可以是检测报警、联锁、自动切断、围堰、泄

压、中和吸收、火炬烧掉、启动消防水系统和灭火器等。无论是预防性措施还是恢复性措施，都应与危险、有害因素或结果建立一一对应的关系。提出风险控制措施的思路也可以参见图 2-4。

例如，针对管线泄漏提出的预防性措施为：按设计规范设计（注明管道和阀门等连接部位的密封方式），材质符合要求（注明所用材料的材质），投用前试漏，进行气密试验，进介质遵守升温规程进行热紧，平时巡检，按周期（注明具体时间跨度）进行强制性压力容器检测，无损探伤等；针对管线发生泄漏提出的恢复性措施（应急措施）为：包盒子，带压注胶堵漏，启用紧急切断阀（注明手动、自动，抑或既可手动又可自动）、检测报警，消防通道，稳高压消防水系统、消防器材（注明数量、分布等信息），应急预案。

危险、有害因素识别，风险评价工作对于企业的安全生产管理至关重要，企业领导应认真对待，不可敷衍了事。企业主管安全生产的负责人应该组织有关专业人员进行危险、有害因素识别，并提出控制措施。对于危险、有害因素识别，风险评价的结果，应组织力量评审，以确定危险、有害因素识别的全面性，风险评价的合理性和控制措施的充分性。

【标准化要求】

2. 企业应将风险评价的结果及所采取的控制措施对从业人员进行宣传、培训，使其熟悉工作岗位和作业环境中存在的危险、有害因素，掌握、落实应采取的控制措施。

【企业达标标准】

1. 制定风险管理培训计划；
2. 按计划开展宣传、培训。

企业应制定培训计划，将风险评价的结果、制定的控制措施，包括修订和新制定的安全生产规章制度、操作规程，及时向从业人员进行宣传、培训教育，以使从业人员熟悉其岗位和工作环境中的风险，应该采取的控制措施，保护从业人员的生命安全，保证安全生产。

2.3.4　隐患排查与治理

【标准化要求】

1. 企业应对风险评价出的隐患项目，下达隐患治理通知，限期治理，做到定治理措施、定负责人、定资金来源、定治理期限。企业应建立隐患治理台账。

【企业达标标准】

1. 建立隐患治理台账；
2. 对查出的每个隐患都下达隐患治理通知，明确责任人、治理时限；
3. 重大隐患项目做到整改措施、责任、资金、时限和预案"五到位"；
4. 按期完成隐患治理。

事故源于隐患，隐患是滋生事故的土壤和温床。"预防为主、综合治理"的前提，就是首先通过主动排查，全方位、全过程地去发现存在的隐患，然后综合采取各种有效手段，治理各类隐患和问题，把事故消灭在萌芽状态。只有这样，"安全第一"才能得到真正地实现。

从这个意义上说，排查治理隐患是落实安全生产方针的最基本任务和最有效途径。

（1）隐患的定义及分级

① 隐患的定义　安全生产事故隐患，是指生产经营单位违反安全生产法律、法规、规章、标准、规程和安全生产管理制度的规定，或者因其他因素在生产经营活动中存在可能导致事故发生的物的危险状态、人的不安全行为和管理上的缺陷。

② 隐患的分级　根据隐患的整改、治理和排除的难易程度及其风险的大小，《安全生产事故隐患排查治理暂行规定》（国家安全生产监督管理总局第 16 号令）将事故隐患分为一般事故隐患和重大事故隐患。一般事故隐患是指危害和整改难度较小，发现后能够立即整改排除的隐患。重大事故隐患是指危害和整改难度较大，应当全部或者局部停产停业，并经过一定时间整改治理方能排除的隐患，或者因外部因素影响致使生产经营单位自身难以排除的隐患。

（2）隐患排查

企业应制定隐患排查治理管理制度，明确职责分工、隐患排查方式及频次、排查内容和工作要求，建立隐患排查治理体制、机制，使其日常化、规范化。严格按照《危险化学品企业事故隐患排查治理实施导则》（安监总管三〔2012〕103 号）要求，从安全基础管理、区域位置和总图布置、工艺、设备、电气系统、仪表系统、危险化学品管理、储运系统、公用工程和消防系统等方面，全面、系统开展隐患排查工作。

隐患排查工作可与企业各专业的日常管理、专项检查和监督检查等工作相结合。涉及重点监管危险化工工艺、重点监管危险化学品和重大危险源（简称"两重点一重大"）的危险化学品生产、储存企业应定期开展危险与可操作性分析（HAZOP），用先进科学的管理方法系统排查事故隐患。对排查出的事故隐患，应当按照事故隐患的等级进行登记，建立事故隐患信息管理台账。

通过分析、归纳近年来化工（危险化学品）事故原因及教训，总结提炼安全生产管理中存在的薄弱环节，国家安全生产监督管理总局发布了《化工（危险化学品）企业安全检查重点指导目录》（安监总管三〔2015〕113 号），该目录突出问题导向，着力于提高企业和基层安全监管部门安全检查效果，有效防范生产安全事故的发生。

（3）隐患治理

隐患治理就是指消除或控制隐患的活动或过程。隐患治理要做到定治理措施、定负责人、定资金来源、定治理期限。对于一般事故隐患，由于其危害和整改难度较小，发现后应当由基层单位（车间、分厂、区队等）负责人或者有关人员立即组织整改。对于重大事故隐患，由生产经营单位主要负责人组织制定并实施事故隐患治理方案。

企业应将已确定的控制措施，按照优先顺序，逐项进行落实。对确定为重大隐患项目的风险，应制定隐患治理方案，明确责任人、责任部门、技术方法、资源和预案，做到"五到位"，并定期对方案的实施情况进行检查，确保隐患治理方案的有效实施。

【标准化要求】

2. 企业应对确定的重大隐患项目建立档案，档案内容应包括：

1）评价报告与技术结论；

2）评审意见；

3）隐患治理方案，包括资金概预算情况等；

4）治理时间表和责任人；

5）竣工验收报告；

6）备案文件。

【企业达标标准】

建立重大隐患项目档案，包括隐患名称、标准要求内容及"五到位"等内容。

重大隐患应建立档案，事故隐患档案内容包括：评价报告与技术结论；评审意见；隐患治理方案，包括资金概预算情况等；治理时间表和责任人；竣工验收报告；备案文件等。事故隐患排查、治理过程中形成的传真、会议纪要、正式文件等，也应归入事故隐患档案。

重大隐患治理方案应当包括以下内容：

① 治理的目标和任务；

② 采取的方法和措施；

③ 经费和物资的落实；

④ 负责治理的机构和人员；

⑤ 治理的时限和要求；

⑥ 安全措施和应急预案。

重大隐患项目治理结束后，有关部门应组织验收，并形成报告。

【标准化要求】

3. 企业无力解决的重大事故隐患，除应书面向企业直接主管部门和当地政府报告外，应采取有效防范措施。

【企业达标标准】

1. 暂时无力解决的重大事故隐患，应制定并落实有效的防范措施；

2. 书面向主管部门和当地政府、安全监管部门报告，报告要说明无力解决的原因和采取的防范措施。

对于涉及周边社区、相邻企业等重大事故隐患，可能仅靠企业自身力量无法解决，需要当地政府或上级主管部门出面协调方能解决。在这种情况下，企业应书面向企业直接主管部门和当地政府报告，报告要说明无力解决的原因和采取的防范措施，取得有关政府部门的确认。

【标准化要求】

4. 企业对不具备整改条件的重大事故隐患，必须采取防范措施，并纳入计划，限期解决或停产。

【企业达标标准】

1. 不具备整改条件的重大事故隐患，必须采取防范措施；

2. 纳入隐患整改计划，限期解决或停产；

3. 书面向主管部门和当地政府、安全监管部门报告，报告要说明不具备整改条件的原因、整改计划和防范措施等。

对于不具备整改条件的重大事故隐患，比如隐患治理需要等待时机，备品、备件不到位等，企业也应书面向主管部门和当地政府、安全监管部门报告，报告要说明不具备整改条件的原因、整改计划和防范措施等。经风险评估，在采取了防范措施以后，其风险仍为不可接受，必须立即停产治理。重大事故隐患报告的内容应当包括：

① 隐患的现状及其产生原因；
② 隐患的危害程度和整改难易程度分析；
③ 隐患的治理方案。

【标准化要求】

无。

【企业达标标准】

二级企业符合本要素要求，不得失分，不存在重大隐患。

安全标准化二级企业应加强本要素管理，在达标评审中不得失分，且不存在重大隐患。

【标准化要求】

无。

【企业达标标准】

一级企业建立安全生产预警预报体系。

企业应根据生产经营状况及隐患排查治理情况，运用定量的安全生产预测预警技术，建立体现企业安全生产状况及发展趋势的预警指数系统。企业可根据预警预报结果，及时作出响应，从而起到预防和减少事故的作用，为安全生产保驾护航。

企业可参照《冶金等工贸行业企业安全生产预警系统技术标准（试行）》（安监总厅管四〔2014〕63号），并结合本企业的实际情况，建立具有自身特色，并能有效指导企业安全生产的预警预报体系。

2.3.5　重大危险源

【标准化要求】

1. 企业应按照 GB 18218 辨识并确定重大危险源，建立重大危险源档案。

【企业达标标准】

1. 按照 GB 18218 辨识并确定重大危险源；
2. 建立重大危险源档案，包括：辨识、分级记录；重大危险源基本特征表；区域位置图、平面布置图、工艺流程图和主要设备一览表；重大危险源安全管理制度及安全操作规程；安全监测监控系统、措施说明；事故应急预案；安全评价报告或安全评估报告。

为预防和减少重大生产安全事故的发生，降低事故造成的损失，企业应建立重大危险源管理制度，通过技术措施（包括化学品的选择、设施的设计、建设、运行、维护及定期检查等）、组织措施（包括对从业人员的培训教育、提供防护器具、从业人员的技术技能、作业时间、职责的明确以及对临时人员的管理等），对重大危险源实施有效管理。

企业应按照《危险化学品重大危险源辨识》（GB 18218）的规定，辨识并确定重大危险源，建立重大危险源档案，档案应包括以下内容：

① 辨识、分级记录；

② 重大危险源基本特征表；

③ 涉及的所有化学品安全技术说明书；

④ 区域位置图、平面布置图、工艺流程图和主要设备一览表；

⑤ 重大危险源安全管理规章制度及安全操作规程；

⑥ 安全监测监控系统、措施说明、检测、检验结果；

⑦ 重大危险源事故应急预案、评审意见、演练计划和评估报告；

⑧ 安全评估报告或者安全评价报告；

⑨ 重大危险源关键装置、重点部位的责任人、责任机构名称；

⑩ 重大危险源场所安全警示标志的设置情况；

⑪ 其他文件、资料。

【标准化要求】

2. 企业应按照有关规定对重大危险源设置安全监控报警系统。

【企业达标标准】

1. 重大危险源涉及的压力、温度、液位、泄漏报警等重要参数的测量要有远传和连续记录；

2. 对毒性气体、剧毒液体和易燃气体等重点设施应设置紧急切断装置；

3. 毒性气体应设置泄漏物紧急处置装置，独立的安全仪表系统；

4. 设置必要的视频监控系统。

企业应按照国家及地方政府的有关规定，根据构成重大危险源的危险化学品种类、数量、生产、使用工艺（方式）或者相关设备、设施等实际情况，按照下列要求建立健全安全监测监控体系，完善控制措施：

① 重大危险源配备温度、压力、液位、流量、组分等信息的不间断采集和监测系统以及可燃气体和有毒有害气体泄漏检测报警装置，并具备信息远传、连续记录、事故预警、信息存储等功能。

② 重大危险源的化工生产装置设置满足安全生产要求的自动化控制系统；一级或者二级重大危险源，装备紧急停车系统。

③ 对重大危险源中的毒性气体、剧毒液体和易燃气体等重点设施，设置紧急切断

装置；毒性气体的设施，设置泄漏物紧急处置装置。涉及毒性气体、液化气体、剧毒液体的一级或者二级重大危险源，配备独立于基本过程控制系统的安全仪表系统（SIS）。

④ 重大危险源中储存剧毒物质的场所或者设施，设置视频监控系统。

【标准化要求】

3. 企业应按照国家有关规定，定期对重大危险源进行安全评估。

【企业达标标准】

1. 建立、明确定期评估的时限和要求等；
2. 定期对重大危险源进行安全评估。

企业应按照《危险化学品重大危险源监督管理暂行规定》（国家安全生产监督管理总局令第 40 号）及地方政府的有关规定，定期对重大危险源进行安全评估，编制安全评估报告，并将评估报告存入档案。重大危险源安全评估报告应当客观公正、数据准确、内容完整、结论明确、措施可行，并包括下列内容：

① 评估的主要依据；
② 重大危险源的基本情况；
③ 事故发生的可能性及危害程度；
④ 个人风险和社会风险值（仅适用定量风险评价方法）；
⑤ 可能受事故影响的周边场所、人员情况；
⑥ 重大危险源辨识、分级的符合性分析；
⑦ 安全管理措施、安全技术和监控措施；
⑧ 事故应急措施；
⑨ 评估结论与建议。

【标准化要求】

4. 企业应对重大危险源的设备、设施定期检查、检验，并做好记录。

【企业达标标准】

1. 定期检查、维护重大危险源的设备、设施，包括检测仪表、附属设备及配件；
2. 按国家有关规定进行定期检测、检验，取得检验合格证。

企业应按照国家有关规定，定期对重大危险源的设备设施，包括安全设施和安全监测监控系统进行检测、检验，并进行经常性维护、保养，保证重大危险源的安全设施和安全监测监控系统有效、可靠运行。维护、保养、检测应当做好记录，并由有关人员签字。

【标准化要求】

5. 企业应制定重大危险源应急救援预案，配备必要的救援器材、装备，每年至少进行 1

次重大危险源应急救援预案演练。

【企业达标标准】

1. 按要求编制重大危险源应急救援预案；
2. 根据重大危险源的危险特性配备必要的救援器材、装备；
3. 涉及吸入性有毒、有害气体的重大危险源，应配备便携式浓度检测设备、空气呼吸器、化学防护服、堵漏器材等；
4. 涉及剧毒气体的重大危险源，应配备两套以上气密性化学防护服；
5. 重大危险源应急救援预案演练按规定频次进行。

企业应当依法制定重大危险源事故应急预案，建立应急救援组织或者配备应急救援人员，配备必要的防护装备及应急救援器材、设备、物资，定期进行检查，并保障其完好和方便使用。对存在吸入性有毒、有害气体的重大危险源，企业应当配备便携式浓度检测设备、空气呼吸器、化学防护服、堵漏器材等应急器材和设备；涉及剧毒气体的重大危险源，还应当配备两套以上（含本数）气密型化学防护服；涉及易燃易爆气体或者易燃液体蒸气的重大危险源，还应当配备一定数量的便携式可燃气体检测设备。

企业应当制定重大危险源事故应急预案演练计划，并按照下列要求进行事故应急预案演练：

① 对重大危险源专项应急预案，每年至少进行一次演练；
② 对重大危险源现场处置方案，每半年至少进行一次演练。

应急预案演练结束后，企业应当对应急预案演练效果进行评估，撰写应急预案演练评估报告，分析存在的问题，对应急预案提出修订意见，并及时修订完善，确保其充分性、符合性。

【标准化要求】

6. 企业应将重大危险源及相关安全措施、应急措施报送当地县级以上人民政府安全生产监督管理部门和有关部门备案。

【企业达标标准】

重大危险源及相关安全措施、应急措施形成报告，报所在地县级人民政府安全生产监管部门和有关部门备案。

企业应将重大危险源形成报告，报当地县级以上人民政府安全生产监督管理部门和有关部门备案。重大危险源报告应包括重大危险源的详细情况、可能产生的事故类型、安全措施与预防措施、应急预案等。重大危险源报告应根据重大危险源的变化、新知识的获取、技术的发展等情况进行修订。

【标准化要求】

7. 企业重大危险源的防护距离应满足国家标准或规定。不符合国家标准或规定的，应采取切实可行的防范措施，并在规定期限内进行整改。

【企业达标标准】

1. 危险化学品的生产装置和储存危险化学品数量构成重大危险源的储存设施的防护距离应满足国家规定要求；

2. 防护距离不符合国家规定要求的，应采取切实可行的防范措施，并在规定期限内进行整改。

各地政府有关部门应制定综合土地使用政策，合理规划企业用地和化工发展园区，确保重大危险源的设置及新建企业的安全防护距离符合《危险化学品安全管理条例》第十九条及国家有关安全防护距离的规定。新化工企业必须在政府规划的化工园区内建设。老企业与周边的防护距离不符合国家标准和规定的，应采取切实可行的防范措施，并在规定期限内进行整改。

【标准化要求】

无。

【企业达标标准】

二级企业应符合本要素要求，不得失分。

安全标准化二级企业应加强该要素管理，在达标评审中不得失分。

2.3.6 变更

【标准化要求】

1. 企业应严格执行变更管理制度，履行下列变更程序：

(1) 变更申请：按要求填写变更申请表，由专人进行管理；

(2) 变更审批：变更申请表应逐级上报主管部门，并按管理权限报主管领导审批；

(3) 变更实施：变更批准后，由主管部门负责实施。不经过审查和批准，任何临时性的变更都不得超过原批准范围和期限；

(4) 变更验收：变更实施结束后，变更主管部门应对变更的实施情况进行验收，形成报告，并及时将变更结果通知相关部门和有关人员。

【企业达标标准】

严格履行以下变更程序及要求：

(1) 变更申请：按要求填写变更申请表，由专人进行管理；

(2) 变更审批：变更申请表应逐级上报主管部门，并按管理权限报主管领导审批；

(3) 变更实施：变更批准后，由主管部门负责实施。不经过审查和批准，任何临时性的变更都不得超过原批准范围和期限；

(4) 变更验收：变更实施结束后，变更主管部门应对变更的实施情况进行验收，形成报告，并及时将变更结果通知相关部门和有关人员。

为了规范变更管理，消除或减少由于变更而引发的事故，企业应建立变更管理制度。

变更管理是指对人员、管理、工艺、技术、设施等永久性或暂时性的变化进行有计划的控制，以避免或减轻对安全生产的影响。变更管理失控，往往会引发事故。

（1）变更管理要求

① 明确变更内容；

② 规定实施变更的程序；

③ 对由于变更可能导致的风险进行评价；

④ 根据评价结果，制定控制措施；

⑤ 将变更的内容及时传达给相关人员，对操作人员进行培训。

（2）变更类型

① 工艺、技术变更　主要包括：

a. 新建、改建、扩建项目引起的技术变更；

b. 原料介质变更；

c. 工艺流程及操作条件的重大变更；

d. 工艺设备的改进和变更；

e. 操作规程的变更；

f. 工艺参数的变更；

g. 公用工程的水、电、气、风的变更等。

② 设备设施的变更　主要包括：

a. 设备设施的更新改造；

b. 安全设施的变更；

c. 更换与原设备不同的设备或配件；

d. 设备材料代用变更；

e. 临时的电气设备等。

③ 管理变更　主要包括：

a. 法律法规和标准的变更；

b. 人员的变更；

c. 管理机构的较大变更；

d. 管理职责的变更；

e. 安全标准化管理的变更等。

（3）变更程序

① 变更申请　企业应制定统一的《变更申请表》（可参照表 2-11），在实施变更时，变更申请人应填写《变更申请表》，并由专人负责管理。

② 变更审批

a.《变更申请表》填好后，应逐级上报主管部门和主管领导审批。主管部门组织有关人员按变更原因和实际生产的需要确定是否进行变更。

b. 变更批准后，实施单位应对变更过程进行风险分析，确定变更产生的风险，制定控制措施。

③ 变更实施　变更批准后，由各相关职责的主管部门负责实施。超过原批准范围和期限的任何临时性变更，都必须重新进行审查和批准。

④ 变更验收　变更实施结束后，变更主管部门应对变更情况进行验收，确保变更达到计划要求。变更主管部门应及时将变更结果通知相关部门和人员。变更验收表参见表 2-12。

表 2-11　变更申请表

变更名称：		申请人所在部门：	
申请人姓名：		申请日期：＿＿＿年＿月＿日	
变更说明及依据：			
风险分析情况：			
基层领导意见：			
审批部门意见：			
主管领导签字： 实施日期：＿月＿日＿时＿分—＿月＿日＿时＿分			

表 2-12　变更验收表

变更项目		变更所在单位	
组织验收单位		日　期	
姓　　名	所属单位		职　　务
验收意见：(附验收报告) 验收负责人签字：			
主管部门审查意见： 签字：			
需要沟通的部门(变更结果)			
单位或部门	签字	单位或部门	签字

【标准化要求】

2. 企业应对变更过程产生的风险进行分析和控制。

【企业达标标准】

1. 对每项变更过程产生的风险都进行分析，制定控制措施；
2. 变更实施过程中，认真落实风险控制措施。

企业在实施变更前，应对变更和变更实施过程所产生的风险进行分析，针对风险分析结果，制定控制措施，并在实施中落实控制措施。

2.3.7　风险信息更新

【标准化要求】

1. 企业应适时组织风险评价工作，识别与生产经营活动有关的危险、有害因素和隐患。

【企业达标标准】

非常规活动及危险性作业实施前，应识别危险、有害因素，排查隐患。

对于常规活动，每年应组织一次评审或检查，主要是看危险、有害因素识别的充分性，即危险、有害因素是否得到了全面识别；看控制措施是否充分、有效，是否需要补充完善控制措施，根据国内外技术的发展，是否需要选择、更新控制措施；看风险控制效果是否达到要求，是否控制在可接受范围内。

对于非常规性（如拆除、新改扩建项目，检维修项目，开停车、较重要的隐患治理项目和工艺变更、设备变更项目等）的危险性较大的活动，在活动开始之前进行危险、有害因素识别风险评价，在此基础上编写实施方案（施工方案、施工组织设计等），并经有关领导严格审批。对于像突然停电、停水、停气（汽）等有可能导致严重后果的作业活动，还应制定应急措施、编制应急预案，并且要定期组织演练。

危险、有害因素识别应该与具体项目、作业、活动和具体设备设施紧密结合，在识别评价的基础上提出控制措施。每年进行一次全面的危害识别，识别设备设施、工艺过程、危险性物质及作业过程的危害，评价控制措施是否全面有效，并保证控制措施的有效实施。

在识别危险、有害因素时，应该有针对性地将所有现有管理措施、技术措施、预防性措施和应急措施都列出来，以便平时经常检查其有效性、充分性。

【标准化要求】

2. 企业应定期评审或检查风险评价结果和风险控制效果。

【企业达标标准】

每年评审或检查风险评价结果和风险控制效果。

企业应组织有关部门和人员，定期对一个时期（通常为一年）的风险评价结果和风险控制效果进行评审或检查，以检查或验证风险控制的有效性，编写评审报告或记录。定期对风险评价结果和风险控制效果进行评审或检查，是企业危险、有害因素识别和风险评价的一种有效方式。通过这种方式，能够综合发现企业危险、有害因素的识别是否全面，风险评价的方式方法是否适宜，风险控制措施是否有效，风险控制效果是否达到预期目的等。根据评审结果，改进风险管理工作，提高风险管控的能力。

【标准化要求】

3. 企业应在下列情形发生时及时进行风险评价：
1）新的或变更的法律法规或其他要求；
2）操作条件变化或工艺改变；
3）技术改造项目；
4）有对事件、事故或其他信息的新认识；
5）组织机构发生大的调整。

【企业达标标准】

在标准规定情形发生时，应及时进行风险评价。

当下列情形发生时，企业应及时进行风险评价：①新的或变更的法律法规或其他要求；②操作条件变化或工艺改变；③技术改造项目；④有对事故、事件或其他信息的新认识；⑤组织机构发生大的调整。识别这些情形发生时所具有或可能产生的危险、有害因素，及时进行风险评价，对风险进行控制，并对重大风险清单进行更新。

2.3.8 供应商

【标准化要求】

企业应严格执行供应商管理制度，对供应商资格预审、选用和续用等过程进行管理，并定期识别与采购有关的风险。

【企业达标标准】

1. 建立供应商名录、档案（包括资格预审、业绩评价等资料）；
2. 对供应商资格预审、选用、续用进行管理；
3. 定期识别与采购有关的风险。

供应商是为企业提供原材料、设备设施及配件的个人或单位，其安全表现好坏，直接影响到企业的声誉和业绩。企业应建立供应商管理制度，明确资格预审程序和要求、选用和续用的标准，建立合格供应商名录和档案。定期对合格供应商提供的原材料、设备设施的质量、售后服务进行审查，淘汰不符合要求的供应商。

资格预审：企业供应部门和相关部门编制、发送招标书（招标书中应有安全要求），拟定标底，供应商提交投标书，接受资格预审。

选用：企业应根据供应商提供的产品，从质量、性能、使用说明、价格、售后服务、安全特点、相关资质证明等方面进行确认，选择供应商，签订供应合同。合同中应有安全管理要求条款。

续用：企业应对合格供应商进行评价，对产品质量、售后服务好的，对符合安全生产要求的供应商给予续用。

企业供应部门，应经常识别与采购活动有关的风险，及时反馈给供应商，以便降低采购风险，确保所采购的产品符合要求。

2.4 规章制度

2.4.1 安全生产规章制度

【标准化要求】

1. 企业应制定健全的安全生产规章制度，至少包括下列内容：
1) 安全生产责任制；

2）识别和获取适用的安全生产法律、法规、标准及其他要求；

3）安全生产会议管理；

4）安全生产费用；

5）安全生产奖惩管理；

6）管理制度评审和修订；

7）安全培训教育；

8）特种作业人员管理；

9）管理部门、基层班组安全活动管理；

10）风险评价；

11）隐患治理；

12）重大危险源管理；

13）变更管理；

14）事故管理；

15）防火、防爆管理，包括禁烟管理；

16）消防管理；

17）仓库、罐区安全管理；

18）关键装置、重点部位安全管理；

19）生产设施管理，包括安全设施、特种设备等管理；

20）监视和测量设备管理；

21）安全作业管理，包括动火作业、进入受限空间作业、临时用电作业、高处作业、起重吊装作业、动土作业、断路作业、盲板抽堵作业管理等；

22）危险化学品安全管理，包括剧毒化学品安全管理及危险化学品储存、出入库、运输、装卸等；

23）检维修管理；

24）生产设施拆除和报废管理；

25）承包商管理；

26）供应商管理；

27）职业卫生管理，包括防尘、防毒管理；

28）劳动防护用品（具）和保健品管理；

29）作业场所职业危害因素检测管理；

30）应急救援管理；

31）安全检查管理；

32）自评等。

【企业达标标准】

1. 通过识别和评估，将适用于本企业的有关法律法规和有关标准规定转化为企业安全生产规章制度或安全操作规程的具体内容，并严格落实；

2. 安全生产规章制度内容应符合标准要求；

3. 明确责任部门、职责、工作要求；

4. 安全生产规章制度应具有可操作性；

5. 除制定《通用规范》要求的规章制度以外，还应制定包括以下内容的规章制度：工艺管理、开停车管理、设备管理、建（构）筑物管理、电气管理、公用工程管理、易制毒管理、危险化学品输送管道定期巡线制度、领导干部带班、厂区交通安全、文件、档案管理制度等。

6. 企业主要负责人应组织审定并签发安全生产规章制度。

企业应根据有关的安全生产法律法规等要求，建立健全企业安全生产规章制度，规范企业及员工的安全生产行为，确保企业安全生产标准化工作的有效运行。

在制定安全生产规章制度时，企业应明确责任部门和协助部门，将职责、权限以及工作要求规定清楚，尽量使规章制度最小化，力求简明、实用、易操作；应通过识别和评估，将适用于本企业的有关法律法规和有关标准规定转化为企业安全生产规章制度或操作规程的具体内容，并严格落实。规章制度的名称、格式由企业自行规定，并不要求一定与本标准完全一致，但管理内容应符合要求。

企业安全生产规章制度的制定一般包括起草、会签、审核、签发、发布、实施等流程。起草前应先收集国家安全生产法律法规、国家行业标准、政府有关要求等，结合企业实际情况，作为起草制度的依据，规章制度应明确目的、适用范围、职责、具体内容、实施日期等；责任部门编写的规章制度草案，在提交相关领导审核前征求有关部门的意见；在签发规章制度前，应对规章制度与法律法规的符合性及与企业现行规章制度的一致性进行审查，确保规章制度的合法、合规、实用和具有可操作性；规章制度应由企业主要负责人组织审定并签发，方可生效；企业的规章制度应采取固定的方式进行发布，发布的范围应覆盖于规章制度相关的部门及人员，必要时注明废止的旧版本文件或有关的规章制度。规章制度发布后，应组织有关部门和人员进行培训。

【标准化要求】

2. 企业应将安全生产规章制度发放到有关的工作岗位。

【企业达标标准】

将安全生产规章制度发放到有关的工作岗位。

企业应将最新和有效的安全生产规章制度发放到相关部门、基层单位和人员，并及时将废止的规章制度收回，妥善处理。

2.4.2 操作规程

【标准化要求】

1. 企业应根据生产工艺、技术、设备设施特点和原材料、辅助材料、产品的危险性，编制操作规程，并发放到相关岗位。

【企业达标标准】

1. 以危险、有害因素分析为依据，编制岗位操作规程；
2. 发放到相关岗位；

3. 企业主要负责人或其指定的技术负责人审定并签发操作规程。

安全标准化的精髓就是各岗位、各种作业活动都有相应的操作规程，操作规程往往是多年安全生产经验和教训的总结。因此，企业应编制各岗位、各种作业活动的操作规程，并要求从业人员严格遵守，以此来规范从业人员的作业活动，确保安全生产。

企业在制定操作规程时，应根据生产工艺、技术、设备等的不同特点以及原材料、辅助材料、产品的危险性的大小，采用工作危害分析法（JHA）或其他适用的方法对各项操作活动进行风险分析，在风险分析的基础上，制定具有针对性措施的操作规程。

同样，操作规程也应由企业主要负责人或其指定的技术负责人审定并签发。企业各岗位、各种作业活动相关的操作规程应是最新的有效文件。

操作规程的制定可参照杜邦公司的做法（案例 13）。

案例 13　杜邦公司利用 JHA 法制定操作规程

杜邦公司对于一项还没有建立操作规程的新工作，由主管人员观察员工的操作，同员工进行讨论，将工作分解为单个步骤；然后针对每一步骤，结合以往的事故案例，分析潜在的危害或事故；针对每一项可能发生的危害，同有经验的员工进行讨论，制定相应的控制和预防措施；这样就完成了一个完整的 JHA 分析。这个完整的 JHA 要经过许多人的多次重复验证，确认无误后形成书面的工作程序或操作标准，通过安全培训传达到相关员工，作为安全操作的依据。工作程序或操作标准实施后，主管人员还要不断地进行追踪，以确保其持续适用，并根据需要不断地补充完善。杜邦公司的员工做每一件事情都有章可循，每项工作都经过全面细致地思考，然后建立系统合理的操作方法，而且 PDCA 的运行模式贯穿于每项工作的始终，不断完善操作标准。

【标准化要求】

2. 企业应在新工艺、新技术、新装置、新产品投产或投用前，组织编制新的操作规程。

【企业达标标准】

新工艺、新技术、新装置、新产品投产或投用前，应组织编制新的操作规程。

新工艺、新技术、新装置、新产品的投产或投用，可能存在或产生新的危险或危害，因此，企业同样须根据新工艺、新技术、新装置、新产品的特点以及所涉及原辅材料、产品的危险性进行风险分析，在风险分析的基础上制定相应的操作规程，并要求从业人员严格遵守，防止生产安全事故的发生。

2.4.3　修订

【标准化要求】

1. 企业应明确评审和修订安全生产规章制度和操作规程的时机和频次，定期进行评审和修订，确保其有效性和适用性。在发生以下情况时，应及时对相关的规章制度或操作规程进行评审、修订：

　　1）当国家安全生产法律、法规、规程、标准废止、修订或新颁布时；

　　2）当企业归属、体制、规模发生重大变化时；

　　3）当生产设施新建、扩建、改建时；

　　4）当工艺、技术路线和装置设备发生变更时；

　　5）当上级安全监督部门提出相关整改意见时；

　　6）当安全检查、风险评价过程中发现涉及规章制度层面的问题时；

　　7）当分析重大事故和重复事故原因，发现制度性因素时；

　　8）其他相关事项。

【企业达标标准】

　　1. 规定安全生产规章制度和操作规程评审、修订的时机和频次；

　　2. 安全生产规章制度、安全操作规程至少每 3 年评审和修订一次；

　　3. 按规定进行评审和修订；

　　4. 在发生有关情况时，应及时评审、修订相关的规章制度或操作规程。

　　企业的安全生产规章制度和操作规程不应该是一成不变的，而应该根据国家法规、标准，企业生产工艺、技术、设备等的变化以及对风险的重新认识等因素进行定期或及时的评审和修订。企业应制定有关安全生产规章制度、操作规程评审和修订的制度，规定对安全生产规章制度和操作规程进行评审和修订的责任部门、时机、频次和要求等，定期和及时进行评审和修订。通常安全生产规章制度和操作规程每 3 年至少评审修订一次，而当发生标准中规定的"国家安全生产法律、法规、规程、标准废止、修订或新颁布时"等情况时，应及时进行评审、修订，以确保安全生产规章制度和操作规程的适用性和有效性。

　　① 当国家安全生产法律、法规、规程、标准废止、修订或新颁布时，企业应依据新的要求及时修订规章制度和操作规程。随着国家对安全生产要求的不断重视和提高，有关法律法规、标准、规范等不断更新，企业应及时修订有关规章制度、操作规程，避免"违法不知"带来不必要的影响和后果。

　　② 当企业归属、体制、规模发生重大变化时，原有的规章制度就要随之完善和调整。

　　③ 当生产设施新建、扩建、改建时，生产装置、岗位等都可能发生变化，需要修订原有的操作规程或有关规章制度。

　　④ 当工艺、技术路线和装置设备发生变更时，原来的操作规程肯定不能满足需要，必须进行修订。

　　⑤ 当上级安全监督部门提出相关整改意见，涉及规章制度及操作规程层面时，需要及时修订完善，完成整改。

　　⑥ 当安全检查、风险评价过程中发现涉及规章制度层面的问题时，需要及时修订规章制度，降低因制度存在问题而带来的风险。

　　⑦ 当分析重大事故和重复事故原因，发现制度制定得不符合要求，存在管理上的问题，应及时修订完善相应的管理制度。

　　⑧ 其他涉及规章制度及操作规程的相关事项，应组织修订。

案例14 某公司管理制度和安全操作规程评审、修订管理制度

1. 目的

为了保证我公司管理制度和安全操作规程的有效性、实用性和可操作性，确保公司安全生产有序进行，结合本公司实际，特制定本制度。

2. 适用范围

本制度适用于我公司范围内所有管理制度和安全操作规程的评审和修订。

3. 引用法规、标准

《危险化学品从业单位安全标准化规范》（AQ 3013）

危险化学品安全生产标准化评审标准

4. 职责

4.1 安环科负责年初制定评审修订计划，组织有关部门评审和修订公司安全管理制度和操作规程，做好评审记录，编写评审报告，并征求修改意见；负责评审后有关管理制度和操作规程实施的检查、监督和验证。

4.2 各部门负责人按照安环科制定的评审修订计划组织相关人员参加评审修订活动。

4.3 总经理审批评审结果，签发评审意见。

4.4 各部门负责人负责提供与评审要求有关的信息资料，参加评审会议，并根据评审修订报告负责制定和实施本部门的改进措施，同时组织相关人员进行培训学习。

5. 评审与修订

5.1 管理制度和安全操作规程的评审

5.1.1 评审的频次：正常情况下，安环科每年12月份组织评审一次；当出现以下情况时，可随时组织评审。

a）当安全生产法律、法规、规程、标准废止、修订或新颁布时；

b）当企业归属、体制、规模发生重大变化时；

c）当生产设施新建、扩建、改建时；

d）当工艺、技术、路线和装置设备发生变更时；

e）当上级安全监督部门提出相关整改意见时；

f）当安全检查、风险评价过程中发现涉及规章制度层面的问题时；

g）当分析重大事故和重复事故原因，发现制度性因素时；

h）其他相关事项

5.1.2 评审组织

5.1.2.1 安全管理制度和安全操作规程评审时，应由制定部门和参与评审部门参加，由制定部门主持评审。

5.1.2.2 参与管理制度、安全操作规程评审部门的主任或科长、助理、技术员至少有一人参加，班组长、主操、职工至少有一人参加。

5.1.3 评审内容

5.1.3.1 管理制度、安全操作规程与法律、法规是否相符；

5.1.3.2 管理制度、安全操作规程与企业发展总体水平的是否相适应；

5.1.3.3 管理制度、安全操作规程与工艺流程和装置变化的是否相适应；

5.1.3.4 管理制度之间和安全操作规程之间的相容性和匹配性；

5.1.4 评审程序

5.1.4.1 组织评审时应有主持人带领，记录人在《管理制度/安全操作规程评审修订记录》上做好记录；

5.1.4.2 所有参与管理制度、安全操作规程评审修订的人员，应在《管理制度/安全操作规程评审修订记录》上面签到。

5.1.5 评审结果

5.1.5.1 评审结果作为安全管理制度和安全操作规程修订的主要依据之一。

5.1.5.2 评审结果要形成书面材料，反馈给参加评审的人员和审批人。

5.2 安全管理制度和安全操作规程的修订

5.2.1 修订频次：正常情况下，安环科每三年组织修订一次。当出现以下情况，可随时组织修订。

a) 安全生产法律、法规发生变化，现行管理制度、操作规程与之出现冲突，或不能充分满足法律、法规要求；

b) 生产装置和工艺技术发生重大变化；

c) 新装置、新产品投产，现行管理制度不能覆盖其安全管理，安全操作规程不能满足安全生产需要；

d) 组织机构发生重大变化，需重新分配安全生产职责；

e) 各级人员素质发生较大变化，规章制度的要求已经充分转变员工的自觉行动；

5.2.2 修订组织：管理制度、安全操作规程修订，本着制定部门组织修订的原则，当制定部门发生职能变化时，由该职能的后续承接部门组织。必要时，需了解该制度的制定的原始背景。

5.2.3 修订依据

5.2.3.1 国家行业的安全生产法律、法规、条例。

5.2.3.2 安全生产制度评审结果。

5.2.3.3 制度执行过程中，员工提出其他合理建议。

5.2.4 修订后的管理制度、安全操作规程，要履行签发手续，经生产办主任审核，最后由总经理审批后，修订版发布实施。

5.2.5 安全生产制度终止执行

因特殊原因，终止执行的安全生产制度，按原审批程序申请批准终止执行。

5.3 下发与学习

5.3.1 新修订的管理制度、安全操作规程应及时下发到各车间、科室，下发时应做好发放记录，由领取人填写文件名称、发放时间、接收单位和接收人签名。

5.3.2 各部门接收管理制度、安全操作规程后应立刻组织学习，并填写《培训教育记录表》存档。

5.4 评审修订存档

5.4.1 管理制度、安全操作规程经评审、修订后，应建立评审修订档案。

5.4.2 《管理制度/安全操作规程修订评审记录》《签发记录》《发放记录》《培训教育记录表》和修订后的管理制度、操作规程应纳入评审修订档案。

6　相关记录

6.1　《评审修订管理制度档案》见附录

6.2　《管理制度/安全操作规程评审修订记录》见附录

6.3　《签发记录》见附录

6.4　《发放记录》见附录

6.5　《培训教育记录表》见附录

【标准化要求】

2. 企业应组织相关管理人员、技术人员、操作人员和工会代表参加安全生产规章制度和操作规程评审和修订，注明生效日期。

【企业达标标准】

1. 组织相关管理人员、技术人员、操作人员和工会代表参加安全生产规章制度和操作规程评审和修订；

2. 修订的安全生产规章制度和操作规程应注明生效日期。

安全生产规章制度和操作规程的评审、修订工作应有管理人员、技术人员、操作人员和工会代表参加，以确保安全生产规章制度和操作规程的科学、合理和可操作性。修订后的安全生产规章制度和操作规程应注明生效日期。

【标准化要求】

3. 企业应保证使用最新有效版本的安全生产规章制度和操作规程。

【企业达标标准】

企业现行安全生产规章制度和操作规程是最新有效的版本。

新修订的安全生产规章制度和操作规程应及时发放到相关岗位或人员手中，及时收回废止的版本，并组织相关的人员学习，使他们熟悉并遵守新的安全生产规章制度和操作规程。企业应保证各岗位和相关人员使用的安全生产规章制度和操作规程是最新的有效版本，不得使用过期或作废的安全生产规章制度和操作规程。

2.5　培训教育

2.5.1　培训教育管理

【标准化要求】

1. 企业应严格执行安全培训教育制度，依据国家、地方及行业规定和岗位需要，制定适宜的安全培训教育目标和要求。根据不断变化的实际情况和培训目标，定期识别安全培训教育需求，制定并实施安全培训教育计划。

【企业达标标准】

1. 制定全员安全培训、教育目标和要求；
2. 定期识别安全培训、教育需求；
3. 制定安全培训、教育计划并实施。

企业应根据安全生产法和《生产经营单位安全培训规定》《特种作业人员安全技术培训考核管理规定》等法律、法规规定，制定安全培训教育制度，明确安全培训教育主管部门，结合安全生产的特点，确定安全培训教育目标和要求。在每年的年末或年初进行安全培训教育需求调查，了解基层单位和从业人员的培训需求，并根据需求调查，制定年度安全培训教育计划（可参见表2-13），落实安全培训教育计划。

企业应当将安全培训教育工作纳入本企业年度工作计划。企业的主要负责人负责组织制定并实施本企业的安全培训教育计划。

表2-13　年度培训教育计划

序号	时间	培训班名称	培训内容	责任部门	培训对象	课时	师资	备注（变更情况）

编制：　　　　　审核：　　　　　批准：　　　　　　　　　　　年　　月　　日

【标准化要求】

2. 企业应组织培训教育，保证安全培训教育所需人员、资金和设施。

【企业达标标准】

提供培训、教育所需的人员、资金和设施。

企业应为安全培训教育提供足够的人力、资金、场地和设施等资源，各级管理人员也应在其职权范围内提供资源，保证安全培训教育工作能够顺利、有效地开展。

【标准化要求】

3. 企业应建立从业人员安全培训教育档案。

【企业达标标准】

建立从业人员安全培训教育档案。

企业应为每个从业人员建立培训教育档案，由企业的安全生产管理机构以及安全生产管理人员详细、准确记录培训的时间、内容、参加人员以及考核结果等情况，一方面有利于提高培训的计划性和针对性，保障培训效果；另一方面便于负有安全生产监督管理职责的部门通过查阅档案记录，加强监督检查，适时掌握企业安全生产教育和培训的实际情况，有针对性地提出改进意见和建议，保证企业安全教育培训取得应有的成效。培训登记表可参见表2-14。

表 2-14　员工培训登记表

举办单位：　　　　　　　　　　　　　　　　　　　　　　　培训日期：

培训班名称			培训对象		培训地点	
培训内容			开始时间	结束时间	课时	师资
考核成绩						
编号	姓名	岗位	成绩	编号	姓名	岗位	成绩
培训效果评价						

填表人：

【标准化要求】

4. 企业安全培训教育计划变更时，应记录变更情况。

【企业达标标准】

安全培训教育计划变更时，应按规定记录变更情况。

在实际培训过程中，如果培训时间、内容、对象等发生变化，不能按照既定的培训教育计划实施，企业应对培训教育计划的变更情况进行记录。

【标准化要求】

5. 企业安全培训教育主管部门应对培训教育效果进行评价。

【企业达标标准】

安全培训教育主管部门应对培训教育效果进行评价和改进。

为确保培训工作的针对性和有效性，企业安全培训教育主管部门应对培训教育的效果进行评价。评价的内容应包括培训方式、培训内容、师资以及参训人员达到的能力水平等方面，确保安全培训教育取得最佳效果。

培训效果评价可以在培训过程中进行，也可以通过现场检查或检测培训产生的长期效果来评价培训是否已达到预期目的。根据培训效果评价的结果，企业应及时调整以后的培训教育工作。

【标准化要求】

6. 企业应确立终身教育的观念和全员培训的目标，对在岗的从业人员进行经常性安全培训教育。

【企业达标标准】

1. 确立终身教育的观念和全员培训的目标；
2. 对从业人员进行经常性安全培训教育。

企业应确立终身教育的观念和全员安全培训目标，对所有从业人员，从新员工入厂开始直至退休都要进行安全培训教育，使所有从业人员能够掌握本职工作所需的安全生产知识，不断提高安全意识和岗位技术技能，增强事故预防和应急处理能力。

企业要对从业人员进行经常性的安全培训教育。经常性的安全培训教育应主要以提高安全意识、操作技能等为主。培训教育形式可以是班前、班后会的安全技术交底、安全活动日、安全生产会议、事故现场会、张贴标语和招贴画等。通过各种形式的培训教育和活动，激发从业人员搞好安全生产的热情，促使员工重视安全，进而实现安全生产。

2.5.2 从业人员岗位标准

【标准化要求】

无

【企业达标标准】

1. 企业对从业人员岗位标准要求应文件化，做到明确具体；
2. 落实国家、地方及行业等部门制定的岗位标准。

岗位是企业安全管理的基本单元，岗位标准是对岗位人员作业的综合规范和要求。只有每个岗位，尤其是基层操作岗位的作业人员将国家有关安全生产法律法规、标准规范和企业安全管理制度落到实处，实现岗位达标，才能真正实现企业安全生产标准化达标。因此，在安全生产标准化建设过程中，企业应制定明确、具体、文件化的岗位标准，对各个岗位作业人员知识、技能、素质等方面提出明确要求。通过逐步提高岗位人员的安全意识和操作技能，规范作业行为，实现岗位达标，才能减少和杜绝"三违"现象，全面提升现场安全管理水平，进而防范各类事故的发生。

企业制定岗位标准应结合各岗位的性质和特点，依据国家有关法律法规、标准规范要求，内容必须具体、全面、切实可行，主要包括：

① 岗位职责描述。

② 岗位人员基本要求　年龄、学历、上岗资格证书、职业禁忌症等。

③ 岗位知识和技能要求　熟悉或掌握本岗位的危险有害因素（危险源）及其预防控制措施、安全操作规程、岗位关键点和主要工艺参数的控制、自救互救及应急处置措施等。

④ 行为安全要求　严格按操作规程进行作业，执行作业审批、交接班等规章制度，禁止各种不安全行为及与作业无关行为，对关键操作进行安全确认，不具备安全作业条件时拒绝作业等。

⑤ 装备护品要求　生产设备及其安全设施、工具的配置、使用、检查和维护，个体防护用品的配备和使用，应急设备器材的配备、使用和维护等。

⑥ 作业现场安全要求　作业现场清洁有序，作业环境中粉尘、有毒物质、噪声等浓度

（强度）符合国家或行业标准要求，工具物品定置摆放，安全通道畅通，各类标识和安全标志醒目等。

⑦ 岗位管理要求　明确工作任务，强化岗位培训，开展隐患排查，加强安全检查，分析事故风险，铭记防范措施并严格落实到位。

⑧ 其他要求　结合本企业、专业及岗位的特点，提出的其他岗位安全生产要求。

企业的岗位标准应定期评审、修订和完善，以确保其持续符合安全生产的实际要求。当国家法律法规和标准规范、企业的生产工艺和设备设施、岗位职责等发生变化时，企业应及时对岗位标准进行修订、完善。

2.5.3　管理人员培训

【标准化要求】

1. 企业主要负责人和安全生产管理人员应接受专门的安全培训教育，经安全生产监管部门对其安全生产知识和管理能力考核合格，取得安全资格证书后方可任职，并按规定参加每年再培训。

【企业达标标准】

1. 企业主要负责人和安全生产管理人员应接受专门的安全培训教育，经安全监管部门对其安全生产知识和管理能力考核合格，取得安全资格证书后方可任职；

2. 按规定参加每年再培训。

企业主要负责人对本单位的安全生产工作全面负责；安全生产管理人员直接、具体承担本单位日常的安全生产管理工作。因此，企业的主要负责人和安全生产管理人员在安全生产方面的知识水平和管理能力，直接关系到本企业安全生产管理工作水平。为确保企业主要负责人、安全管理人员具备相应的安全生产知识和管理能力，企业主要负责人和安全生产管理人员必须接受专门的安全培训教育，并由主管的负有安全生产监督管理职责的部门对其安全生产知识和管理能力考核合格。

主要负责人安全培训应当包括以下内容：

① 国家安全生产方针、政策和有关安全生产的法律、法规、规章及标准；

② 安全生产管理基本知识、安全生产技术、安全生产专业知识；

③ 重大危险源管理、重大事故防范、应急管理和救援组织以及事故调查处理的有关规定；

④ 职业危害及其预防措施；

⑤ 国内外先进的安全生产管理经验；

⑥ 典型事故和应急救援案例分析；

⑦ 其他需要培训的内容。

安全生产管理人员安全培训应当包括下列内容：

① 国家安全生产方针、政策和有关安全生产的法律、法规、规章及标准；

② 安全生产管理、安全生产技术、职业卫生等知识；

③ 伤亡事故统计、报告及职业危害的调查处理方法；

④ 应急管理、应急预案编制以及应急处置的内容和要求；

⑤ 国内外先进的安全生产管理经验；

⑥ 典型事故和应急救援案例分析；

⑦ 其他需要培训的内容。

企业主要负责人、安全管理人员初次安全培训的时间不得少于 48 学时，每年再培训时间不少于 16 学时。

需要特别指出的是，根据行政审批制度改革的精神，新《安全生产法》删除了原来规定的"考核合格后方可任职"中的"方可任职"，对企业主要负责人和安全生产管理人员安全生产知识和管理能力的考核，不再与能否任职挂钩。

【标准化要求】

2. 企业其他管理人员，包括管理部门负责人和基层单位负责人、专业工程技术人员的安全培训教育由企业相关部门组织，经考核合格后方可任职。

【企业达标标准】

1. 其他管理人员，包括管理部门负责人和基层单位负责人、专业工程技术人员的安全培训教育由企业相关部门组织；

2. 经考核合格后方可任职；

3. 按规定参加每年再培训。

企业各级管理人员和专业工程技术人员应接受相应的安全生产知识和技能教育培训以及每年的再培训，考核合格。各级管理人员和专业工程技术人员的安全培训教育可以由企业自行组织或聘请安全培训机构进行。

2.5.4　从业人员培训教育

【标准化要求】

1. 企业应对从业人员进行安全培训教育，并经考核合格后方可上岗。从业人员每年应接受再培训，再培训时间不得少于国家或地方政府规定学时。

【企业达标标准】

1. 对从业人员进行安全培训教育，并经考核合格后方可上岗；

2. 对从业人员进行安全生产法律、法规、标准、规章制度和操作规程、安全管理方法等培训；

3. 从业人员每年应接受再培训，再培训时间不得少于规定学时。

企业应对从业人员进行安全教育培训，使其具备与本企业生产经营活动有关的安全生产知识，熟悉有关安全生产规章制度、安全操作规程，掌握本岗位的安全操作技能，了解事故应急处理措施，知悉自身在安全生产方面的权利和义务，保障企业的安全生产。培训结束后要对从业人员的掌握情况进行考核，考核合格者，才能安排到相应的工作岗位。未经培训教育或考核不合格者，不得上岗。

企业每年应组织对从业人员进行再培训，重点培训新颁布或修订的有关危险化学品安全生产的政策、法律、法规、规程和标准以及典型危险化学品生产安全事故案例等，不断提升从业人员的安全意识和安全素养。每年再培训的时间不得少于 20 学时。

【标准化要求】

2. 企业应按有关规定，对新从业人员进行厂级、车间（工段）级、班组级安全培训教育，经考核合格后，方可上岗。新从业人员安全培训教育时间不得少于国家或地方政府规定学时。

【企业达标标准】

1. 新从业人员进行厂级、车间（工段）级、班组级安全培训教育，经考核合格后，方可上岗。

2. 三级安全培训教育的内容、学时应符合安全监管总局令第 3 号的规定。

企业必须对新上岗的从业人员，包括临时工、合同工、劳务工、轮换工、协议工等进行强制性安全培训。通过安全培训教育，使新从业人员熟知国家的安全生产法律法规、企业的规章、规程、风险管理等，保证其具备本岗位安全生产操作、自救互救以及应急处置所需的知识和技能后，方能安排上岗作业。

新从业人员岗前安全培训包括厂级、车间（工段）级、班组级三级，安全培训时间不得少于 72 学时。其中：

厂级岗前安全培训内容应当包括：

① 本单位安全生产情况及安全生产基本知识；

② 本单位安全生产规章制度和劳动纪律；

③ 从业人员安全生产权利和义务；

④ 有关事故案例。

车间（工段）级岗前安全培训内容应当包括：

① 工作环境及危险因素；

② 所从事工种可能遭受的职业伤害和伤亡事故；

③ 所从事工种的安全职责、操作技能及强制性标准；

④ 自救互救、急救方法、疏散和现场紧急情况的处理；

⑤ 安全设备设施、个人防护用品的使用和维护；

⑥ 本车间（工段）安全生产状况及规章制度；

⑦ 预防事故和职业危害的措施及应注意的安全事项；

⑧ 有关事故案例；

⑨ 其他需要培训的内容。

班组级岗前安全培训内容应当包括：

① 岗位安全操作规程；

② 岗位之间工作衔接配合的安全与职业卫生事项；

③ 有关事故案例；

④ 其他需要培训的内容。

对从业人员的安全培训应当以企业自主培训为主，不具备安全培训条件的企业应当委托具备安全培训条件的机构进行。

企业应建立新从业人员三级安全教育档案（参见表 2-15），规范对新从业人员的管理。

表 2-15　员工三级安全教育卡

姓　名		出生年月		性　别		健康状况	
		入厂时间		所在部门		岗位	
厂（公司）级教育	内容摘要 教育时间:从____月____日至____日共____学时,考试成绩:____ 教育负责人签字:						
车间级教育	内容摘要: 教育时间:从____月____日至____日共____学时,考试成绩:____ 教育负责人签字:						
班组级教育	内容摘要: 教育时间:从____月____日至____日共____学时,考试成绩:____ 教育负责人签字:						
受教育个人意见	签字:　　　　　____年____月____日						
教育主管部门意见	签字:　　　　　____年____月____日						

【标准化要求】

3. 企业特种作业人员应按有关规定参加安全培训教育，取得特种作业操作证，方可上岗作业，并定期复审。

【企业达标标准】

1. 特种作业人员及特种设备作业人员应按有关规定参加安全培训教育，取得特种作业操作证，方可上岗作业；
2. 特种作业操作证定期复审；
3. 建立特种作业人员及特种设备作业人员管理台账。

企业应组织从事特种作业人员及特种设备作业人员参加国家有关部门组织的专门的安全培训，使其具备相应特种作业的安全技术知识，经安全技术理论考核和实际操作技能考核合格，取得相应资格，才能上岗作业，并按规定定期参加复审。任何未取得特种作业资格证、未按期复审或复审不合格的人员，不得从事特种作业。企业应建立特种作业人员及特种设备作业人员管理台账，对特种作业人员进行规范管理，防范特种作业或特种设备事故的发生。

【标准化要求】

4. 企业从事危险化学品运输的驾驶员、船员、押运人员，必须经所在地设区的市级人民政府交通部门考核合格（船员经海事管理机构考核合格），取得从业资格证，方可上岗作业。

【企业达标标准】

1. 从事危险化学品运输的驾驶人员、船员、装卸管理人员、押运人员，应当经交通运输主管部门考核合格，取得从业资格证，方可上岗作业；

2. 建立危险化学品运输的驾驶人员、船员、押运人员管理台账。

企业从事危化品运输的驾驶员、装卸管理人员、押运人员必须经所在地设区的市级人民政府交通部门考核，船员须经海事管理机构考核合格，取得上岗资格证，方可从事相应的作业活动。企业应建立台账，对危险化学品运输的驾驶人员、船员、押运人员等进行规范管理，以预防和减少危险化学品装卸、运输事故的发生。

【标准化要求】

5. 企业应在新工艺、新技术、新装置、新产品投产前，对有关人员进行专门培训，经考核合格后，方可上岗。

【企业达标标准】

在新工艺、新技术、新装置、新产品投产或投用前，对有关人员（操作人员和管理人员）进行专门培训，经考核合格后，方可上岗。

企业在采用新工艺、新技术或者使用新设备、新装置以及新产品投产前，必须针对新工艺、新技术、新装置、新产品的安全技术特性，对从业人员进行专门的安全生产教育培训，保证从业人员了解、掌握其安全技术特性、防护措施等，考核合格，方可上岗操作。

2.5.5 其他人员培训教育

【标准化要求】

1. 企业从业人员转岗、脱离岗位一年以上（含一年）者，应进行车间（工段）、班组级安全培训教育，经考核合格后，方可上岗。

【企业达标标准】

从业人员转岗、脱离岗位一年以上（含一年）者，应进行车间（工段）、班组级安全培训教育，经考核合格后，方可上岗。

从业人员在本单位内调整工作岗位（转岗）或离岗一年（含一年）以上重新上岗时，应当重新接受所在岗位车间（工段）和班组的安全培训，并经考核合格方可上岗。

【标准化要求】

2. 企业应对外来参观、学习等人员进行有关安全规定及安全注意事项的培训教育。

【企业达标标准】

对外来参观、学习等人员进行有关安全规定及安全注意事项的培训教育。

外来参观、学习等人员应由企业安全生产管理部门和接待单位进行培训教育，并有专人陪同方可进入。培训教育的内容包括本单位有关的安全生产规章制度或安全规定、进入现场的风险及注意事项和要求等。

【标准化要求】

3. 企业应对承包商的作业人员进行入厂安全培训教育，经考核合格发放入厂证，保存安全培训教育记录。进入作业现场前，作业现场所在基层单位应对施工单位的作业人员进行进入现场前安全培训教育，保存安全培训教育记录。

【企业达标标准】

1. 对承包商的所有人员进行入厂安全培训教育，经考核合格发放入厂证；
2. 进入作业现场前，作业现场所在基层单位对施工单位进行进入现场前安全培训教育；
3. 保存安全培训教育记录。

近年来，承包商事故屡有发生，已成为企业安全管理上的突出问题。因此，加强对承包商的管理，提高承包商的安全意识，规范承包商的作业行为尤为紧迫和重要，其中最为有效的方式就是对承包商作业人员进行安全培训教育。

入厂前，企业相关主管部门首先应对承包商作业人员进行安全培训教育，经考核合格，发放入厂证。入厂安全教育的内容包括有关的法律法规、企业的安全生产管理制度、风险管理要求等。

进入作业现场前，作业现场所在单位还要对外来施工单位作业人员进行进入现场前安全培训教育，内容主要包括作业现场的有关规定、风险管理要求、安全注意事项、事故应急处理措施等。

企业应保存对外来施工单位作业人员的培训教育记录，并将记录归入企业安全培训教育档案管理。

2.5.6　日常安全教育

【标准化要求】

1. 企业管理部门、班组应按照月度安全活动计划开展安全活动和基本功训练。

【企业达标标准】

1. 管理部门、班组应明确基本功训练项目、内容和要求；
2. 按照月度安全活动计划开展安全活动和基本功训练。

企业应积极开展各管理部门、班组的安全活动和基本功训练，从基础抓起，整体提高企业管理人员、基层作业人员的安全意识、操作技能以及应对风险的能力。各管理部门、各班组应按照安全生产管理部门制定的月度安全活动计划有序开展安全活动和基本功训练，防止流于形式和走过场。

【标准化要求】

2. 班组安全活动每月不少于 2 次，每次活动时间不少于 1 学时。班组安全活动应有负责人、有计划、有内容、有记录。企业负责人应每月至少参加 1 次班组安全活动，基层单位负责人及其管理人员应每月至少参加 2 次班组安全活动。

【企业达标标准】

1. 班组安全活动每月不少于 2 次，每次活动时间不少于 1 学时；
2. 班组安全活动有负责人、有内容、有记录；
3. 企业负责人每季度至少参加 1 次班组安全活动，基层单位负责人及其管理人员每月至少参加 2 次班组安全活动，并在班组安全活动记录上签字。

班组是企业中最基层的组织，是企业的细胞，各个班组的安全生产与企业整体的安全生产休戚相关。企业应组织班组人员按照月度安全活动计划，采用学习、讨论、参观、观摩、竞赛等方式，定期开展安全活动，以提高各个班组安全生产水平，实现企业安全生产。

班组安全活动应形成制度，每月不少于 2 学时。活动要明确负责人、活动内容，并保存活动记录。

班组的安全活动内容主要包括：

① 学习国家有关的安全生产法律法规；

② 学习有关安全生产文件、安全通报、安全生产规章制度、安全操作规程及安全技术知识；

③ 讨论分析典型事故案例，总结和吸取事故教训；

④ 开展防火、防爆、防中毒及自我保护能力训练，以及异常情况紧急处理和应急预案演练；

⑤ 开展岗位安全技术练兵、比武活动；

⑥ 开展查隐患、反习惯性违章活动；

⑦ 开展安全技术座谈，观看安全教育电影和录像；

⑧ 熟悉作业场所和工作岗位存在的风险、防范措施；

⑨ 其他安全活动。

为鼓励和督促班组安全活动的有效开展，各级领导应以身作则，企业（厂级）负责人每季度至少参加一次班组安全活动，基层单位（车间）负责人和管理人员每月至少参加 2 次班组安全活动，各级负责人参加班组活动应在活动记录上签字。

【标准化要求】

3. 管理部门安全活动每月不少于 1 次，每次活动时间不少于 2 学时。

【企业达标标准】

管理部门安全活动每月不少于 1 次，每次活动时间不少于 2 学时。

管理部门的安全活动每月应不少于 2 学时。

【标准化要求】

4. 企业安全生产管理部门或专职安全生产管理人员应每月至少 1 次对安全活动记录进行检查，并签字。

【企业达标标准】

安全生产管理部门或专职安全生产管理人员每月至少检查 1 次安全活动记录，并签字。

为了监督各管理部门、班组定期开展安全活动，企业安全生产管理部门或专职安全生产管理人员应定期检查安全活动的开展情况，并在活动记录上签字，检查频次每月至少 1 次。

【标准化要求】

5. 企业安全生产管理部门或专职安全生产管理人员应结合安全生产实际，制定管理部门、班组月度安全活动计划，规定活动形式、内容和要求。

【企业达标标准】

1. 安全生产管理部门或专职安全生产管理人员制定管理部门、班组月度安全活动计划；
2. 规定活动形式、内容和要求。

企业安全生产管理部门应根据国家、地方政府、行业、主管单位等的有关要求，结合企业安全生产实际需要，制定各管理部门、班组月度安全活动计划，规定安全活动的形式、内容和要求，以便各管理部门、班组开展安全活动。

2.6 生产设施及工艺安全

2.6.1 生产设施建设

【标准化要求】

1. 企业应确保建设项目安全设施与建设项目的主体工程同时设计、同时施工、同时投入生产和使用。

【企业达标标准】

确保建设项目安全设施与建设项目的主体工程同时设计、同时施工、同时投入生产和使用。

2014 年 12 月 1 日起施行的《安全生产法》第二十八条对建设项目的安全设施提出了"三同时"的要求，《安全生产法》第二十九、三十、三十一条对危险化学品建设项目安全评价、设计审查、竣工验收等提出了要求。

2015 年 5 月 1 日起施行的《建设项目安全设施"三同时"监督管理办法》（按国家安全监管总局令第 77 号修订）对建设项目安全设施"三同时"监督管理的范围、对象、内容、程序以及组织领导和责任作出了明确的规定和要求。

①"三同时"制度是指一切新建、改建、扩建的基本建设项目（工程）、技术改造项目（工程）、引进的建设项目，其职业安全卫生设施必须符合国家规定的标准，必须与主体工程同时设计、同时施工、同时投入生产和使用。安全设施的投资必须纳入建设项目预算。

建设项目"三同时"是企业安全生产的重要保障措施，是事前保障措施，对贯彻"安全第一，预防为主，综合治理"安全生产方针、改善劳动条件、防止发生事故、促进经济发展具有重要意义。

② 国家安全生产监督管理总局对全国建设项目安全设施"三同时"实施综合监督管理，并在国务院规定的职责范围内承担有关建设项目安全设施"三同时"的监督管理。

县级以上地方各级安全生产监督管理部门对本行政区域内的建设项目安全设施"三同时"实施综合监督管理，并在本级人民政府规定的职责范围内承担本级人民政府及其有关主管部门审批、核准或者备案的建设项目安全设施"三同时"的监督管理。

跨两个及两个以上行政区域的建设项目安全设施"三同时"由其共同的上一级人民政府安全生产监督管理部门实施监督管理。

上一级人民政府安全生产监督管理部门根据工作需要，可以将其负责监督管理的建设项目安全设施"三同时"工作委托下一级人民政府安全生产监督管理部门实施监督管理。

【标准化要求】

2. 企业应按照建设项目安全许可有关规定，对建设项目的设立阶段、设计阶段、试生产阶段和竣工验收阶段规范管理。

【企业达标标准】

1. 按照有关法律法规和国家安全监管总局有关危化品建设项目安全条件审查的规章、规范性文件规定，对建设项目的设立阶段、设计阶段、试生产阶段和竣工验收阶段规范管理。

2. 建设项目建成试生产前，企业要组织设计、施工、监理和建设单位的工程技术人员进行"三查四定"；试车和投料过程要严格按照设备管道试压、吹扫、气密、单机试车、仪表调校、联动试车、化工投料试生产的程序进行。

3. 编制试生产前安全检查报告。

2012 年 4 月 1 日起施行的《危险化学品建设项目安全监督管理办法》（国家安全生产监督管理总局令第 45 号）对建设项目安全条件审查、建设项目安全设施设计审查、建设项目试生产（使用）、建设项目安全设施竣工验收等方面提出了明确的要求。

目前危化品建设项目应当按照《建设项目安全设施"三同时"监督管理办法》（根据国家安全监管总局令第 77 号修订）和《危险化学品建设项目安全监督管理办法》（国家安全生产监督管理总局令第 45 号）等要求进行规范管理，在各个阶段应提交审查意见、备案文件、批准文件等文件资料。

①《建设项目安全设施"三同时"监督管理办法》（根据国家安全监管总局令第 77 号修订）第十一条规定了建设项目安全设施设计的内容：

a. 设计依据；

b. 建设项目概述；

c. 建设项目潜在的危险、有害因素和危险、有害程度及周边环境安全分析；

d. 建筑及场地布置；

e. 重大危险源分析及检测监控；

f. 安全设施设计采取的防范措施；

g. 安全生产管理机构设置或者安全生产管理人员配备情况；

h. 从业人员教育培训要求；

i. 工艺、技术和设备、设施的先进性和可靠性分析；

j. 安全设施专项投资概算；

k. 安全预评价报告中的安全对策及建议采纳情况；

l. 预期效果以及存在的问题与建议；

m. 可能出现的事故预防及应急救援措施；

n. 法律、法规、规章、标准规定需要说明的其他事项。

② 建设项目安全设施设计完成后，生产经营单位应当按照规定向安全生产监督管理部门提出审查申请，并提交下列文件资料：

a. 建设项目审批、核准或者备案的文件；

b. 建设项目安全设施设计审查申请；

c. 设计单位的设计资质证明文件；

d. 建设项目安全设施设计；

e. 建设项目安全预评价报告及相关文件资料；

f. 法律、行政法规、规章规定的其他文件资料。

③ 建设项目安全设施设计有下列情形之一的，不予批准，并不得开工建设：

a. 无建设项目审批、核准或者备案文件的；

b. 未委托具有相应资质的设计单位进行设计的；

c. 安全预评价报告由未取得相应资质的安全评价机构编制的；

d. 设计内容不符合有关安全生产的法律、法规、规章和国家标准或者行业标准、技术规范的规定的；

e. 未采纳安全预评价报告中的安全对策和建议，且未作充分论证说明的；

f. 不符合法律、行政法规规定的其他条件的。

建设项目安全设施设计审查未予批准的，生产经营单位经过整改后可以向原审查部门申请再审。

④ 已经批准的建设项目及其安全设施设计有下列情形之一的，生产经营单位应当报原批准部门审查同意；未经审查同意的，不得开工建设：

a. 建设项目的规模、生产工艺、原料、设备发生重大变更的；

b. 改变安全设施设计且可能降低安全性能的；

c. 在施工期间重新设计的。

⑤《国家安全监管总局、工业和信息化部关于危险化学品企业贯彻落实〈国务院关于进一步加强企业安全生产工作的通知〉的实施意见》（安监总管三〔2010〕186 号）第 8 条"加强建设项目安全管理"要求："建设项目建成试生产前，建设单位要组织设计、施工、监理和建设单位的工程技术人员进行'三查四定'（三查：查设计漏项、查工程质量、查工程隐患；四定：定任务、定人员、定时间、定整改措施），聘请有经验的工程技术人员对项目

试车和投料过程进行指导。试车和投料过程要严格按照设备管道试压、吹扫、气密、单机试车、仪表调校、联动试车、化工投料试生产的程序进行。试车引入化工物料（包括氮气、蒸汽等）后，建设单位要对试车过程的安全进行总协调和负总责。"

⑥ 试生产前生产装置及现场环境必须具备以下条件，方可实施装置试生产。

a. 通过危险化学品建设项目设立安全审查和安全设施设计审查；

b. 试生产范围内的工程已按设计文件规定的内容和标准完成；

c. 试生产范围内的设备和管道系统的内部处理及耐压试验、严密性试验合格；

d. 试生产范围内的电气系统和仪表装置的检测、自动控制系统、联锁保护及报警系统等必须符合设计文件的规定；

e. 试生产所需的水、电、汽、气及各种原辅材物料满足试生产的需要；

f. 试生产现场已经清理干净，道路、照明等满足试生产的需要；

g. 与试生产相关的各生产装置、辅助系统必须统筹兼顾、首尾衔接、同步试车；

h. 所有安全设施必须与主体生产装置同步试车。

企业对试生产组织机构和人员、管理制度和操作规程、应急预案和应急救援措施及装备、试生产安全具备的安全生产条件等方面进行安全检查，编制安全检查报告，提出试生产过程中可能出现的安全问题与对策措施，列出试生产所需的原料、燃料、化学药品和水、电、汽、气、备品备件等物资清单等。

【标准化要求】

3. 企业应对建设项目的施工过程实施有效安全监督，保证施工过程处于有序管理状态。

【企业达标标准】

1. 建设项目必须由具备相应资质的单位负责设计、施工、监理；

2. 对建设项目的施工过程实施有效安全监督，保证施工过程处于有序管理状态。

① 《国家安全监管总局、工业和信息化部关于危险化学品企业贯彻落实〈国务院关于进一步加强企业安全生产工作的通知〉的实施意见》（安监总管三〔2010〕186 号）规定，企业新建、改建、扩建危险化学品建设项目必须由具备相应资质的单位负责设计、施工、监理。大型和采用危险化工工艺的装置，原则上要由具有甲级资质的化工设计单位设计。设计单位要严格遵守设计规范和标准，将安全技术与安全设施纳入初步设计方案，生产装置设计的自控水平要满足工艺安全的要求；大型和采用危险化工工艺的装置在初步设计完成后要进行 HAZOP 分析。施工单位要严格按设计图纸施工，保证质量，不得撤减安全设施项目。

② 设计单位应当根据有关安全生产的法律、法规、规章和国家标准、行业标准以及建设项目安全条件审查意见书，按照《化工建设项目安全设计管理导则》（AQ/T 3033），对建设项目安全设施进行设计，并编制建设项目安全设施设计专篇。建设项目安全设施设计专篇应当符合《危险化学品建设项目安全设施设计专篇编制导则》的要求。

③ 工程监理单位应当审查施工组织设计中的安全技术措施或者专项施工方案是否符合工程建设强制性标准。工程监理单位在实施监理过程中，发现存在事故隐患的，应当要求施工单位整改；情况严重的，应当要求施工单位暂时停止施工，并及时报告生产经

营单位。施工单位拒不整改或者不停止施工的，工程监理单位应当及时向有关主管部门报告。

④ 企业要对建设项目的施工过程进行全过程监督管理，对施工单位的"三违"现象进行检查，避免施工过程中发生生产安全事故。定期召开安全联系会议，协调解决事故过程中存在的问题。

【标准化要求】

4. 企业建设项目建设过程中的变更应严格执行变更管理规定，履行变更程序，对变更全过程进行风险管理。

【企业达标标准】

1. 建设项目建设过程中的变更应严格执行变更管理规定，履行变更程序，对变更全过程进行风险管理；

2. 符合安全监管总局有关危化品建设项目安全条件审查的规章规定的变更发生后，应重新进行安全审查。

① 企业的变更管理制度应明确对生产设施建设中的变更的管理。生产设施建设中的变更，应严格按照变更管理制度的规定进行，并且要对变更的全过程进行风险管理。

② 对于建设项目来说，变更是经常发生的，可能涉及厂址、工艺、设备设施、管道走向等变更。建设项目建设过程中的变更应有设计单位出具变更单，对变更要进行风险管理。

【标准化要求】

5. 企业应采用先进的、安全性能可靠的新技术、新工艺、新设备和新材料。

【企业达标标准】

1. 采用先进的、安全性能可靠的新技术、新工艺、新设备和新材料；

2. 新开发的危险化学品生产工艺，必须在小试、中试、工业化试验的基础上逐步放大到工业化生产；

3. 国内首次采用的化工工艺，要通过省级有关部门组织专家组进行安全论证。

① 企业应积极采用先进的、安全性能可靠的新技术、新工艺、新设备和新材料，对生产设施和工艺进行改进，重视和组织安全生产技术研究开发，创造具有自主知识产权的安全生产技术，不断改善安全生产条件，提高安全生产技术水平。

② 按原国家经贸委和发改委公布的淘汰机电产品目录和产品结构调整目录要求，企业应选用鼓励发展的产品、工艺，不能选用限制发展的和淘汰的产品、工艺。

2.6.2　安全设施

【标准化要求】

1. 企业应严格执行安全设施管理制度，建立安全设施台账。

【企业达标标准】

建立安全设施台账。

《危险化学品建设项目安全设施设计专篇编制导则》（安监总厅管三〔2013〕39 号）要求对新建、改建、扩建危险化学品生产、储存装置和设施，以及伴有危险化学品产生的化学品生产装置和设施的建设项目（以下简称建设项目）应编制安全设施设计专篇。依据《危险化学品建设项目安全设施目录》中对安全设施的分类建立台账，进行动态管理，以确保生产设施的安全可靠运行。

按照国家安监总局关于印发《危险化学品建设项目安全设施目录（试行）》和《危险化学品建设项目安全设施设计专篇编制导则（试行）》的通知（安监总危化〔2007〕225 号），安全设施是指企业（单位）在生产经营活动中将危险因素、有害因素控制在安全范围内以及预防、减少、消除危害所配备的装置（设备）和采取的措施。安全设施分为预防事故设施、控制事故设施、减少与消除事故影响设施 3 大类、13 小类。

① 预防事故设施

a. 检测、报警设施　压力、温度、液位、流量、组分等报警设施，可燃气体、有毒有害气体、氧气等检测和报警设施，用于安全检查和安全数据分析等检验检测设备、仪器。

b. 设备安全防护设施　防护罩、防护屏、负荷限制器、行程限制器，制动、限速、防雷、防潮、防晒、防冻、防腐、防渗漏等设施，传动设备安全锁闭设施，电器过载保护设施，静电接地设施。

c. 防爆设施　各种电气、仪表的防爆设施，抑制助燃物品混入（如氮封）、易燃易爆气体和粉尘形成等设施，阻隔防爆器材，防爆工器具。

d. 作业场所防护设施　作业场所的防辐射、防静电、防噪声、通风（除尘、排毒）、防护栏（网）、防滑、防灼烫等设施。

e. 安全警示标志　包括各种指示、警示作业安全和逃生避难及风向等警示标志。

② 控制事故设施

a. 泄压和止逆设施　用于泄压的阀门、爆破片、放空管等设施，用于止逆的阀门等设施，真空系统的密封设施。

b. 紧急处理设施　紧急备用电源，紧急切断、分流、排放（火炬）、吸收、中和、冷却等设施，通入或者加入惰性气体、反应抑制剂等设施，紧急停车、仪表联锁等设施。

③ 减少与消除事故影响设施

a. 防止火灾蔓延设施　阻火器、安全水封、回火防止器、防油（火）堤，防爆墙、防爆门等隔爆设施，防火墙、防火门、蒸汽幕、水幕等设施，防火材料涂层。

b. 灭火设施　水喷淋、惰性气体、蒸汽、泡沫释放等灭火设施，消火栓、高压水枪（炮）、消防车、消防水管网、消防站等。

c. 紧急个体处置设施　洗眼器、喷淋器、逃生器、逃生索、应急照明等设施。

d. 应急救援设施　堵漏、工程抢险装备和现场受伤人员医疗抢救装备。

e. 逃生避难设施　逃生和避难的安全通道（梯）、安全避难所（带空气呼吸系统）、避难信号等。

f. 劳动防护用品和装备　包括头部，面部，视觉、呼吸、听觉器官，四肢，躯干防火、防毒、防灼烫、防腐蚀、防噪声、防光射、防高处坠落、防砸击、防刺伤等免受作业场所物理、化学因素伤害的劳动防护用品和装备。

【标准化要求】

2. 企业应确保安全设施配备符合国家有关规定和标准，做到：

（1）宜按照 SH 3063—1999 在易燃、易爆、有毒区域设置固定式可燃气体和/或有毒气体的检测报警设施，报警信号应发送至工艺装置、储运设施等控制室或操作室；

（2）按照 GB 50351 在可燃液体罐区设置防火堤，在酸、碱罐区设置围堤并进行防腐处理；

（3）宜按照 SH 3097—2000 在输送易燃物料的设备、管道安装防静电设施；

（4）按照 GB 50057 在厂区安装防雷设施；

（5）按照 GB 50016、GB 50140 配置消防设施与器材；

（6）按照 GB 50058 设置电力装置；

（7）按照 GB 11651 配备个体防护设施；

（8）厂房、库房建筑应符合 GB 50016、GB 50160；

（9）在工艺装置上可能引起火灾、爆炸的部位设置超温、超压等检测仪表、声和/或光报警和安全联锁装置等设施。

【企业达标标准】

按照国家有关规定和标准设置安全设施，做到：

（1）按照 GB 50493 在易燃、易爆、有毒区域设置固定式可燃气体和/或有毒有害气体泄漏的检测报警设施，报警信号应发送至工艺装置、储运设施等控制室或操作室；

（2）按照 GB 50351 在可燃液体罐区设置防火堤，在酸、碱罐区设置围堤并进行防腐处理；

（3）宜按照 SH 3097—2000 在输送易燃物料的设备、管道上安装防静电设施；

（4）按照 GB 50057 在厂区安装防雷设施；

（5）按照 GB 50016、GB 50140 配置消防设施与器材；

（6）按照 GB 50058 设置电力装置；

（7）按照 GB 11651 配备个体防护设施；

（8）厂房、库房建筑应符合 GB 50016、GB 50160 的有关要求；

（9）在工艺装置上可能引起火灾、爆炸的部位设置超温、超压等检测仪表、声和/或光报警和安全联锁装置等设施；

（10）新建大型和危险程度高的化工装置，在设计阶段要进行仪表系统安全完整性等级评估，选用安全可靠的仪表、联锁控制系统；

（11）专家诊断按标准、规范应设置的其他安全设施。

企业要熟悉、了解和掌握安全设施有关的国家标准等，清楚现有的安全设施适用的标准和要求，在应当设置的位置设置符合要求的安全设施。

① GB 50493《石油化工企业可燃气体和有毒气体检测报警设计规范》规定了各类可燃气体、有毒气体检测探头的形式、安装位置、保护半径、与释放源的间距、是否属于防爆

式、防爆等级等要求，应保存安装后的检测、调试记录以及定期检验、维护记录等。

② 按照 GB 50351《储罐区防火堤设计规范》的内容和要求，对照检查防火堤的材质、容量、高度、与储罐和周边距离等是否满足要求，以及堤内的防渗、防腐处理等情况。

③ 建议按照 SH 3097—2000《石油化工静电接地设计规范》在输送易燃液体的设备管道检查和安装防静电设施，也可以根据 HG/T 20675《化工企业静电接地设计规范》、GB 13348《液体石油产品静电安全规程》等标准对照检查静电接地的范围、方式、接地系统的接地电阻以及接地端子和接地板、静电接地的连接、跨接等是否符合要求，特别是在固定设备、储罐、管道系统、装卸栈台与罐车、粉体加工、气体与蒸汽喷出设备和人体静电的导除与泄放等区域设置接地电阻满足要求的静电接地装置。

④ 按照 GB 50057《建筑物防雷设计规范》在厂区安装防雷设施，石油与石油设施还应按照 GB 15599《石油与石油设施雷电安全规范》的内容和要求安装防雷设施；企业应对照标准检查建筑物的防雷分类等是否满足要求。

⑤ 按照 GB 50016《建筑设计防火规范》、GB 50140《建筑灭火器配置设计规范》的要求设置室内外消防栓、消防水池和泵房、自动灭火装置、消防供电及其他灭火设施；根据工业建筑物的危险等级确定灭火器的配备基准和每个设置点的保护面积以及灭火器的设置位置、高度、环境温度等。

⑥ 按照 GB 50058《爆炸危险环境电力装置设计规范》和 AQ 3009《危险场所电气防爆安全规范》的要求进行爆炸性气体环境区域的划分、各类释放源的确定以及爆炸性气体环境中电气装置选择和电气线路的安装等。

⑦ 按照 GB 11651《个体防护装备选用规范》的要求，根据作业类别确定使用限制、使用防护用品和防护设施。

⑧ 按照 GB 50016《建筑设计防火规范》及 GB 50160《石油化工企业设计防火规范》的要求，对照检查建构筑物的火灾危险性类别、厂房（仓库）的耐火等级和构件的耐火极限、厂房（仓库）的防火分区、防爆泄压、安全疏散通道以及建构筑物之间、装置、道路、围墙、罐区、堆场的间距是否符合要求。

⑨《国家安全监管总局、工业和信息化部关于危险化学品企业贯彻落实〈国务院关于进一步加强企业安全生产工作的通知〉的实施意见》（安监总管三〔2010〕186 号）要求："大力提高工艺自动化控制与安全仪表水平。新建大型和危险程度高的化工装置，在设计阶段要进行仪表系统安全完整性等级评估，选用安全可靠的仪表、联锁控制系统，配备必要的有毒有害、可燃气体泄漏检测报警系统和火灾报警系统，提高装置安全可靠性。"

⑩ 在组织专家进行安全生产标准化诊断过程中，依据有关标准、规范提出的需增设或完善安全设施建议，企业应予以设置。

【企业达标标准】

二级企业化工生产装置设置自动化控制系统，涉及危险化工工艺和重点监管危险化学品的化工生产装置根据风险状况设置了安全联锁或紧急停车系统等。

要申请二级企业达标的危险化学品企业，应按照评审标准的要求，化工生产装置设置了自动化控制系统，如果涉及《国家安全监管总局关于公布首批重点监管的危险化工工艺目录的通知》（安监总管三〔2009〕116 号）、《国家安全监管总局关于公布第二批重点监管危险化工工艺目录和调整首批重点监管危险化工工艺中部分典型工艺的通知》（安监总管三〔2013〕3 号）规定的危险化工工艺和《国家安全监管总局关于公布首批重点监管的危险化学品目录的通知》（安监总管三〔2011〕95 号）、《国家安全监管总局关于公布第二批重点监管危险化学品名录的通知》（安监总管三〔2013〕12 号）中规定危险化学品的化工生产装置，要根据风险状况设置安全联锁或紧急停车系统等。企业根据生产过程的工艺特点和生产实际，优化采用适用的智能控制器、可编程逻辑控制器（PLC）、集散控制系统（DCS）、紧急停车系统（ESD）或安全仪表控制系统（SIS），或组合采用以上控制系统，以便实现化工装置联锁开车、过程安全联锁、紧急联锁停车功能，确保人员及设备安全。

【企业达标标准】

一级企业涉及危险化工工艺的化工生产装置设置了安全仪表系统，并建立安全仪表系统功能安全管理体系。

申请一级企业达标的危险化学品企业，涉及危险化工工艺的化工生产装置要设置安全仪表系统，并建立安全仪表系统功能安全管理体系。

【标准化要求】

3. 企业的各种安全设施应有专人负责管理，定期检查和维护保养。

【企业达标标准】

1. 专人负责管理各种安全设施；
2. 建立安全设施管理档案；
3. 定期检查和维护保养安全设施，并建立记录。

① 企业要按照制定的安全设施的管理制度规定的责任部门和管理职责，做好安全设施的管理，做到专人负责。

② 要按照《危险化学品建设项目安全设施目录》进行分类、建立安全设施台账，保存检查和维护保养记录。

【标准化要求】

4. 安全设施应编入设备检维修计划，定期检维修。安全设施不得随意拆除、挪用或弃置不用，因检维修拆除的，检维修完毕后应立即复原。

【企业达标标准】

1. 安全设施应编入设备检维修计划，定期检维修；
2. 安全设施不得随意拆除、挪用或弃置不用，因检维修拆除的，检维修完毕后应立即复原。

① 企业在编制生产设备检维修计划时，把相应的安全设施一并编入检维修计划，实施定期检维修，要保存与检维修计划一致的记录。

② 在生产装置现场设置的安全设施不得随意拆除、挪用或弃置不用，因检维修需要拆

除的，检修拆除完毕后应立即复原，并保持原有的功能和作用。

【标准化要求】

5. 企业应对监视和测量设备进行规范管理，建立监视和测量设备台账，定期进行校准和维护，并保存校准和维护活动的记录。

【企业达标标准】

1. 对监视和测量设备进行规范管理；
2. 建立监视和测量设备台账；
3. 定期进行校准和维护；
4. 保存校准和维护活动的记录；
5. 对风险较高的系统或装置，要加强在线检测或功能测试，保证设备、设施的完整性。

按照 GB/T 19000 标准规定，企业应通过产品实现的策划，识别和确定测量过程和监视过程，并根据策划结果，配备所需的测量和监视装置。

① 测量装置　GB/T 19000 标准的 3.10.2 条款将测量过程定义为"确定量值的一组操作"，而测量装置正是为了实现这种测量过程所使用的相关设备。上述标准的 3.10.4 条款将测量设备定义为"为实现测量过程所必需的测量仪器、软件、测量标准、标准物质或辅助设备或它们的组合。"由此可以看出：测量装置应是为确定量值所进行操作中所使用的相关装置和设备；测量装置的测量结果，应是可以量化评定的；确定量值的过程，可以包括评定产品的符合性和过程的符合性。

② 监视装置　对于监视过程和监视装置，GB/T 19000 标准没有给出定义。国际标准化组织质量管理和质量保证技术委员会（ISO/TC176）的术语指南文件（ISO/TC176/SC2/N526R）强调，"监视"是"观察、监督、始终审视，定期的测量或测试"。由 ISO/TC176 和国际认可论坛（IAF）的质量管理专家/审核员和质量工作者组成的 ISO 9001：2000 标准审核实践工作组（ISO 9001APG），在针对 ISO 9001：2000 标准审核中的疑难点而提出的指南性意见中，将"监视"解释为："观察、监督，通过（使用监视装置）检查保持过程正常，可包括在间断点进行测量或测试，尤其是出于调整或控制的目的。"

③ 根据以上定义或解释，可以看出"监视"包括以下含义：监视的目的是监控，特别是对过程状态的监控及符合法律法规情况的监控；监视的方法可以是定性的观察、监督或评审，也可以包括确定量值的测量或检测。因此，监视可以包括测量。但根据定义可以看出，凡是以监控工作状态为目的的过程，应属监视过程。而评定产品或过程的符合性，评定产品或过程是否符合规定要求的确定量值的操作，则应属测量过程。

④ 通过以上对"监视"术语的解释可以看出，监视装置是在实施监视过程中使用的指示性设备或装置。这些指示性设备或装置的使用目的，是控制各过程的工作状态。其中可以包括观察、监督或评审过程中使用的定性评定的相关设备或装置，如控制室内使用的烟雾传感器和"电子眼"等，也包括用于监视过程状态的测量设备或装置，如机泵上观察设备是否正常运作的压力表、轴承部位的温度表等各种仪表。这些仪表不是用于直接测量产品的符合性，也不用于评定过程参数是否符合工艺规定，只是用于观察机器设备的运行状况。只有这些仪表显示的压力和温度在某范围之内，才说明本过程的工作状态是正常的。

2.6.3　特种设备

【标准化要求】

　　1. 企业应按照《特种设备安全监察条例》管理规定，对特种设备进行规范管理。

【企业达标标准】

　　按照《特种设备安全监察条例》的规定，对特种设备进行规范管理。

　　《特种设备安全监察条例》（中华人民共和国国务院令第 373 号）于 2003 年 3 月 11 日公布，同年 6 月 1 日实施。2009 年 1 月 24 日根据《国务院关于修改〈特种设备安全监察条例〉的决定》（2009 年 1 月 14 日国务院第 46 次常务会议通过）对该条例进行了修订，温家宝总理签署中华人民共和国国务院令第 549 号公布，自 2009 年 5 月 1 日起施行。全文由原来的七章 91 条修改调整为八章 103 条。另外，2013 年 6 月 29 日，十二届全国人大常委会第三次会议审议并表决通过了《中华人民共和国特种设备安全法》。将特种设备领域的安全保障上升到国家法律层面，进一步明确企业在特种设备安全上要承担主体责任。发挥政府监督作用，履行政府的行政监督职能。让企业自觉守法，政府严格执法，社会公众发挥对特种设备安全的监督和督促作用，是加强特种设备安全工作，减少和防止事故发生的基本保障。用法律去规范特种设备的生产、经营、使用、检验、检测和监督管理，以保证人民群众生命财产的安全，促进经济社会的发展。从法律上明确调整范围，理顺监管体制，落实企业安全主体责任，从制度上、源头上有效防范、减少和遏制特种设备重大事故的发生，以保障人民生命财产的安全。

【标准化要求】

　　2. 企业应建立特种设备台账和档案。

【企业达标标准】

　　建立特种设备台账和档案，包括特种设备技术资料、特种设备登记注册表、特种设备及安全附件定期检测检验记录、特种设备运行记录和故障记录、特种设备日常维修保养记录、特种设备事故应急救援预案及演练记录。

　　① 依据《特种设备安全法》第三十五条，特种设备使用单位应当建立特种设备安全技术档案。安全技术档案应当包括以下内容：

　　a. 特种设备的设计文件、产品质量合格证明、安装及使用维护保养说明、监督检验证明等相关技术资料和文件；

　　b. 特种设备的定期检验和定期自行检查记录；

　　c. 特种设备的日常使用状况记录；

　　d. 特种设备及其附属仪器仪表的维护保养记录；

　　e. 特种设备的运行故障和事故记录。

　　② 危险化学品企业常见的特种设备主要有锅炉、压力容器（含气瓶）、压力管道、电梯、起重机械、场（厂）内专用机动车辆等；特种作业人员主要有锅炉作业（锅炉操作、水处理作业）、压力容器作业（压力容器操作、气瓶充装）、压力管道作业、电梯作业（安装、

维修、司机）、起重机械作业（机械安装、维修；电气安装、维修；司索；指挥；司机）、场（厂）内机动车辆作业（司机、维修）、特种设备管理等人员。

③ 依据《特种设备安全监察条例》相关要求建立特种设备管理台账和档案，样例可参见表 2-16～表 2-22。

表 2-16　特种设备登记注册表（台账）

序号	设备注册代码	使用证编号	设备名称	型号	单位内部编号	制造单位名称	使用状态	检验责任所在单位	设备安装地址	出厂编号	下次检验日期	特种设备安全管理人员	备注（报废注销）

编制：　　　　　　日期：年　　月　　日

表 2-17　特种设备登记台账

单位名称：_____　组织机构代码：_____　地址：_____　特种设备：锅炉____台，压力容器____台，厂（场）内车辆____辆，起重机械____台，电梯____台，压力管道____段、共____m。

序号	设备注册代码	使用证编号	设备名称	型号	单位内部编号	制造单位名称	使用状态	检验责任所在单位	设备安装地址	出厂编号	下次检验日期	特种设备安全管理人员	备注

表 2-18　特种设备定期检验记录

设备注册代码	使用证编号	设备名称(型号)	出厂编号	单位内部编号	投用日期	安装地址	使用状态

定期检验记录							
检验日期	下次检验日期	检验情况记录	检验报告编号	检验结论	检验单位	检验员	备注

表 2-19　安全附件定期检验记录

安全附件名称	型号	出厂编号	所属特种设备名称（型号）	所属特种设备出厂编号	安全附件安装位置	使用状态

定期检验记录								
检验日期	下次检验日期	检验情况记录	检验报告编号	检验结论	检验单位	检验员	备注

表 2-20　特种设备保养维修记录

设备名称（型号）：　　　　位置：

保养日期	保养维修内容	维修单位	维修人员	设备管理人员

表 2-21　特种设备运行故障和事故记录

设备注册代码	使用证编号	设备名称(型号)	出厂编号	单位内部编号	投用日期	安装地址	使用状态

定期检验记录			
日期	故障/事故记录	记录人	备注

表 2-22　特种设备作业人员花名册

特种作业工种类别	姓名	性别	身份证号	特种设备作业人员证书编号	培训情况/有效期至	复审记录

【标准化要求】

3. 特种设备投入使用前或者投入使用后 30 日内，企业应当向直辖市或者设区的市特种设备监督管理部门登记注册。

【企业达标标准】

特种设备投入使用前或者投入使用后 30 日内，应当向直辖市或者设区的市特种设备监督管理部门登记，登记标志置于设备显著位置。

按照《特种设备安全法》第三十三条规定，特种设备使用单位应当在特种设备投入使用前或者投入使用后 30 日内，向负责特种设备安全监督管理的部门办理使用登记，取得使用登记证书。登记标志应当置于该特种设备的显著位置。

【标准化要求】

4. 企业应对在用特种设备进行经常性日常维护保养，至少每月进行 1 次检查，并保存记录。

【企业达标标准】

对在用特种设备进行经常性日常维护保养，至少每月进行 1 次检查，并保存记录。

【标准化要求】

5. 企业应对在用特种设备及安全附件、安全保护装置、测量调控装置及有关附属仪器仪表进行定期校验、检修，并保存记录。

【企业达标标准】

对在用特种设备及安全附件、安全保护装置、测量调控装置及有关附属仪器仪表进行定期校验、检修，并保存记录。

《特种设备安全法》第三十九条规定，特种设备使用单位应当对其使用的特种设备进行经常性维护保养和定期自行检查，并作出记录。

特种设备使用单位应当对其使用的特种设备的安全附件、安全保护装置进行定期校验、检修，并作出记录。

【标准化要求】

6. 企业应在特种设备检验合格有效期届满前 1 个月向特种设备检验检测机构提出定期检验要求。未经定期检验或者检验不合格的特种设备，不得继续使用。企业应将安全检验合格标志置于或者附着于特种设备的显著位置。

【企业达标标准】

1. 特种设备检验合格有效期届满前一个月向特种设备检验检测机构提出定期检验要求；
2. 未经定期检验或者检验不合格的特种设备，不得继续使用；
3. 将安全检验合格标志置于或者附着于特种设备的显著位置。

企业依据《特种设备安全法》第四十条、第四十一条、第四十四条等规定要求，做好特种设备的定期检验、经常性检查等管理工作。

【标准化要求】

7. 企业特种设备存在严重事故隐患，无改造、维修价值，或者超过安全技术规范规定使用年限，应及时予以报废，并向原登记的特种设备监督管理部门办理注销。

【企业达标标准】

1. 特种设备存在严重事故隐患，无改造、维修价值，或者超过安全技术规范规定使用年限，应及时予以报废；
2. 向原登记的特种设备监督管理部门办理注销。

《特种设备安全法》第四十八条规定，特种设备存在严重事故隐患，无改造、修理价值，或者达到安全技术规范规定的其他报废条件的，特种设备使用单位应当依法履行报废义务，采取必要措施消除该特种设备的使用功能，并向原登记的负责特种设备安全监督管理的部门办理使用登记证书注销手续。

前款规定报废条件以外的特种设备，达到设计使用年限可以继续使用的，应当按照安全技术规范的要求通过检验或者安全评估，并办理使用登记证书变更，方可继续使用。允许继续使用的，应当采取加强检验、检测和维护保养等措施，确保使用安全。

2.6.4 工艺安全

【标准化要求】

1. 企业操作人员应掌握工艺安全信息，主要包括：
1) 化学品危险性信息：
(1) 物理特性；
(2) 化学特性，包括反应活性、腐蚀性、热和化学稳定性等；
(3) 毒性；

（4）职业接触限值。

2）工艺信息：

（1）流程图；

（2）化学反应过程；

（3）最大储存量；

（4）工艺参数（如压力、温度、流量）安全上下限值。

3）设备信息：

（1）设备材料；

（2）设备和管道图纸；

（3）电气类别；

（4）调节阀系统；

（5）安全设施（如报警器、联锁等）。

【企业达标标准】

操作人员应掌握工艺安全信息，主要包括：

（1）化学品危险性信息：1）物理特性；2）化学特性，包括反应活性、腐蚀性、热和化学稳定性等；3）毒性；4）职业接触限值。

（2）工艺信息：1）流程图；2）化学反应过程；3）最大储存量；4）工艺参数（如压力、温度、流量）安全上下限值。

（3）设备信息：1）设备材料；2）设备和管道图纸；3）电气类别；4）调节阀系统；5）安全设施（如报警器、联锁等）。

（1）危险化学品危险性

所有可能接触危险化学品的人员都应掌握所接触的危险化学品的危险性，包括操作人员和管理人员。

① 物理特性　指物质不需要经过化学变化就表现出来的性质。物质的物理性质如颜色、气味、形态、是否易融化、凝固、升华、挥发等，都可以利用人们的耳、鼻、舌、身等感官感知，还有些性质如熔点、沸点、硬度、导电性、导热性、延展性等，可以利用仪器测知。还有些性质，通过实验室获得数据，通过计算得知，如溶解性、密度、防腐性等。在实验前后物质都没有发生改变。

② 化学特性　物质在发生化学变化时才表现出来的性质叫做化学性质。如可燃性、稳定性、酸性、碱性、氧化性、还原性、助燃性、腐蚀性等，牵涉到物质分子（或晶体）化学组成的改变。

③ 毒性　是指外源化学物质与机体接触或进入体内的易感部位后，能引起损害作用的相对能力，或简称为损伤生物体的能力。也可简单表述为，外源化学物在一定条件下损伤生物体的能力。包括：在危险化学品生产过程中使用和产生的、并在作业时以较少的量经呼吸道、眼睛、口进入人体，与人体发生化学作用，而对健康产生危害的物质；作用于生物体，能使机体发生暂时或永久性病变，导致疾病甚至死亡的物质。

④ 职业接触限值　指劳动者在职业活动过程中长期反复接触，对绝大多数接触者的健康不引起有害作用的容许接触水平，是职业性有害因素的接触限制量值。分为时间加权平均容许浓度、最高容许浓度和短时间接触容许浓度三类。时间加权平均容许浓度（permissible concentration-time weighted average，PC-TWA）是指以时间为权数规定的 8h 工作日、40h 工作周的平均容许接触浓度。短时间接触容许浓度（permissible concentration-shortterm exposurelimit，PC-STEL）是指在遵守 PC-TWA 前提下容许段时间（15min）接触的浓度。最高容许浓度（maximum allowable concentration，MAC）是指工作地点、在一个工作日内、任何时间有毒化学物质均不应超过的浓度。

职业危害因素标准：《工作场所有害因素职业接触限值　化学有害因素》（GBZ 2.1）、《工作场所有害因素职业接触限值　物理因素》（GBZ 2.2）。

（2）工艺信息

工艺操作人员以及管理人员应掌握，尤其是分管工艺技术的人员更应熟练掌握。

① 流程图　工艺流程图是用图示的方法，把化工工艺流程和所需的全部设备、机器、管道、阀门、管件和仪表表示出来，用简单的线条及简单的设备图形来表示化工装置中原料、产品、废液或废气从一个设备进入另一个设备，流动的方向和先后连接的次序代表的整个化工生产装置的生产全过程。

② 化学反应过程　在化学反应中，分子破裂成原子，原子重新排列组合生成新物质的过程，称为化学反应。在反应过程中常伴有发光、发热、变色、生成沉淀物等，判断一个反应是否为化学反应的依据是反应是否生成新的物质。操作人员应对化学反应的吸热、放热、反应条件、反应速率等熟练掌握。

③ 最大储存量　生产过程中《建筑防火设计规范》GB 50016—2014 第 3.3.6 条款规定：厂房内设置甲、乙类中间仓库时，应靠外墙布置，其储量不宜超过 1 昼夜的需要量。

④ 工艺参数安全上下限值　进行工艺操作时，应熟练掌握操作的工艺参数如流量、温度、压力、液位等安全上下限值，精心操作，使得工艺参数处于受控状态。

（3）设备信息

① 设备材料　根据生产工艺的要求，选用各种不同材质的反应器、塔、罐、管道、阀门等生产设备，符合设计规范的要求。决定压力容器安全性的内在因素是结构和材料性能，材料是构成设备的物质基础，合理选材是压力容器设计的任务之一，而对操作人员来说了解化工设备常用材料有助于自己的操作工作及安全生产。

② 设备和管道图纸　管道和仪表流程图又称为 PID，PID 可分为工艺管道和仪表流程图（即通常意义的 PID）和公用工程管道和仪表流程图（即 UID）两大类。PID 注明了容器、塔、换热器等设备和管道的放空、放净去向，如排放到大气、泄压系统、干气系统或湿气系统。在 PID 中表示出全部在正常生产、开车、停车、事故维修、取样、备用、再生各种工况下所需要的工艺物料管线和公用工程管线。所有的管道都要注明管径、管道号、管道等级和介质流向。

③ 电气类别　化工行业电气环境可以分为会对工作安全有妨碍的自然因素与非自然因素。自然因素包含着雷电、静电之类；非自然因素包含着化工电气操作地点的各种环境条件。电气环境对安全生产有着至为关键的作用。所以，应根据现场作业环境来选择合适的电气设备，如防高温、防尘、防爆、防腐蚀、防雷、防静电设备设施等，并做好电气设备设施的日常检查，确保其运行完好。

④ 调节阀系统　调节阀，又称控制阀，在工业自动化过程控制领域中，通过接受调节控制单元输出的控制信号，借助动力操作去改变介质流量、压力、温度、液位等工艺参数的最终控制元件。一般由执行机构和阀门组成。如果按行程特点，调节阀可分为直行程和角行

程；按其所配执行机构使用的动力，可以分为气动调节阀、电动调节阀、液动调节阀三种；按其功能和特性分为线性特性、等百分比特性及抛物线特性三种。调节阀适用于空气、水、蒸汽、各种腐蚀性介质、油品等介质。操作人员熟悉调节阀控制回路，有利于进行工艺安全操作。

⑤ 安全设施（如报警器、联锁等）　化工生产过程中高温、高压、易燃、易爆、易中毒、有腐蚀性、有刺激性气味等危险危害因素是固有的。对于高危险工艺装置，在不能消除固有的危险危害因素又不能彻底避免人为失误的情况下，采用隔离、远程自动控制等方法是最有效的安全措施。操作人员对其所操作的设备设施设置的报警器、联锁设施等安全设施的功能和操作要求要熟悉，对高危作业的化工装置最基本的安全要求应当是实行温度、压力、液位超高（低）自动报警、联锁停车，最终实现工艺过程自动化控制。

【标准化要求】

2. 企业应保证下列设备设施运行安全可靠、完整：

（1）压力容器和压力管道，包括管件和阀门；

（2）泄压和排空系统；

（3）紧急停车系统；

（4）监控、报警系统；

（5）联锁系统；

（6）各类动设备，包括备用设备等。

【企业达标标准】

1. 保证下列设备设施运行安全可靠、完整：

（1）压力容器和压力管道，包括管件和阀门；

（2）泄压和排空系统；

（3）紧急停车系统；

（4）监控、报警系统；

（5）联锁系统；

（6）各类动设备，包括备用设备等。

2. **工艺技术自动控制水平低的重点危险化学品企业要制定技术改造计划，完成自动化控制技术改造。**

① 企业对压力容器和压力管道、阀门管件、监控和报警系统、泄压和排空系统、联锁与紧急停车系统、机泵压缩机等动设备、其他设备设施都要进行规范管理，保持其运行可靠，保证生产装置安稳长满优运行。

② 安全联锁系统，包括传感器、逻辑单元和最终执行元件，当过程达到预定条件时，安全联锁即动作，将过程带入安全状态；压力泄放设施，用于事故或非正常工况时，依靠入口静压力打开泄压，防止设备受压损坏，如安全阀、爆破片等。

③《国家安全监管总局、工业和信息化部关于危险化学品企业贯彻落实〈国务院关于进一步加强企业安全生产工作的通知〉的实施意见》（安监总管三〔2010〕186 号）第 11 条规定：重点危险化学品企业（剧毒化学品、易燃易爆化学品生产企业和涉及危险工艺的企业）

要积极采用新技术，改造提升现有装置以满足安全生产的需要。工艺技术自动控制水平低的重点危险化学品企业要制定技术改造计划，尽快完成自动化控制技术改造，通过装备基本控制系统和安全仪表系统，提高生产装置本质安全化水平。

【标准化要求】

　　3. 企业应对工艺过程进行风险分析：
　　（1）工艺过程中的危险性；
　　（2）工作场所潜在事故发生因素；
　　（3）控制失效的影响；
　　（4）人为因素等。

【企业达标标准】

　　1. 要从工艺、设备、仪表、控制、应急响应等方面开展系统的工艺过程风险分析。
　　2. 对工艺过程进行风险分析，包括：
　　（1）工艺过程中的危险性；
　　（2）工作场所潜在事故发生因素；
　　（3）控制失效的影响；
　　（4）人为因素等。

　　① 《国家安全监管总局、工业和信息化部关于危险化学品企业贯彻落实〈国务院关于进一步加强企业安全生产工作的通知〉的实施意见》（安监总管三〔2010〕186号）第9条规定：企业要按照《化工企业工艺安全管理实施导则》（AQ/T 3034—2010）要求，全面加强化工工艺安全管理。企业应建立风险管理制度，积极组织开展危害辨识、风险分析工作。要从工艺、设备、仪表、控制、应急响应等方面开展系统的工艺过程风险分析，预防重特大事故的发生。

　　② 选用科学的危害识别、风险评价方法对工艺过程的危险性、工作现场潜在的危险性、控制失效的影响、人为因素等方面进行危险有害因素识别、风险评价，制定并落实安全控制措施，确保工艺过程的安全操作。

　　③ 为了有效地防止超温、超压、超负荷，应尽量采用自动分析、自动调节、自动报警、自动停车、自动排放、自动切除电源等安全联锁自控技术，以便在工艺指标突然变化时，能自动快速地进行工艺处理，这是防止火灾、爆炸的重要措施。火灾、爆炸危险性大的生产现场，应设置可燃气体、有毒有害气体自动报警仪，以便能及时发现和消除险情。

　　在日常生产中应特别注意以下问题：
　　（1）原料、材料与燃料
　　① 原料、材料、燃料的理化性质（熔点、沸点、蒸气压、闪点、燃点、危险性等级等）、受到冲击或发生异常反应时的后果。
　　② 工艺中所用原材料分解时产生的热量是否经过详细核算？
　　③ 对可燃物的防范措施。
　　④ 有无粉尘爆炸的潜在危险性？
　　⑤ 原材料的毒性容许浓度。

⑥ 容纳化学物质分解的设备是否合用？有何种安全措施？

⑦ 为了防止腐蚀及反应生成危险物质，应采取何种措施？

⑧ 原料、材料、燃料的成分是否经常变更，混入杂质会造成何种不安全影响，流程的变化对安全造成何种影响？

⑨ 是否根据原料、材料、燃料的特性进行合理的管理？

⑩ 一种或一种以上的原料如果补充不上有什么潜在性的危险？原料的补充是否能得到及时保证？

⑪ 使用惰性气体进行清扫、封闭时会引起何种危险？气源供应有无保证？

⑫ 原料在储藏中的稳定性如何？是否会发生自燃、自聚和分解等反应？

⑬ 对包装和原料、材料、燃料的标志有何要求（如受压容器的检验标志、危险物品标志等）？

⑭ 对所用原料使用何种消防装置及灭火器材？

⑮ 发生火灾时有何紧急措施？

（2）工艺操作

① 对发生火灾爆炸危险的反应操作，采取了何种隔离措施？

② 工艺中的各种参数是否接近了危险界限？

③ 操作中会发生何种不希望的工艺流向或工艺条件以及污染？

④ 装置内部会发生何种可燃或可爆性混合物？

⑤ 对接近闪点的操作，采取何种防范措施？

⑥ 对反应或中间产品，在流程中采取了何种安全裕度？如果一部分成分不足或者混合比例不同，会产生什么样的结果？

⑦ 正常状态或异常状态都有什么样的反应速度？如何预防温度、压力、反应的异常？混入杂质、流动阻塞、跑冒滴漏，发生了这些情况后，如何采取紧急措施？

⑧ 发生异常状况时，有无将反应物质迅速排放的措施？

⑨ 有无防止急剧反应和制止急剧反应的措施？

⑩ 泵、搅拌器等机械装置发生故障时会发生什么样的危险？

⑪ 设备在逐渐或急速堵塞的情况下，生产会出现什么样的危险状态？

【企业达标标准】

一级企业涉及危险化工工艺和重点监管危险化学品的化工生产装置进行过危险与可操作性分析（HAZOP），并定期应用先进的工艺（过程）安全分析技术开展工艺（过程）安全分析。

这是对一级企业达标的前置条件之一，国家安全监管总局在近几年多次对危险与可操作性分析（HAZOP）的推广应用进行了布置和要求：

① 2008 年 9 月 14 日国务院安委会办公室《关于进一步加强危险化学品安全生产工作的指导意见》（安委办〔2008〕26 号）：指导有关中央企业开展风险评估，提高事故风险控制管理水平；组织有条件的中央企业应用危险与可操作性分析技术（HAZOP），提高化工生产装置潜在风险辨识能力。

② 2009 年 6 月 24 日国家安全监管总局《关于进一步加强危险化学品企业安全生产标准化工作的指导意见》（安监总管三〔2009〕124 号）：有关中央企业总部要组织所属企业积极

开展重点化工生产装置危险与可操作性分析（HAZOP），全面查找和及时消除安全隐患，提高装置本质安全化水平。

③ 2010 年 11 月 3 日国家安全监管总局、工业和信息化部《关于危险化学品企业贯彻落实〈国务院关于进一步加强企业安全生产工作的通知〉的实施意见》（安监总管三〔2010〕186 号）：企业要积极利用危险与可操作性分析（HAZOP）等先进科学的风险评估方法，全面排查本单位的事故隐患，提高安全生产水平。大型和采用危险化工工艺的装置在初步设计完成后要进行 HAZOP 分析。

④ 2011 年 12 月 15 日国家安全监管总局《关于印发危险化学品安全生产"十二五"规划的通知》（安监总管三〔2011〕191 号）：积极指导企业采用科学的安全管理方法，提升管理水平。继续推动中央企业开展化工生产装置 HAZOP，积极推进新建危险化学品建设项目在设计阶段应用 HAZOP，逐渐将 HAZOP 应用范围扩大至涉及有毒有害、易燃易爆以及采用危险化工工艺的化工装置。积极推进工艺过程安全管理。

⑤ 2012 年 6 月 29 日国家安全生产监督管理总局、国家发展改革委员会、工业和信息化部、住房和城乡建设部《关于开展提升危险化学品领域本质安全水平专项行动的通知》（安监总管三〔2012〕87 号）第 2 条：进一步加强化工过程安全管理。按照《化工企业工艺安全管理实施导则》（AQ/T 3034—2010）的要求，从及时收集危险化学品的安全信息、开展化工过程危害分析、完善操作规程、加强人员培训、加强承包商安全管理、加强动火及进入受限空间等特殊作业管理、机械仪表电气设备完好性、公用工程可靠性、变更管理、试生产安全审查、事故查处及应急管理等方面，全面加强化工企业安全管理，逐步提高化工生产过程安全管理水平。逐步推行化工生产装置定期（每 3～5 年一次）开展危险与可操作性分析（HAZOP）工作。

⑥ 2013 年 6 月 20 日国家安全监管总局 住房城乡建设部《关于进一步加强危险化学品建设项目安全设计管理的通知》（安监总管三〔2013〕76 号）第二条"切实落实建设项目安全管理职责"第（三）款规定："……，建设单位在建设项目设计合同中应主动要求设计单位对设计进行危险与可操作性（HAZOP）审查，并派遣有生产操作经验的人员参加审查，对 HAZOP 审查报告进行审核。涉及'两重点一重大'和首次工业化设计的建设项目，必须在基础设计阶段开展 HAZOP 分析。"

⑦ 2013 年 7 月 29 日国家安全监管总局《关于加强化工过程安全管理的指导意见》（安监总管三〔2013〕88 号）第（五）条规定："对涉及重点监管危险化学品、重点监管危险化工工艺和危险化学品重大危险源（以下统称'两重点一重大'）的生产储存装置进行风险辨识分析，要采用危险与可操作性分析（HAZOP）技术，一般每 3 年进行一次。对其他生产储存装置的风险辨识分析，针对装置不同的复杂程度，选用安全检查表、工作危害分析、预危险性分析、故障类型和影响分析（FMEA）、HAZOP 技术等方法或多种方法组合，可每 5 年进行一次。企业管理机构、人员构成、生产装置等发生重大变化或发生生产安全事故时，要及时进行风险辨识分析。企业要组织所有人员参与风险辨识分析，力求风险辨识分析全覆盖。"

【标准化要求】

4. 企业生产装置开车前应组织检查，进行安全条件确认。安全条件应满足下列要求：

(1) 现场工艺和设备符合设计规范；

（2）系统气密测试、设施空运转调试合格；

（3）操作规程和应急预案已制定；

（4）编制并落实了装置开车方案；

（5）操作人员培训合格；

（6）各种危险已消除或控制。

【企业达标标准】

生产装置开车前应组织检查，进行安全条件确认。安全条件应满足下列要求：

（1）现场工艺和设备符合设计规范；

（2）系统气密测试、设施空运转调试合格；

（3）操作规程和应急预案已制定；

（4）编制并落实了装置开车方案；

（5）操作人员培训合格；

（6）各种危险已消除或控制。

① 生产装置开车前安全生产条件确认，是保证开车安全、预防重大事故的一项重要控制环节，但不是对工艺系统存在缺陷和危害的再认识，也不是要对工艺系统进行重新设计或试图改变工艺系统的现有设计，它的着眼点是确认当前设备设施的安装是否符合满足设计和标准规范的要求，所有能确保安全开工和生产持续运行的条件是否具备。

② 需要进行安全生产条件确认的一般有以下几个阶段：新改扩建项目开工前；设备设施检修后；工艺设备实施重大变更后；设备设施发生过意外事故后，等等。

③ 安全生产条件确认一般应编制安全检查表，内容主要涵盖以下方面：工艺和设备安装情况、系统气密性试验、设备空运转调试、操作规程/操作程序、开车方案、工艺/设备变更、机械完整性、电气安全、仪表/联锁系统、消防、人员培训、隐患排查与整改等。

【标准化要求】

5. 企业生产装置停车应满足下列要求：

1）编制停车方案；

2）操作人员能够按停车方案和操作规程进行操作。

【企业达标标准】

生产装置停车应满足下列要求：

（1）**编制停车方案；**

（2）**操作人员能够按停车方案和操作规程进行操作。**

生产进行到一段时间后，因设备需要检查或检修而进行的有计划的停车，称为正常停车。这种停车，是逐步减少物料的加入，直至完全停止加入，待所有物料反应完毕后，开始处理设备内剩余的物料，处理完毕后，停止供汽、供水，降温降压，最后停止转动设备的运转，使生产完全停止。

停车后，对某些需要进行检修的设备，要用盲板切断该设备上物料管线，以免可燃气体、液体物料漏过而造成事故。检修设备动火或进入设备内检查，要把其中的物料彻底清洗干净，并经过安全分析合格后方可进行。

【标准化要求】

6. 企业生产装置紧急情况处理应遵守下列要求：

（1）发现或发生紧急情况，应按照不伤害人员为原则，妥善处理，同时向有关方面报告；

（2）工艺及机电设备等发生异常情况时，采取适当的措施，并通知有关岗位协调处理，必要时，按程序紧急停车。

【企业达标标准】

生产装置紧急情况处理应遵守下列要求：

（1）发现或发生紧急情况，应按照不伤害人员为原则，妥善处理，同时向有关方面报告；

（2）工艺及机电设备等发生异常情况时，应及时采取适当的措施，并通知有关岗位协调处理，必要时，按程序紧急停车。

紧急情况下的停车，可分为局部紧急停车和全面紧急停车。

① 局部紧急停车　生产过程中，在一些想象不到的特殊情况下的停车，称为局部紧急停车。如某设备损坏、某部分电气设备的电源发生故障、在某一个或多个仪表失灵等，都会造成生产装置的局部紧急停车。当这种情况发生时，应立即通知前步工序采取紧急处理措施。把物料暂时储存或向事故排放部分（如火炬、放空等）排放，并停止入料，转入停车待生产的状态（绝对不允许再向局部停车部分输送物料，以免造成重大事故）。同时，立即通知下步工序，停止生产或处于待开车状态。此时，应积极抢修，排除故障。待停车原因消除后，应按化工开车的程序恢复生产。

② 全面紧急停车　当生产过程中突然发生停电、停水、停汽或发生重大事故时，则要全面紧急停车。这种停车事前是不知道的，操作人员要尽力保护好设备，防止事故的发生和扩大。对有危险的设备，如高压设备应进行手动操作，以排出物料；对有凝固危险的物料要进行人工搅拌（如聚合釜的搅拌器可以人工推动，并使本岗位的阀门处于正常停车状态）。对于自动化程度较高的生产装置，在车间内备有紧急停车按钮，并和关键阀门锁在一起。当发生紧急停车时，操作人员一定要以最快的速度去按这个按钮。为了防止全面紧急停车的发生，一般的化工厂均有备用电源。当第一电源断电时，第二电源应立即供电。

【标准化要求】

7. 企业生产装置泄压系统或排空系统排放的危险化学品应引至安全地点并得到妥善处理。

【企业达标标准】

生产装置泄压系统或排空系统排放的危险化学品应引至安全地点并得到妥善处理。

①《石油化工企业设计防火规范》（GB 50160—2008）第5.5.11条：受工艺条件或介质特性所限，无法排入火炬或装置处理排放系统的可燃气体，当通过排气筒、放空管直接向大

气排放时，排气筒、放空管的高度应符合下列规定：

a. 连续排放的排气筒顶或放空管口应高出 20m 范围内的平台或建筑物顶 3.5m 以上，位于排放口水平 20m 以外斜上 45°的范围内不宜布置平台或建筑物；

b. 间歇排放的排气筒顶或放空管口应高出 10m 范围内的平台或建筑物顶 3.5m 以上，位于排放口水平 10m 以外斜上 45°的范围内不宜布置平台或建筑物；

c. 安全阀排放管口不得朝向邻近设备或有人通过的地方，排放管口应高出 8m 范围内的平台或建筑物顶 3m 以上。

② 《石油化工企业设计防火规范》（GB 50160—2008）第 5.5.4 条：可燃气体、可燃液体设备的安全阀出口连接应符合下列规定：

a. 可燃液体设备的安全阀出口泄放管应接入储罐或其他容器，泵的安全阀出口泄放管宜接至泵的入口管道、塔或其他容器；

b. 可燃气体设备的安全阀出口泄放管应接至火炬系统或其他安全泄放设施；

c. 泄放后可能立即燃烧的可燃气体或可燃液体应经冷却后接至放空设施；

d. 泄放可能携带液滴的可燃气体应经分液罐后接至火炬系统。

③ 安全阀、爆破片、火炬等设施的设置按照《石油化工企业设计防火规范》（GB 50160—2008）第 5.5 条"泄压排放和火炬系统"相关要求执行。

【标准化要求】

8. 企业操作人员应严格执行操作规程，对工艺参数运行出现的偏离情况及时分析，保证工艺参数控制不超出安全限值，偏差及时得到纠正。

【企业达标标准】

操作人员应对工艺参数运行出现的偏离情况及时分析，保证工艺参数控制不超出安全限值，偏差及时得到纠正。

① 工艺安全管理是化工生产安全管理的重要组成部分，是安全管理的重点监控环节，特别是关键岗位工艺指标的控制至关重要。如果把工艺安全管理工作做好了，安全事故就会相应地减少，才能确保生产装置平稳、持续地运行，企业才能谈得上效益和发展。

② 操作人员严格按照操作规程正常操作是不会出现偏离工艺参数的情况，如果一旦出现偏离工艺的情况则证明操作过程中有异常发生，原因主要有以下几方面的因素：

a. 操作人员没严格按工艺规定执行，需由工艺技术管理人员对操作记录作出分析，检查操作是否合格，如因工作条件更新则应立即对操作者进行技能培训直至达标方能复产。

b. 设备设施工作出现偏差，需立即停工将该设备清零对基准后做检查，并模拟先前工作条件试加工验证设备是否工作正常。

c. 产品原材料是否发生差异，应立即停产对该批次产品加严抽查，验证原料是否合格。

d. 工艺规程是否经过验证且合格，排除上述三点后应立即对工艺本身作出审查，确保工艺的有效严肃性。

e. 工作现场的环境（如温度、湿度、光照等）是否发生改变。

③ 针对化工工艺指标多、要求严、标准高等特点，首先要按照工艺指标对安全生产影响的大小进行分类，即安全工艺指标、一般工艺指标。凡涉及人身安全、可能导致重大事故

发生的关键安全工艺指标，应列为重点监控对象，有针对性地重点管理，实现工艺指标的可控、在控。其次，要对工艺指标控制范围进行区域划分，可分为正常操作控制区域、危险控制区域、事故区域。在实际操作中，一旦发现安全工艺指标波及危险区域，就要立即采取措施加以调整；否则，进入事故区域就可能酿成安全事故。再次，要对重要安全工艺指标进行危险性分析评价，做到心中有数。要结合岗位操作实际，从指标失控概率高低、危险性大小等方面搞好综合分析，找出工艺安全管理的重点或薄弱环节，并制定相应的整改措施加以治理，确保装置安全运行。

2.6.5　关键装置及重点部位

【标准化要求】

　　1. 企业应加强对关键装置、重点部位安全管理，实行企业领导干部联系点管理机制。

【企业达标标准】

　　1. 确定关键装置、重点部位；
　　2. 实行企业领导干部联系点管理机制。
　　① 氯碱、合成氨、硫酸、电石、溶解乙炔、涂料生产企业，可根据 AQ/T 3016、AQ/T 3017、AQ 3037、AQ 3038、AQ 3039、AQ 3040 中相应条款规定确定关键装置和重点部位。其他行业由企业根据各自生产特点，依据 AQ 3013 标准进行确定。
　　② 企业应建立关键装置和重点部位管理制度，明确每个关键装置和重点部门的联系人及其责任、到联系点的活动频次及活动内容等内容。
　　③ 关键装置和重点部位联系人是企业级领导，还应建立从企业领导、职能部门、基层单位、班组监控机制。

【标准化要求】

　　2. 联系人对所负责的关键装置、重点部位负有安全监督与指导责任，包括：
　　（1）指导联系点实现安全生产；
　　（2）监督安全生产方针、政策、法规、制度的执行和落实；
　　（3）定期检查安全生产中存在的问题；
　　（4）督促隐患项目治理；
　　（5）监督事故处理原则的落实；
　　（6）解决影响安全生产的突出问题等。

【企业达标标准】

　　联系人对所负责的关键装置、重点部位负有安全监督与指导责任，包括：
　　（1）指导安全联系点实现安全生产；
　　（2）监督安全生产方针、政策、法规、制度的执行和落实；
　　（3）定期检查安全生产中存在的问题；
　　（4）督促隐患项目治理；

（5）监督事故处理原则的落实；

（6）解决影响安全生产的突出问题等。

在关键装置、重点部位管理制度中，应明确联系人对负责的关键装置、重点部位负有安全监督与指导责任具体内容，包括：指导联系点如何实现安全生产；监督安全生产方针、政策、法律法规以及规章制度的执行与落实情况；定期（明确频次和期限）检查安全生产中的问题和隐患；督促隐患治理项目的实施；监督事故处理"四不放过"原则的落实；解决影响安全生产的突出的问题。

【标准化要求】

3. 联系人应每月至少到联系点进行一次安全活动，活动形式包括参加基层班组安全活动、安全检查、督促治理事故隐患、安全工作指示等。

【企业达标标准】

联系人应每月至少到联系点进行一次安全活动。

联系人应按要求到联系点进行安全活动，每月至少一次，可以参加基层班组安全活动、进行安全检查、督促治理事故隐患、安全工作指示等。建立和保持安全活动记录，反映联系人在联系点的活动情况。

【标准化要求】

4. 企业应建立关键装置、重点部位档案，建立企业、管理部门、基层单位及班组监控机制，明确各级组织、各专业的职责，定期进行监督检查，并形成记录。

【企业达标标准】

1. 建立关键装置、重点部位档案；

2. 建立企业、管理部门、基层单位及班组监控机制，明确各级组织、各专业的职责；

3. 定期进行监督检查，并形成记录。

① 对每一个关键装置、重点部位建立档案，内容应包括工艺参数及控制指标、设备运行及检修、仪表及安全设施运行检修维护情况、安全监督检查记录等。

② 建立关键装置、重点部位分级监控机制，按照企业（联系人）、管理部门、基层单位、班组职责分工，对关键装置、重点部位的安全监督管理，定期组织安全检查，对查出的问题和隐患，做好记录，并及时处理。

a. 企业关键装置、重点部位联系人　履行安全监督与指导责任；定期参加安全活动等。

b. 工艺、技术、设备、安全、仪表、电气等有关部门按照职责分工进行的安全管理　各项工艺操作指标符合操作规程、工艺卡片要求；各种动、静设备、设施、附件达到完好标准，压力容器、压力管道符合《特种设备安全监察条例》，其安全附件应齐全好用，关键机组实行特护管理；仪表管理应符合制度要求，严格执行仪表联锁管理规定；各类安全设施、消防设施应齐全、灵敏、完好，符合有关规程和规定的要求，消防道路畅通；定期组织专业安全检查。

c. 基层单位　确认关键装置、重点部位的危险点，绘制出危险点分布图，明确安全责任人；定期组织安全检查，对查出的隐患和问题及时整改或采取有效防范措施；操作人员应经培训合格并持证上岗。

d. 班组　严格执行巡回检查制度；定期对安全设施、危险点进行安全检查；严格遵守工艺、操作、劳动纪律和操作规程；及时报告险情和处理存在的问题。

【标准化要求】

5. 企业应制定关键装置、重点部位应急预案，至少每半年进行一次演练，确保关键装置、重点部位的操作、检修、仪表、电气等人员能够识别和及时处理各种事件及事故。

【企业达标标准】

1. 制定关键装置、重点部位应急预案；

2. 至少每半年进行一次演练，确保关键装置、重点部位的操作、检修、仪表、电气等人员能够识别和及时处理各种事件及事故。

① 企业应制定关键装置、重点部位应急预案，至少每半年进行一次演练，确保关键装置、重点部位的操作、检修、仪表、电气等工作人员会识别和及时处理各种事件及事故。

② 岗位操作人员、检修人员、电气仪表人员应该熟悉预案，熟练掌握各种安全事件及事故的处理措施。

【标准化要求】

6. 企业关键装置、重点部位为重大危险源时，还应按 2.5 条执行。

【企业达标标准】

关键装置、重点部位为重大危险源时，还应按 3.5 条执行。

依据 GB 18218 标准，企业关键装置、重点部位生产、储存的危险化学品的数量等于或超过临界量时，除应按照关键装置、重点部位管理要求以外，还应按照"重大危险源"的管理要素实施管理。

2.6.6　检维修

【标准化要求】

1. 企业应严格执行检维修管理制度，实行日常检维修和定期检维修管理。

【企业达标标准】

严格执行检维修管理制度，实行日常检维修和定期检维修管理。

加强设备设施检维修管理，确保检维修过程符合安全生产要求，避免发生安全事故、环境污染和对作业人员的伤害。企业应制定安全检维修管理制度，明确日常检维修和定期检维修的责任部门、职责和频次，对日常检维修和定期检维修实施规范管理。

【标准化要求】

2. 企业应制订年度综合检维修计划，落实"五定"，即定检修方案、定检修人员、定安全措施、定检修质量、定检修进度原则。

【企业达标标准】

1. 制订年度综合检维修计划；
2. 落实"五定"，即定检修方案、定检修人员、定安全措施、定检修质量、定检修进度原则。

企业每年要根据设备设施运行和生产实际制定年度综合检维修计划，做到"定检修方案、定检修人员、定安全措施、定检修质量、定检修进度"。为了使各级管理人员、参检人员明确任务，使装置检维修过程得到全方位的控制，应绘制检维修网络图、施工进度表、开停车吹扫置换进度表、抽加盲板建图和动火、动土作业平面示意图及有限空间作业平面示意图、安全检查人员网络图等，使检维修作业计划更周密、详细、可操作。

① 检修方案　在编制方案时，应根据检修项目的特点、内容和现场情况，严格按照有关规程规范的要求来加以考虑，使方案能正确指导现场工作。检修方案应包括：编制方案的目的、依据、适用范围及其他相关事项；明确检修的具体任务、起止时间；制订合理的组织措施；对检修内容进行危险有害因素识别与风险评价；提出有针对性的安全措施或安全方案等。

② 检修人员　根据检修项目的内容和特点，选择具备相应资质和专业技术水平的检修人员，从事检维修工作。检修人员可以是企业内部的检维修作业人员，也可以是承包商作业人员，企业相关部门和人员都要对参加检维修的人员进行安全教育和技术交底。

③ 安全措施　检修过程安全措施是针对危险有害因素识别和风险评价的结果而制定的保障安全检修的措施和手段。

④ 检修质量　设备检修质量缺陷会给设备运行带来隐患，甚至导致装置停车、生产安全事故的发生，所以制定检修质量标准，严格把好检修质量关，也是制定检修计划时需要考虑和重视的。

⑤ 检修进度　要根据检修项目的任务量科学安排工期，合理安排检修进度，始终树立做到"以人为本、安全第一"的思想，科学组织检修，不要盲目赶进度，忽视施工质量和作业安全。

【标准化要求】

3. 企业在进行检维修作业时，应执行下列程序：

（1）检维修前：

——进行危险、有害因素识别；

——编制检维修方案；

——办理工艺、设备设施交付检维修手续；

——对检维修人员进行安全培训教育；

——检维修前对安全控制措施进行确认；

　　——为检维修作业人员配备适当的劳动保护用品；

　　——办理各种作业许可证。

　　（2）对检维修现场进行安全检查。

　　（3）检维修后办理检维修交付生产手续。

【企业达标标准】

　　在进行检维修作业时，应执行下列程序：

　　（1）检维修前：

　　——进行危险、有害因素识别；

　　——编制检维修方案；

　　——办理工艺、设备设施交付检维修手续；

　　——对检维修人员进行安全培训教育；

　　——检维修前对安全控制措施进行确认；

　　——为检维修作业人员配备适当的劳动保护用品；

　　——办理各种作业许可证。

　　（2）对检维修现场进行安全检查。

　　（3）检维修后办理检维修交付生产手续。

　　企业在进行检维修前，应组织有关人员，采用工作危害分析（JHA）法或其他适用方法对检维修活动进行风险分析、评价风险，制定针对性的安全措施，控制风险，确保检维修工作的顺利完成。

2.6.7　拆除和报废

【标准化要求】

　　1. 企业应严格执行生产设施拆除和报废管理制度。拆除作业前，拆除作业负责人应与需拆除设施的主管部门和使用单位共同到现场进行对接，作业人员进行危险、有害因素识别，制定拆除计划或方案，办理拆除设施交接手续。

【企业达标标准】

　　1. 拆除作业前，拆除作业负责人应与需拆除设施的主管部门和使用单位共同到现场进行作业前交底；

　　2. 作业人员进行危险、有害因素识别；

　　3. 制定拆除计划或方案；

　　4. 办理拆除设施交接手续。

　　① 为安全拆除生产设施，严格规范生产设施的拆除管理，企业应制定生产设施安全拆除管理制度，明确设备拆除审批程序和工作程序，责任部门在拆除过程中严格按有关作业票证的管理和审批程序进行。在进行拆除作业前，企业应组织有关人员，采用适用的风险分析方法，对拆除作业活动进行风险分析，评价拆除过程的风险，制定拆除计划或拆除方案，落实风险控制措施。

② 拆除作业前，拆除作业负责人、设施主管部门、使用单位有关人员共同到现场进行安全技术交底，作业人员采用工作危害分析（JHA）法或其他适用方法对拆除作业活动进行危险、有害因素识别，制定拆除计划或拆除方案，落实各项安全控制措施。

③ 企业根据职能分工和制度规定的要求，办理、审批设备设施拆除有关手续。

【标准化要求】

2. 企业凡需拆除的容器、设备和管道，应先清洗干净，分析、验收合格后方可进行拆除作业。

【企业达标标准】

1. 凡需拆除的容器、设备和管道，应先清洗干净，分析、验收合格后方可进行拆除作业；

2. 拆除、清洗等现场作业应严格遵守作业许可等有关规定。

① 容器、设备、管道在拆除前，根据职责分工要求进行回收处理、清洗干净、分析、验收合格后，实施拆除作业，作业中严格执行危险性作业许可管理等要求。

② 还要特别注意废弃危险化学品的处置和清洗产生的废水收集处理，避免产生环境污染。

【标准化要求】

3. 企业欲报废的容器、设备和管道内仍存有危险化学品的，应清洗干净，分析、验收合格后，方可报废处置。

【企业达标标准】

1. 欲报废的容器、设备和管道，应清洗干净，分析、验收合格后，方可报废处置；

2. 报废、清洗等现场作业应严格遵守作业许可等有关规定。

① 企业应制定生产设施的报废管理制度，明确责任部门和工作程序。对于容器、设备、管道在报废前，应清洗干净，经过分析、验收合格，可实施报废处置。

② 在清洗、报废等现场作业应严格执行危险性作业许可管理的要求，废弃的危险化学品和清洗产生的废水应按照有关规定进行处理，容器、管道属于特种设备的应按《特种设备安全法》的有关规定办理报废手续。

2.7　作业安全

2.7.1　作业许可

【标准化要求】

企业应对下列危险性作业活动实施作业许可管理，严格履行审批手续，各种作业许可证中应有危险、有害因素识别和安全措施内容：

（1）动火作业；

（2）进入受限空间作业；

（3）动土作业；

（4）临时用电作业；

（5）高处作业；

（6）断路作业；

（7）吊装作业；

（8）设备检修作业；

（9）抽堵盲板作业；

（10）其他危险性作业。

【企业达标标准】

1. 对动火作业、进入受限空间作业、破土作业、临时用电作业、高处作业、断路作业、吊装作业、设备检修作业和抽堵盲板作业等危险性作业实施作业许可管理，严格履行审批手续；

2. 作业许可证中有危险、有害因素识别和安全措施内容。

企业应依据《化学品生产单位特殊作业安全规范》（GB 30871—2014）的规定，对动火作业、进入受限空间作业、动土作业、临时用电作业、高处作业、断路作业、吊装作业等危险性实施作业许可证管理，严格作业许可证进行审批。作业许可证应落实针对作业活动的安全措施和有效期限、责任人、监护人等，未办理作业许可证的，不得进行危险性作业。

危险性作业的作业许可证可参见案例 15～案例 22。

案例 15　动火安全作业证

申请单位			申请人			作业证编号		
动火作业级别								
动火方式								
动火时间	自　年　月　日　时　分始至　年　月　日　时　分止							
动火作业负责人				动火人				
动火分析时间	年　月　日　时			年　月　日　时			年　月　日　时		
分析点名称								
分析数据								
分析人								
涉及的其他特殊作业								
危害辨识								

序号	安全措施	确认人
1	动火设备内部构件清理干净,蒸汽吹扫或水洗合格,达到用火条件	
2	断开与动火设备相连接的所有管线,加盲板（　　）块	
3	动火点周围的下水井、地漏、地沟、电缆沟等已清除易燃物,并已采取覆盖、铺沙、水封等手段进行隔离	
4	罐区内动火点同一围堰和防火间距内的油罐不同时进行脱水作业	
5	高处作业已采取防火花飞溅措施	
6	动火点周围易燃物已清除	
7	电焊回路线已接在焊件上,把线未穿过下水井或其他设备搭接	

续表

序号	安全措施	确认人
8	乙炔气瓶(直立放置)、氧气瓶与火源间的距离大于 10m	
9	现场配备消防蒸汽带( )根,灭火器( )台,铁锹( )把,石棉布( )块	
10	其他安全措施: 编制人:	

生产单位负责人		监火人		动火初审人	
实施安全教育人					

申请单位意见		签字:	年 月 日 时 分
安全管理部门意见		签字:	年 月 日 时 分
动火审批人意见		签字:	年 月 日 时 分
动火前,岗位当班班长验票		签字:	年 月 日 时 分
完工验收		签字:	年 月 日 时 分

案例 16 受限空间安全作业证

申请单位		申请人		作业证编号	
受限空间所属单位		受限空间名称			
作业内容		受限空间内原有介质名称			
作业时间	自 年 月 日 时 分始至 年 月 日 时 分止				
作业单位负责人					
监护人					
作业人					
涉及的其他特殊作业					
危害辨识					

分析	分析项目	有毒有害介质	可燃气	氧含量	时间	部位	分析人
	分析标准						
	分析数据						

序号	安全措施	确认人
1	对进入受限空间危险性进行分析	
2	所有与受限空间有联系的阀门、管线加盲板隔离,列出盲板清单,落实抽堵盲板责任人	
3	设备经过置换、吹扫、蒸煮	
4	设备打开通风孔进行自然通风,温度适宜人员作业;必要时采用强制通风或佩戴空气呼吸器,不能用通氧气或富氧空气的方法补充氧	
5	相关设备进行处理,带搅拌机的设备已切断电源,电源开关处加锁或挂"禁止合闸"标志牌,设专人监护	
6	检查受限空间内部已具备作业条件,清罐时(无须用/已采用)防爆工具	
7	检查受限空间进出口通道,无阻碍人员进出的障碍物	
8	分析盛装过可燃有毒液体、气体的受限空间内的可燃、有毒有害气体含量	
9	作业人员清楚受限空间内存在的其他危险因素,如内部附件、集渣坑等	
10	作业监护措施:消防器材( )、救生绳( )、气防装备( )	
11	其他安全措施: 编制人:	
	实施安全教育人	

申请单位意见		签字:	年 月 日 时 分
审批单位意见		签字:	年 月 日 时 分
完工验收		签字:	年 月 日 时 分

案例 17　高处安全作业证

申请单位		申请人		作业证编号			
作业时间	自　年　月　日　时　分始至　年　月　日　时　分止						
作业地点							
作业内容							
作业高度		作业类别					
作业单位		监护人					
作业人		涉及的其他特殊作业					
危害辨识							

序号	安全措施	确认人
1	作业人员身体条件符合要求	
2	作业人员着装符合工作要求	
3	作业人员佩戴合格的安全帽	
4	作业人员佩戴安全带、安全带高挂低用	
5	作业人员携带有工具袋及安全绳	
6	作业人员佩戴：①过滤式防毒面具或口罩；②空气呼吸器	
7	现场搭设的脚手架、防护网、围栏符合安全规定	
8	垂直分层作业中间有隔离设施	
9	梯子、绳子符合安全规定	
10	石棉瓦等轻型棚的承重梁、柱能承重负荷的要求	
11	作业人员在石棉瓦等不承重物作业所搭设的承重板稳定牢固	
12	采光、夜间作业照明符合作业要求，(需采用并已采用/无须采用)防爆灯	
13	30m 以上高处作业配备通信、联络工具	
14	其他安全措施： 　　　　　　　　　　　　　　　　　　　　　　　编制人：	

实施安全教育人							
生产单位作业负责人意见		签字：　　　　　年　　月　　日　　时　　分					
作业单位负责人意见		签字：　　　　　年　　月　　日　　时　　分					
审核部门意见		签字：　　　　　年　　月　　日　　时　　分					
审批部门意见		签字：　　　　　年　　月　　日　　时　　分					
完工验收		签字：　　　　　年　　月　　日　　时　　分					

案例 18　吊装安全作业证

吊装地点		吊装工具名称		作业证编号	
吊装人员及特殊工种作业证号		监护人			
吊装指挥及特殊工种作业证号		起吊重物质量/t			
作业时间	自　年　月　日　时　分始至　年　月　日　时　分止				
吊装内容					
危害辨识					

序号	安全措施	确认人
1	吊装质量大于等于 40t 的重物和土建工程主体结构；吊装物体虽不足 40t，但形状复杂、刚度小、长径比大、精密贵重，作业条件特殊，已编制吊装作业方案，且经作业主管部门和安全管理部门审查，报主管(副总经理/总工程师)批准	
2	指派专人监护，并坚守岗位，非作业人员禁止入内	
3	作业人员已按规定佩戴防护器具和个体防护用品	
4	已与分厂(车间)负责人取得联系，建立联系信号	

续表

序号	安全措施	确认人
5	已在吊装现场设置安全警戒标志,无关人员不许进入作业现场	
6	夜间作业采用足够的照明	
7	室外作业遇到(大雪/暴雨/大雾/六级以上大风),已停止作业	
8	检查起重吊装设备、钢丝绳、缆风绳、链条、吊钩等各种机具,保证安全可靠	
9	明确分工,坚守岗位,并按规定的联络信号,统一指挥	
10	将建筑物、构筑物作为锚点,需经工程处审查核算并批准	
11	吊装绳索、缆风绳、拖拉绳等避免同带电线路接触,并保持安全距离	
12	人员随同吊装重物或吊装机械升降,应采取可靠的安全措施,并经过现场指挥人员批准	
13	利用管道、管架、电杆、机电设备等作吊装锚点,不准吊装	
14	悬吊重物下方站人、通行和工作,不准吊装	
15	超负荷或重物质量不明,不准吊装	
16	斜拉重物、重物埋在地下或重物坚固不牢,绳打结、绳不齐,不准吊装	
17	棱角重物没有衬垫措施,不准吊装	
18	安全装置失灵,不准吊装	
19	用定型起重吊装机械(履带吊车/轮胎吊车/桥式吊车等)进行吊装作业,遵守该定型机械的操作规程	
20	作业过程中应先用低高度、短行程试吊	
21	作业现场出现危险品泄漏,立即停止作业,撤离人员	
22	作业完成后现场杂物已清理	
23	吊装作业人员持有法定的有效的证件	
24	地下通信电(光)缆、局域网络电(光)缆、排水沟的盖板,承重吊装机械的负重量已确认,保护措施已落实	
25	起吊物的质量(　　　)t,经确认,在吊装机械的承重范围	
26	在吊装高度的管线、电缆桥架已做好防护措施	
27	作业现场围栏、警戒线、警告牌、夜间警示灯已按要求设置	
28	作业高度和转臂范围内,无架空线路	
29	人员出入口和撤离安全措施已落实:①指示牌;②指示灯	
30	在爆炸危险生产区域内作业,机动车排气管已装火星熄灭器	
31	现场夜间有充足照明:36V、24V、12V防水型灯;36V、24V、12V防爆型灯	
32	作业人员已佩戴防护器具	
33	其他安全措施:	编制人:	

实施安全教育人		
生产单位安全部门负责人(签字):	生产单位负责人(签字):	
作业单位安全部门负责人(签字):	作业单位负责人(签字):	
审批部门意见		
	签字:　　　　　年　　月　　日　　时　　分	

案例19　临时用电安全作业证

申请单位		申请人		作业证编号	
作业时间	自　　年　　月　　日　　时　　分始至　　年　　月　　日　　时　　分止				
作业地点					
电源接入点		工作电压			
用电设备及功率					
作业人		电工证号			
危害辨识					

序号	安全措施	确认人
1	安装临时线路人员持有电工作业操作证	
2	在防爆场所使用的临时电源、元器件和线路达到相应的防爆等级要求	
3	临时用电的单项和混用线路采用五线制	

序号	安全措施	确认人
4	临时用电线路在装置内不低于2.5m,道路不低于5m	
5	临时用电线路架空进线未采用裸线,未在树或脚手架上架设	
6	暗管埋设及地下电缆线路设有"走向标志"和"安全标志",电缆埋深大于0.7m	
7	现场临时用配电盘、箱有防雨措施	
8	临时用电设施有漏电保护器,移动工具、手持工具"一机一闸一保护"	
9	用电设备、线路容量、负荷符合要求	
10	其他安全措施: 编制人:	

实施安全教育人			

作业单位意见	签字: 年 月 日 时 分
配送电单位意见	签字: 年 月 日 时 分
审批部门意见	签字: 年 月 日 时 分
完工验收	签字: 年 月 日 时 分

案例20 盲板抽堵安全作业证

申请单位							申请人				作业证编号		
设备管道名称	介质	温度	压力	盲板			实施时间		作业人		监护人		
				材质	规格	编号	堵	抽	堵	抽	堵	抽	
生产单位作业指挥													
作业单位负责人													
涉及的其他特殊作业													

盲板位置图及编号:

          编制人: 年 月 日

序号	安全措施	确认人
1	在有毒介质的管道、设备上作业时,尽可能降低系统压力,作业点应为常压	
2	在有毒介质的管道、设备上作业时,作业人员穿戴适合的防护用具	
3	易燃易爆场所,作业人员穿防静电工作服、工作鞋;作业时使用防爆灯具和防爆工具	
4	易燃易爆场所,距作业地点30m内无其他动火作业	
5	在强腐蚀性介质的管道、设备上作业时,作业人员已采取防止酸碱灼伤的措施	
6	介质温度较高、可能造成烫伤的情况下,作业人员已采取防烫措施	
7	同一管道上不同时进行两处以上的盲板抽堵作业	
8	其他安全措施: 编制人:	

实施安全教育人			

生产车间(分厂)意见	签字: 年 月 日
作业单位意见	签字: 年 月 日
审批单位意见	签字: 年 月 日
盲板抽堵作业单位确认情况	签字: 年 月 日
生产车间(分厂)确认情况	签字: 年 月 日

案例 21　动土安全作业证

申请单位		申请人		作业证编号	
监护人					
作业时间	自　年　月　日　时　分始至　年　月　日　时　分止				
作业地点					
作业单位					
涉及的其他特殊作业					

作业范围、内容、方式（包括深度、面积、并附件图）：

签字：　　　　　年　月　日　时　分

危害辨识	

序号	安全措施	确认人
1	作业人员作业前已进行了安全教育	
2	作业地点处于易燃易爆场所,需要动火时已办理了动火证	
3	地下电力电缆已确认保护措施已落实	
4	地下通信电（光）缆,局域网络电（光）缆已确认保护措施已落实	
5	地下供排水、消防管线、工艺管线已确认保护措施已落实	
6	已按作业方案图规划线和立桩	
7	动土地点有电线、管道等地下设施,已向作业单位交代并派人监护;作业时轻挖,未使用铁棒、铁镐或抓斗等机械工具	
8	作业现场围栏、警戒线、警告牌夜间警示灯已按要求设置	
9	已进行放坡处理和固壁支撑	
10	人员出入口和撤离安全措施已落实：①梯子；②修坡道	
11	道路施工作业已报：交通、消防、安全监督部门、应急中心	
12	备有可燃气体检测仪、有毒介质检测仪	
13	现场夜间有充足照明：①36V、24V、12V 防水型灯；②36V、24V、12V 防爆型灯	
14	作业人员已佩戴防护器具	
15	动土范围内无障碍物,并已在总图上做标记	
16	其他安全措施： 编制人：	

实施安全教育人			
申请单位意见			
	签字：　　　　　年　月　日　时　分		
作业单位意见			
	签字：　　　　　年　月　日　时　分		
有关水、电、汽、工艺、设备、消防、安全等部门会签意见			
	签字：　　　　　年　月　日　时　分		
审批部门意见			
	签字：　　　　　年　月　日　时　分		
完工验收			
	签字：　　　　　年　月　日　时　分		

案例 22 断路安全作业证

申请单位		申请人		作业证编号	
作业单位					
涉及相关单位(部门)					
断路原因					
断路时间	自　年　月　日　时　分始至　年　月　日　时　分止				

断路地段示意图及相关说明：

签字：　　　　　　　年　月　日　时　分

危害辨识			
序号	安全措施		确认人
1	作业前,制定交通组织方案(附后),并已通知相关部门或单位		
2	作业前,在断路的路口和相关道路上设置交通警示标志,在作业区附近设置路栏、道路作业警示灯、导向标等交通警示设施		
3	夜间作业设置警示灯		
4	其他安全措施： 编制人：		

实施安全教育人			
申请单位意见	签字：　　　　　年　月　日　时　分		
作业单位意见	签字：　　　　　年　月　日　时　分		
有关水、电、汽、工艺、设备、消防、安全等部门会签意见	签字：　　　　　年　月　日　时　分		
审批部门意见	签字：　　　　　年　月　日　时　分		
完工验收	签字：　　　　　年　月　日　时　分		

2.7.2 警示标志

【标准化要求】

1. 企业应按照 GB 16179 规定，在易燃、易爆、有毒有害等危险场所的醒目位置设置符合 GB 2894 规定的安全标志。

【企业达标标准】

装置、仓库、罐区、装卸区、危险化学品输送管道等危险场所的醒目位置设置符合 GB 2894 规定的安全标志。

按照 GB 2894《安全标志及其使用导则》、GB 7231《工业管道基本识别色、识别符号和安全标示》、GBZ 158《工作场所职业病危害警示标志》等要求在生产装置、仓库、罐区、装卸区、危险化学品输送管道等场所设置安全标志及标识。安全标志分为：禁止标志、警告标志、指令标志、提示标志四类。

① 禁止标志　禁止人们不安全行为的图形标志，其几何图形为带斜杠的圆形框。

② 警告标志　含义是提醒人们对周围环境引起注意，以避免可能发生危险的图形标志，基本形式是正三角形边框。

③ 指令标志　含义是强制人们必须做出某种动作或采取防范措施的图形标志，基本形式是圆形边框。

④ 提示标志　含义是向人们提供某种信息（如标明安全设施或场地等）的图形标志，基本形式是正方形边框。

【标准化要求】

2. 企业应在重大危险源现场设置明显的安全警示标志。

【企业达标标准】

重大危险源现场，设置明显的安全警示标志和告知牌。

企业按照 GB 2894《安全标志及其使用导则》、HG 23010《常用危险化学品安全周知卡编制导则》等要求，在构成重大危险源的场所设立"重大危险源安全警示标志牌""重大危险源危险物质安全周知牌"。"重大危险源安全警示标志牌"应设立在进入重大危险源区域的道路入口处或醒目处，多个入口处或区域范围较大需设置多块重大危险源安全警示标志牌。"重大危险源危险物质安全周知牌"应设立在紧靠作业场所、作业人员出入处或操作人员岗位的醒目处。

① "重大危险源安全警示标志牌"应由禁止标志、警告标志、警示用语等组合构成，重大危险源场所要根据其危险物质以及其他危险化学品的危险特性选取一个或多个禁止标志、警告标志；警示用语为"重大危险源生产区域"或"重大危险源储存区域"。

② "重大危险源危险物质安全周知牌"应标注相关重大危险源的成分、特性、最大存放数量以及应急救援方式等。

【标准化要求】

3. 企业应按有关规定，在厂内道路设置限速、限高、禁行等标志。

【企业达标标准】

按有关规定在厂内道路设置限速、限高、禁行标志。

企业应按有关规定在厂内道路设置限速、限高、禁行等安全警示标志牌。

① GB 4387《工业企业厂内铁路、道路运输安全规程》"6.4 机动车行驶"对厂内道路行驶速度进行了规定："6.4.1 机动车在无限速标志的厂内主干道行驶时，不得超过30km/h，其他道路不得超过 20km/h"；"6.4.2 机动车行驶在下列地点、路段或遇到特殊情况时的限速要求应符合下表的规定。"见表 2-23。

表 2-23　厂内道路限速标准

限速地点、路段及情况	最高行驶速度/(km/h)
无限速标志的厂内主干道	30
厂内其他道路	20
道口、交叉口、装卸作业、人行稠密地段、下坡道、设有警告标志处或转弯、调头时,货运汽车载运易燃易爆等危险货物时	15
结冰、积雪、积水的道路;恶劣天气能见度在30m以内时	10
进出厂房、仓库、车间大门、停车场、加油站、上下地中衡、危险地段、生产现场、倒车或拖带损坏车辆时	5

恶劣天气能见度在 5m 以内或能见度在 10m 以内、道路最大纵坡在 6% 以上时,应停止行驶。

② 对于厂内机动车的限速标志,可以按照 GB 5768.2《道路交通标志和标线 第 2 部分:道路交通标志》的要求进行设置。原则上在厂区入口、交叉口、转弯处、下坡道、厂房(仓库、车间) 大门等处结合企业厂内交通安全管理制度的要求设置明显的限速警示标志。

③ 厂区道路限高标志应按照 GB 4387《工业企业厂内铁路、道路运输安全规程》要求设置:"6.1.2 跨越道路上空架设管线距路面最小净高不得小于 5m,现有低于 5m 的管线在改、扩建时应予以解决";"6.1.3 厂内道路应根据交通量设置交通标志,其设置、位置、形式、尺寸、图案和颜色等必须符合 GB 5768《道路交通标志和标线》的规定。"

④ GB 4387《工业企业厂内铁路、道路运输安全规程》6.1.4 条规定:易燃、易爆物品的生产区域或贮存仓库区,应根据安全生的需要,将道路划分为限制车辆通行或禁止车辆通行的路段,并设置标志。

【标准化要求】

4. 企业应在检维修、施工、吊装等作业现场设置警戒区域和安全标志,在检修现场的坑、井、洼、沟、陡坡等场所设置围栏和警示灯。

【企业达标标准】

1. 检维修、施工、吊装等作业现场设置相应的警戒区域和警示标志;
2. 检修现场的坑、井、洼、沟、陡坡等场所设置围栏和警示灯。

企业应在检维修、施工、吊装等作业现场设置相应的警戒区域和警示标志,并设置监护人,无关人员未经许可不得进入警戒区域,防止其他人员进入该区域造成伤害,在检修施工现场的坑、洼、沟、陡坡等区域设置围栏,夜间还应设置警示红灯,提醒行人或车辆安全通行。

【标准化要求】

5. 企业应在可能产生严重职业危害作业岗位的醒目位置,按照 GBZ 158 设置职业危害警示标识,同时设置告知牌,告知产生职业危害的种类、后果、预防及应急救治措施、作业场所职业危害因素检测结果等。

【企业达标标准】

1. 在装置现场、仓库、罐区、装卸区等区域可能产生严重职业危害的岗位醒目位置设置警示标志；

2. 在产生职业危害的岗位醒目位置设置告知牌，告知职业危害因素检测结果、时间和周期及标准规定值。

按照国家安全监管总局办公厅《关于印发用人单位职业病危害告知与警示标识管理规范的通知》（安监总厅安健〔2014〕111 号）第十条的规定，产生职业病危害的用人单位应当设置公告栏，公布本单位职业病防治的规章制度等内容。

设置在办公区域的公告栏，主要公布本单位的职业卫生管理制度和操作规程等；设置在工作场所的公告栏，主要公布存在的职业病危害因素及岗位、健康危害、接触限值、应急救援措施，以及工作场所职业病危害因素检测结果、检测日期、检测机构名称等。

【标准化要求】

6. 企业应按有关规定在生产区域设置风向标。

【企业达标标准】

按有关规定，在生产区域设置风向标。

可以按照 HG 20571《化工企业安全卫生设计规定》要求，在有毒有害的化工生产区域设置风向标。

2.7.3　作业环节

【标准化要求】

1. 企业应在危险性作业活动作业前进行危险、有害因素识别，制定控制措施。在作业现场配备相应的安全防护用品（具）及消防设施与器材，规范现场人员作业行为。

【企业达标标准】

危险作业现场配备相应安全防护用品（具）及消防设施与器材。

为了控制和预防风险，降低生产安全事故，企业应对动火作业、进入受限空间作业、临时用电作业、高处作业、吊装作业、破土作业、断路作业、检修作业等危险性作业进行规范管理，作业前应先组织有关人员进行风险分析，辨识作业活动中的风险，制定相应的控制和预防措施，办理相关的作业票证，按风险情况和国家有关规定配备安全防护用品（具），并指导、监督作业人员按规定合理使用安全防护用品（具），作业现场应配备监护人员或指挥人员。

【标准化要求】

2. 企业作业活动的负责人应严格按照规定要求科学指挥；作业人员应严格执行操作规程，不违章作业，不违反劳动纪律。

【企业达标标准】

1. 作业活动负责人应严格按照规定要求科学组织作业活动，不得违章指挥；

2. 作业人员应严格执行操作规程和作业许可要求，不违章作业，不违反劳动纪律。

作为作业活动的负责人应精心组织、科学指挥，杜绝违章指挥；施工作业人员应严格执行操作规程、作业指导书、作业许可的要求，实施作业活动。

【标准化要求】

3. 企业作业人员在进行5.6.1中规定的作业活动时，应持相应的作业许可证作业。

【企业达标标准】

进行危险性作业时，作业人员应持经过审批许可的相应作业许可证。

在危化品企业进行作业活动时，多数属于危险性作业范围，应严格按照"作业许可"规定的要求办理作业许可手续，并经审核批准后，方可实施危险性作业。

【标准化要求】

4. 企业作业活动监护人员应具备基本救护技能和作业现场的应急处理能力，持相应作业许可证进行监护作业，作业过程中不得离开监护岗位。

【企业达标标准】

1. 作业活动监护人员应具备基本救护技能和作业现场的应急处理能力；

2. 作业活动监护人员持相应作业许可证进行现场监护，不得离开监护岗位。

① 在进行作业活动，特别是进行危险性作业时，一定设置监护人，危化品企业具有高温、高压、易燃、有毒、长周期生产的特点，在生产装置内从事技改施工、日常维修、现场抢修时，装置经常是处于开车或局部停车状态，在这样的环境下进行动火、高处、进入受限空间、临时用电等作业时，现场环境复杂，当生产不正常或现场条件发生突然变化时，原有的作业条件遭到破坏，发生火灾、爆炸、中毒、窒息、高空坠落、触电等事故的危险性则大大增加。如果在作业前进行危险、有害因素识别风险评价，制定安全控制措施和突发事件的应急预案，安排好精干的监护人员进行现场监护，一旦现场发生异常情况，能及时正确处理，把事故消灭在萌芽状态，就会避免更大的损失。

② 作为作业活动监护人，应具备基本救护技能和作业现场的应急处理能力，指派监护人实施监护时，应重点考虑以下方面：

a. 应安排责任心强、技术水平高、熟悉作业现场的人员执行监护人任务。一个连自己的安全都不能顾全的人，当发生突发事件时如何能保护他人的安全呢？

b. 应安排经过监护人技能培训且经考核合格的人执行监护任务，坚决杜绝一人监护多个作业点的现象发生。

c. 应向监护人交代清楚作业任务范围、安全措施、现场环境和生产及设备状态。

d. 监护人应佩戴明显标志，快速有效识别作业人与监护人。

e. 监护人因有事离开现场应与作业人通报，作业人员在监护人离开现场时，应按规定停止作业。

f. 监护人对作业人的违章行为（如擅自移动作业点等）要及时制止。

g. 监护人的身体状况应适应现场作业环境，遇到身体不适时，应及时调整，确保监护到位。

【标准化要求】

5. 企业应保持作业环境整洁。

【企业达标标准】

保持作业环境整洁，消除安全隐患。

在作业活动现场，存在准备安装的设备设施、施工机具、拆卸下的设备、施工垃圾，如果对作业现场不能做到科学有序管理，杂乱的作业环境可能就会给作业人员带来伤害，这些都是潜在的安全隐患。因此实施作业时，保持作业环境整洁，及时消除作业现场的一切隐患，实现作业现场"人、机、环、管"的和谐统一。

【标准化要求】

6. 企业同一作业区域内有两个以上承包商进行生产经营活动，可能危及对方生产安全时，应组织并监督承包商之间签订安全生产协议，明确各自的安全生产管理职责和应当采取的安全措施，并指定专职安全生产管理人员进行安全检查与协调。

【企业达标标准】

1. 同一作业区域内有两个以上承包商进行生产经营活动，可能危及对方生产安全时，应组织承包商之间签订安全生产协议，明确各自的安全生产管理职责和应当采取的安全措施；

2. 指定专职安全生产管理人员进行安全检查和协调并记录。

《安全生产法》（中华人民共和国主席令 第十三号）第四十五条规定："两个以上生产经营单位在同一作业区域内进行生产经营活动，可能危及对方生产安全的，应当签订安全生产管理协议，明确各自的安全生产管理职责和应当采取的安全措施，并指定专职安全生产管理人员进行安全检查与协调。"这是对在危化品企业内作业的承包商进行交叉作业时的安全管理要求。

目前，两个以上承包商在危化品企业同一区域进行检维修、施工作业活动的情况很多，往往一个施工工地，有多个不同的承包商同时施工。当可能危及对方安全生产情况时，企业应组织承包商之间签订安全生产协议。安全生产协议应当明确各自的安全生产管理职责，管理职责要明确、具体，操作性要强，并落实到人。当某一事项双方都有安全生产管理责任时，必须明确由谁负主要责任，另一方给予配合。在安全生产管理协议中，必须载明相应的安全措施。

【标准化要求】

7. 企业应办理机动车辆进入生产装置区、罐区现场相关手续，机动车辆应佩戴标准阻火器、按指定线路行驶。

【企业达标标准】

机动车辆进入生产装置区、罐区现场应按规定办理相关手续，佩戴符合标准要求的阻火器，按指定路线、规定速度行驶。

危险化学品企业生产装置区、罐区绝大多数都是易燃易爆区域，机动车进入该类区域，应严格执行机动车辆进入生产装置区、罐区现场的管理制度，办理相关手续，并佩戴符合标准要求的阻火器，按照指定路线、规定的速度行驶。

【标准化要求】

无。

【企业达标标准】

二级企业动火作业、进入受限空间作业及吊装作业管理制度、作业票证及作业现场评审不失分。

这是对申请二级达标企业的条件之一，动火作业、进入受限空间作业、吊装作业三个危险性作业的管理工作，从管理制度内容、作业许可证办理与审批手续、作业现场管理等方面均不得失分。

2.7.4　承包商

【标准化要求】

1. 企业应严格执行承包商管理制度，对承包商资格预审、选择、开工前准备、作业过程监督、表现评价、续用等过程进行管理，建立合格承包商名录和档案。企业应与选用的承包商签订安全协议书。

【企业达标标准】

1. 建立合格承包商名录、档案（包括承包商资质资料、表现评价、合同等资料）；
2. 对承包商进行资格预审；
3. 选择、使用合格的承包商；
4. 与选用的承包商签订安全协议；
5. 对作业过程进行监督检查。

《国家安全监管总局关于加强化工过程安全管理的指导意见》（安监总管三〔2013〕88号）对承包商提出了如下规定和要求：

第二十条：严格承包商管理制度。企业要建立承包商安全管理制度，将承包商在本企业发生的事故纳入企业事故管理。企业选择承包商时，要严格审查承包商有关资质，定期评估承包商安全生产业绩，及时淘汰业绩差的承包商。企业要对承包商作业人员进行严格的入厂安全培训教育，经考核合格的方可凭证入厂，禁止未经安全培训教育的承包商作业人员入厂。企业要妥善保存承包商作业人员安全培训教育记录。

第二十一条：落实安全管理责任。承包商进入作业现场前，企业要与承包商作业人员进行现场安全交底，审查承包商编制的施工方案和作业安全措施，与承包商签订安全管理协议，明确双方安全管理范围与责任。现场安全交底的内容包括：作业过程中可能出现的泄漏、火灾、爆炸、中毒窒息、触电、坠落、物体打击和机械伤害等方面的危害信息。承包商要确保作业人员接受了相关的安全培训，掌握与作业相关的所有危害信息和应急预案。企业要对承包商作业进行全程安全监督。

【企业达标标准】

要向承包商进行作业现场安全交底，对承包商的安全作业规程、施工方案和应急预案进行审查。

作业前要向承包商进行作业现场安全交底，将安全措施和注意事项交代清楚，对承包商的安全作业规程、施工方案和应急预案进行审查，审查合格后方可允许施工作业。

《国家安全监管总局、工业和信息化部关于危险化学品企业贯彻落实〈国务院关于进一步加强企业安全生产工作的通知〉的实施意见》（安监总管三〔2010〕186 号）第 19 条规定：企业要加强对承担工程建设、检维修、维护保养的承包商的管理。要对承包商进行资质审查，选择具备相应资质、安全业绩好的企业作为承包商，要对进入企业的承包商人员进行全员安全教育，向承包商进行作业现场安全交底，对承包商的安全作业规程、施工方案和应急预案进行审查，对承包商的作业过程进行全过程监督。

承包商作业时要执行与企业完全一致的安全作业标准。严格控制工程分包，严禁层层转包。

2.8　职业健康

2.8.1　职业危害项目申报

【标准化要求】

企业如存在法定职业病目录所列的职业危害因素，应及时、如实向当地安全生产监督管理部门申报，接受其监督。

【企业达标标准】

1. 识别职业危害因素；

2. 及时、如实向当地安全监督管理部门申报法定职业病目录所列的职业危害因素，接受其监督。

① 职业危害是指对从事职业活动的人员能引发职业病的各种危害。职业危害因素包括职业活动中存在的各种有害的化学、物理、生物因素以及在作业过程中产生的其他有害因素。

② 职业病危害项目是指存在或产生《职业病危害因素分类目录》所列职业病危害因素的项目。工作场所存在职业病目录所列职业病危害因素的，应当及时、如实向所在地安全生产监督管理部门申报危害项目，并接受安全生产监督管理部门的监督管理。

③ 职业病危害项目申报工作实行属地分级管理的原则。中央企业、省属企业及其所属企业的职业病危害项目，向其所在地设区的市级人民政府安全生产监督管理部门申报。前款规定以外的其他企业的职业病危害项目，向其所在地县级人民政府安全生产监督管理部门申报。

④ 企业申报职业病危害项目时，应当提交《职业病危害项目申报表》和下列文件、资

料：a. 企业的基本情况；b. 工作场所职业病危害因素种类、分布情况以及接触人数；c. 法律、法规和规章规定的其他文件、资料。

⑤ 职业病危害项目申报同时采取电子数据和纸质文本两种方式。企业应当首先通过"职业病危害项目申报系统"进行电子数据申报，同时将《职业病危害项目申报表》加盖公章并由本单位主要负责人签字后，按照《职业病危害项目申报办法》（国家安全生产监督管理总局令第 48 号）第四条和第五条的规定，连同有关文件、资料一并上报所在地设区的市级、县级安全生产监督管理部门。受理申报的安全生产监督管理部门自收到申报文件、资料之日起 5 个工作日内，为企业出具《职业病危害项目申报回执》。

2.8.2　作业场所职业危害管理

【标准化要求】

1. 企业应制定职业危害防治计划和实施方案，建立、健全职业卫生档案和从业人员健康监护档案。

【企业达标标准】

1. 制定职业危害防治计划和实施方案；
2. 建立健全职业卫生档案，包括职业危害防护设施台账、职业危害监测结果、健康监护报告等；
3. 建立从业人员健康监护档案。

作业场所职业危害管理的目的是预防、控制和消除职业危害，防治职业病，保护从业人员健康及其相关权益，促进安全生产。

① 企业应根据作业场所存在的职业危害，制订切实可行的职业危害防治计划和实施方案。防治计划或实施方案，要明确责任人、责任部门、目标、方法、资金、时间表等，对防治计划和实施方案的落实情况要定期进行检查，确保职业危害的防治与控制效果。

② 职业卫生档案是职业危害预防、评价、控制、治理、研究和开发职业病防治技术以及职业病诊断鉴定的重要依据，是区分健康损害责任的重要证据之一。职业卫生档案资料包括：a. 职业病防治责任制文件；b. 职业卫生管理规章制度、操作规程；c. 作业场所职业病危害因素种类清单、岗位分布以及作业人员接触情况等资料；d. 职业病防护设施、应急救援设施基本信息，以及其配置、使用、维护、检修与更换等记录；e. 作业场所职业病危害因素检测、评价报告与记录；f. 职业病防护用品配备、发放、维护与更换等记录；g. 主要负责人、职业卫生管理人员和职业病危害严重工作岗位的人员等相关人员职业卫生培训资料；h. 职业病危害事故报告与应急处置记录；i. 劳动者职业健康检查结果汇总资料，存在职业禁忌证、职业健康损害或者职业病的人员处理和安置情况记录；j. 建设项目职业卫生"三同时"有关技术资料，以及其备案、审核、审查或者验收等有关回执或者批复文件；k. 安全许可证申领、职业病危害项目申报等有关回执或者批复文件；l. 有关职业卫生管理的资料或者文件。

③ 职业健康监护档案应按照《用人单位职业健康监护监督管理办法》（国家安全生产监督管理总局令第 49 号）建立并按照规定的期限妥善保存。职业健康监护档案内容包括：a. 人员

姓名、性别、年龄、籍贯、婚姻、文化程度、嗜好等情况；b. 人员职业史、既往病史和职业病危害接触史；c. 历次职业健康检查结果及处理情况；d. 职业病诊疗资料；e. 需要存入职业健康监护档案的其他有关资料。

【标准化要求】

2. 企业作业场所应符合 GBZ 1、GBZ 2。

【企业达标标准】

企业作业场所职业危害因素应符合 GBZ 1、GBZ 2.1、GBZ 2.2 规定。

① 企业应为从业人员提供符合法律、法规、规章、国家职业卫生标准和卫生要求的工作环境和条件。

② 工作场所有害因素的职业接触限值符合标准规定，如有不符合要有整改计划或方案，并按计划或方案进行整改，整改效果要进行评价。

【标准化要求】

3. 企业应确保使用有毒物品作业场所与生活区分开，作业场所不得住人；应将有害作业与无害作业分开，高毒作业场所与其他作业场所隔离。

【企业达标标准】:

1. 使用有毒物品作业场所与生活区分开，作业场所不得住人；
2. 将有害作业与无害作业分开；
3. 将高毒作业场所与其他作业场所隔离。

① 企业生产流程、生产布局必须合理，使从业人员尽可能减少接触职业危害因素。符合：a. 生产布局合理，有害作业与无害作业分开；b. 工作场所与生活场所分开，工作场所不得设置宿舍、生活区。

② 使用有毒物品作业场所应当设置黄色区域警示线，高毒作业场所应当设置红色区域警示线，高毒作业场所与其他作业场所隔离。

【标准化要求】

4. 企业应在可能发生急性职业损伤的有毒有害作业场所按规定设置报警设施、冲洗设施、防护急救器具专柜，设置应急撤离通道和必要的泄险区，定期检查，并记录。

【企业达标标准】

在可能发生急性职业损伤的有毒有害作业场所按规定设置报警设施、冲洗设施、防护急救器具专柜，设置应急撤离通道和必要的泄险区，定期检查并记录。

① 可能发生急性职业损伤的有毒、有害工作场所，应当设置报警装置，配置现场急救用品、冲洗设备、应急撤离通道和必要的泄险区。现场急救用品、冲洗设备等应当设在可能发生急性职业损伤的工作场所或者临近地点，并在醒目位置设置清晰的标识。要明确责任部

门并确定责任人和检查周期，定期对应急、报警设施进行检查、维护，并记录，确保其处于正常状态。

② 放射性同位素和射线装置场所，应当按照国家有关规定设置明显的放射性标志，其入口处应当按照国家有关安全和防护标准的要求，设置安全和防护设施以及必要的防护安全联锁、报警装置或者工作信号。放射性装置的生产调试和使用场所，应当具有防止误操作、防止工作人员受到意外照射的安全措施。必须配备与辐射类型和辐射水平相适应的防护用品和监测仪器，包括个人剂量测量报警、固定式和便携式辐射监测、表面污染监测、流出物监测等设备，并保证可能接触放射线的工作人员佩戴个人剂量计。

③ 在可能突然泄漏或者逸出大量有害物质的密闭或者半密闭工作场所还应当安装事故通风装置以及与事故排风系统相联锁的泄漏报警装置。

【标准化要求】

5. 企业应严格执行生产作业场所职业危害因素检测管理制度，定期对作业场所进行检测，在检测点设置标识牌，告知检测结果，并将检测结果存入职业卫生档案。

【企业达标标准】

1. 定期对作业场所职业危害因素进行检测；
2. 在检测点设置告知牌，告知检测结果；
3. 将检测结果存入职业卫生档案；
4. 工作场所职业危害因素的检测结果不符合标准规定，要进行整改。

① 企业应建立职业危害因素监测制度，由专人负责工作场所职业病危害因素日常监测，确保监测系统处于正常工作状态。在检测点设置告知牌将检测时间、结果进行公告，并将检测结果存入职业卫生档案。

② 存在职业病危害的企业，应当委托具有相应资质的职业卫生技术服务机构，每年至少进行一次职业病危害因素检测。职业病危害严重的企业，应当委托具有相应资质的职业卫生技术服务机构，至少每三年进行一次职业病危害现状评价。检测、评价结果应存入职业卫生档案，并向安全生产监督管理部门报告和从业人员公布。

③ 在日常职业病危害监测或者定期检测、现状评价过程中，发现工作场所职业病危害因素不符合国家职业卫生标准和卫生要求时，应当立即采取相应治理措施，确保其符合职业卫生环境和条件的要求；仍然达不到国家职业卫生标准和卫生要求的，必须停止存在职业病危害因素的作业；职业病危害因素经治理后，符合国家职业卫生标准和卫生要求的，方可重新作业。

【标准化要求】

6. 企业不得安排上岗前未经职业健康检查的从业人员从事接触职业病危害的作业；不得安排有职业禁忌的从业人员从事禁忌作业。

【企业达标标准】

1. 不得安排上岗前未经职业健康检查的从业人员从事接触职业病危害的作业；
2. 按规定对从事接触职业病危害作业的人员进行在岗期间、离岗时职业健康检查；

3. 不得安排有职业禁忌的从业人员从事禁忌作业。

① 企业应依照《用人单位职业健康监护监督管理办法》（国家安全生产监督管理总局令第 49 号）、《健康监护技术规范》（GBZ 188）、《放射工作人员职业健康监护技术规范》（GBZ 235）等国家职业卫生标准的要求，制定、落实本单位职业健康检查年度计划，并保证所需要的专项经费。

② 按规定组织上岗前、在岗期间和离岗时的职业健康检查，并将检查结果如实告知从业人员。不得安排未经上岗前职业健康检查的人员从事接触职业病危害的作业，需进行上岗前职业健康检查的人员包括：a. 拟从事接触职业病危害作业的新录用人员，包括转岗到该作业岗位的人员；b. 拟从事有特殊健康要求作业的人员。对未进行离岗前职业健康检查的人员不得解除或者终止与其订立的劳动合同。

③ 不得安排有职业禁忌的人员从事其所禁忌的作业；不得安排未成年工从事接触职业病危害的作业，不得安排孕期、哺乳期的女职工从事对本人和胎儿、婴儿有危害的作业。对在职业健康检查中发现有与所从事的职业相关的健康损害的人员，应当调离原工作岗位，并妥善安置。

【标准化要求】

无

【企业达标标准】

二级企业已建立完善的作业场所职业危害控制管理制度与检测制度并有效实施，作业场所职业危害得到有效控制。

① 存在职业病危害的企业应当建立、健全下列职业卫生管理制度和操作规程：a. 职业病危害防治责任制度；b. 职业病危害警示与告知制度；c. 职业病危害项目申报制度；d. 职业病防治宣传教育培训制度；e. 职业病防护设施维护检修制度；f. 职业病防护用品管理制度；g. 职业病危害监测及评价管理制度；h. 建设项目职业卫生"三同时"管理制度；i. 劳动者职业健康监护及其档案管理制度；j. 职业病危害事故处置与报告制度；k. 职业病危害应急救援与管理制度；l. 岗位职业卫生操作规程；m. 法律、法规、规章规定的其他职业病防治制度。

② 各项职业卫生管理制度和操作规程要定期修订、完善并及时公布，落实到各部门及基层单位，有效管理控制企业职业危害因素。

2.8.3 劳动防护用品

【标准化要求】

1. 企业应根据接触危害的种类、强度，为从业人员提供符合国家标准或行业标准的个体防护用品和器具，并监督、教育从业人员正确佩戴、使用。

【企业达标标准】

1. 为从业人员提供符合国家标准或行业标准的个体防护用品和器具；

2. **监督、教育从业人员正确佩戴、使用个体防护用品和器具。**

① 企业要根据接触危害的种类、强度及对人体伤害的途径等，依据《个体防护装备选用规范》（GB/T 11651—2008），为从业人员配备符合国家或行业标准的个体防护用品。

② 企业应为从业人员提供符合国家职业卫生标准的职业病防护用品，并督促、指导从业人员按照使用规则正确佩戴、使用，不得发放钱物替代发放职业病防护用品。应对职业病防护用品进行经常性的维护、保养，确保防护用品有效，不得使用不符合国家职业卫生标准或者已经失效的职业病防护用品。

③ 在作业过程中，从业人员必须按照安全生产规章制度和个体防护用品使用规则，正确佩戴和使用个体防护用品；未按规定佩戴和使用的，不得上岗作业。

【标准化要求】

2. 企业各种防护器具应定点存放在安全、方便的地方，并有专人负责保管、检查，定期校验和维护，每次校验后应记录、铅封。

【企业达标标准】

1. 各种防护器具都应设置专柜，定点存放在安全、方便的地方；
2. 专人负责保管防护器具专柜；
3. 定期校验和维护防护器具；
4. 防护器具校验后记录、铅封。

各种防护器具要定点存放，确保其安全、易于存取。要有专人负责保管防护器具。企业要对防护器具定期进行校验和维护，每次校验后应记录或铅封，主管人员应经常检查防护器具的管理情况。

【标准化要求】

3. 企业应建立职业卫生防护设施及个体防护用品管理台账，加强对劳动防护用品使用情况的检查监督，凡不按规定使用劳动防护用品者不得上岗作业。

【企业达标标准】

1. 建立职业卫生防护设施及个体防护用品管理台账；
2. 加强对劳动防护用品使用情况的检查监督，凡不按规定使用劳动防护用品者不得上岗作业。

① 企业应建立职业卫生防护设施及个体防护用品管理台账，将职业卫生防护设施的设置、校验、维护、更新情况进行登记。将个体防护用品的发放和更换情况进行登记。

② 从业人员在作业过程中，必须按照安全生产规章制度和劳动防护用品使用规则，正确佩戴和使用劳动防护用品。

③ 企业安全生产管理人员应加强对从业人员个体防护用品使用情况的检查监督，凡不按规定使用劳动防护用品者不得上岗作业。

2.9　危险化学品管理

2.9.1　危险化学品档案

【标准化要求】

企业应对所有危险化学品，包括产品、原料和中间产品进行普查，建立化学品管理档案。

【企业达标标准】

1. 对所有危险化学品进行普查。

2. 建立危险化学品档案，内容包括：名称及存放、生产、使用地点；数量、危险性分类、危规号、包装类别、登记号、危险化学品安全技术说明书和安全标签（以下简称"一书一签"）、已知物理危险性的化学品（生产或进口）的危险特性、已经鉴定与分类化学品（生产或进口）的物理危险性鉴定报告、分类报告和审核意见、未进行鉴定与分类化学品（生产或进口）的名称、数量。

①《危险化学品登记管理办法》第十八条规定，"登记企业应当对本企业的各类危险化学品进行普查，建立危险化学品管理档案"；《化学品物理危险性鉴定与分类管理办法》第十六条规定，"化学品单位应当建立化学品物理危险性鉴定与分类管理档案"。档案应包括以下内容：

a. 普查、建档登记表格（见表 2-24～表 2-28）；

b. 已知物理危险性的化学品（生产或进口）的危险特性；

c. 已经鉴定与分类化学品（生产或进口）的物理危险性鉴定报告、分类报告和审核意见；

d. 未进行鉴定与分类化学品（生产或进口）的名称、数量；

e. 危险化学品要有安全技术说明书与安全标签（对非危险品要列出其理化、燃爆数据和危害）。

② 表格填写说明：

a. 要用钢笔、签字笔填写或用打印机打印。

b. "产品"是指生产企业生产且用于出售的危险化学品；"原料"是指生产企业外购的作为原料使用的危险化学品；"中间产品"是指生产企业为生产某种产品，在生产过程中产生，并根据目前技术已知的、稳定存在的且不向外出售的危险化学品。

c. 登记号：是指危险化学品登记后，由国家安全监管总局化学品登记中心（简称"化学品登记中心"）颁发的化学品登记号码。

d. 最大储量：指产品或原料在仓储设施内的最大储存量。

e. "危险性类别"，应填写依据《危险化学品目录》关于危险化学品确定原则和《化学品分类和标签规范》系列国家标准（GB 30000.2～GB 30000.29）对化学品进行危险性分类的结果，标明化学品的物理、健康和环境危害的危险性种类和类别。

表 2-24　产品一览表

栏号	1			2		3	4	5	6
	化学品名称			危险性类别		生产地点	储存地点	最大储量/t	登记号
序号	商品名	化学名	英文名	类别	是否剧毒				

表 2-25　生产原料一览表

栏号	1			2		3	4	5
	化学品名			危险性类别		使用地点	储存地点	最大储量/t
序号	商品名	化学名	俗名	类别	是否剧毒			

表 2-26　中间产品一览表

栏号	1			2		3	4	5	6	7
	化学品			危险性类别		生产地点	使用地点	储存地点	最大储量/t	登记号
序号	商品名	化学名	俗名	类别	是否剧毒					

表 2-27　储存单位的危险化学品一览表

栏号	1			2	3	4	5	6
	化学品名称			是否剧毒	危险性类别	最大储量/t	包装类别	储存地点
序号	商品名	化学名	俗名					

表 2-28　经营单位的危险化学品一览表

栏号	1			2	3	4	5	6	7
序号	化学品名称			是否剧毒	危险性类别	最大储量/t	储存地点	包装类别	经营地点
	商品名	化学名	俗名						

2.9.2　化学品分类

【标准化要求】

企业应按照国家有关规定对其产品、所有中间产品、进口的化学品进行分类,并将分类结果汇入危险化学品档案。

【企业达标标准】

1. 对产品、所有中间产品、进口的化学品进行危险性分类,并将分类结果汇入危险化学品档案;

2. 化验室使用化学试剂应分类并建立清单。

① 化学品危险性分类,就是根据化学品本身的特性,依据有关标准确定是否为危险化学品,并划出危险性类和类别。企业对其产品、所有中间产品、进口的化学品按照《危险化学品目录》关于危险化学品确定原则和《化学品分类和标签规范》系列国家标准(GB 30000.2～GB 30000.29)进行分类,并将分类结果汇入化学品档案。

② 化验室使用的化学试剂应按照《危险化学品目录》关于危险化学品确定原则和《化学品分类和标签规范》系列国家标准(GB 30000.2～GB 30000.29)分类并建立清单。

2.9.3　化学品安全技术说明书和安全标签

【标准化要求】

1. 生产企业的产品属危险化学品时,应按 GB/T 16483 和 GB 15258 编制产品安全技术说明书和安全标签,并提供给用户。

【企业达标标准】

1. 生产企业要给本企业生产的危险化学品编制符合国家标准要求的"一书一签";

2. 生产企业生产的危险化学品发现新的危险特性时,要及时更新"一书一签",并公告;

3. 主动向本企业生产的危险化学品购买者或用户提供"一书一签"。

(1) 化学品安全技术说明书编写说明

化学品安全技术说明书，国际上称作化学品安全信息卡，简称 SDS，是关于危险化学品燃爆、毒性和环境危害以及安全使用、泄漏应急处置、主要理化参数、法律法规等方面信息的综合性文件。生产企业应随化学产品向用户提供安全技术说明书，使用户明了化学品的有关危害，使用时能主动进行防护，起到减少职业危害和预防化学事故的作用。化学品安全技术说明书项目说明如下：

① 化学品及企业标识　该部分主要提供化学品名称及企业信息。

a. 化学品名称　标明化学品的中文名称和英文名称。中英文名称应与标签上的名称一致。化学品属于物质的可填写其化学名称或常用名（俗名）；属于混合物的可填写其商品名称或混合物名称；属于农药的应填写其通用名称。建议同时标注供应商对该化学品的产品代码。

b. 企业应急电话　应提供供应商的 24h 化学事故应急咨询电话或供应商签约委托机构的 24h 化学事故应急咨询电话。对于国外进口的化学品，应提供至少 1 家中国境内的 24h 化学事故应急咨询电话。应急电话需为固定电话。

c. 化学品的推荐用途和限制用途　提供化学品的建议或预期用途，包括其实际应用的简要说明，如用作阻燃剂、用作抗氧化剂等，并尽可能说明化学品的使用限制，包括非法定的供应商建议的使用限制。

② 危险性概述

a. 紧急情况概述　紧急情况概述描述在事故状态下化学品可能立即引发的严重危害，以及可能具有严重后果需要紧急识别的危害，为化学事故现场救援人员处置时提供参考。

b. 危险性类别　应填写依据《危险化学品目录》关于危险化学品确定原则和《化学品分类和标签规范》系列国家标准（GB 30000.2～GB 30000.29）对化学品进行危险性分类的结果，标明化学品的物理、健康和环境危害的危险性种类和类别。

c. 标签要素　根据分类提供适当的标签要素，应符合《化学品分类和标签规范》系列国家标准（GB 30000.2～GB 30000.29）及 GB 15258 等国家标准的相关规定。

d. 物理和化学危险　简要描述化学品潜在的物理和化学危险性，例如燃烧爆炸的危险性、金属腐蚀性等。

e. 健康危害　提供的信息为人接触化学品后所引起的有害健康影响（包括人接触化学品后出现的症状、体征，以及能够加重病情的原有疾患等）

f. 环境危害　描述化学品的显著环境危害。

③ 成分/组成信息

a. 主要成分　混合物：填写主要危险组分及其浓度或浓度范围。物质：应列明包括对该物质的危险性分类产生影响的杂质和稳定剂在内的所有危险组分的名称，以及浓度或浓度范围。

b. CAS 号　填写该化学产品中有害组分的化学文摘索引号。

④ 急救措施　根据化学品的不同接触途径，按照吸入、皮肤接触、眼睛接触和食入的顺序，分别描述相应的急救措施。如果存在除中毒、化学灼伤外必须处置的其他损伤（例如低温液体引起的冻伤，固体熔融引起的烧伤等），也应说明相应的急救措施。

⑤ 消防措施

a. 灭火剂　对不同类别的化学品要根据其性能和状态，选用合适的灭火介质。

b. 特别危险性　提供在火场中化学品可能引起的特别危害方面的信息。例如：化学品燃烧可能产生的有毒有害燃烧产物或遇高热容器内压缩气体（或液体）急剧膨胀，或发生物料聚合放出热量，导致容器内压增大引起开裂或爆炸等。

c. 灭火注意事项及防护措施　（a）灭火过程中采取的保护行动。例如隔离事故现场，禁止无关人员进入；消防人员应在上风向灭火；喷水冷却容器等。（b）消防人员应穿戴的个体防护装备。包括消防靴、消防服、消防手套、消防头盔以及呼吸防护装备（如携气式呼吸器）等。（c）应包括泄漏物和消防水对水源和土壤污染的可能性，以及减少这些环境污染应采取的措施等方面的信息。

⑥ 泄漏应急处理　应急处理可参考下列层次填写：

a. 迅速报警、疏散有关人员、隔离污染区　疏散人员的多少和隔离污染区的大小，根据泄漏量和泄漏物的毒性大小具体而定。

b. 切断火源　对于易燃、易爆泄漏物在清除之前必须切断火源。

c. 应急处理人员防护　泄漏作为一种紧急事态，防护要求比较严格。

d. 注意事项　有些物质不能直接接触，有些物质可喷水雾减少挥发，有的则不能喷水，有些物质则需要冷却、防震，这都要针对具体物质和泄漏现场进行选择。

e. 消除方法　根据化学品的物态（气、液、固）及其危险性（燃爆特性、毒性）和环保要求给出具体的消除方法。

f. 设备器材　给出应急处理时所需的设备、器材名称。

⑦ 操作处置与储存

a. 操作处置　就化学品安全处置和一般卫生要求的注意事项和措施提出建议，例如防止人员接触化学品、防火防爆、局部或全面通风、防止产生气溶胶和粉尘、防止接触禁配物（不相容物质或混合物）等方面。

b. 储存　包括安全储存条件（指库房及温湿度条件、安全设施与设备、禁配物、添加抑制剂或稳定剂的要求等）和包装材料的要求。

⑧ 接触控制/个体防护

a. 职业接触限值　填写 GBZ 2.1 的工作场所空气中化学物质容许浓度值，包括最高容许浓度（MAC）、时间加权平均容许浓度（PC-TWA）和短时间接触容许浓度（PC-STEL），对于国内尚未制定职业接触限值的物质，可填写国外发达国家规定的该物质的职业接触限值。

b. 生物限值　填写国内已制定标准规定的生物限值，对于国内未制定生物限值标准的物质，可填写国外尤其是发达国家规定的该物质的生物限值。

c. 监测方法　尽可能提供职业接触限值和生物限值的监测方法，以及监测方法的来源。

d. 工程控制　列明减少接触的工程控制方法，注明在什么情况下需要采取特殊工程控制措施，并说明工程控制措施的类型。

e. 个体防护装备　个体防护装备的使用应与其他控制措施（包括通风、密闭和隔离等）相结合，以将化学品接触引起疾患和损伤的可能性降至最低。本项应为个体防护装备的正确选择和使用提出建议，主要包括呼吸系统防护、眼面防护、皮肤和身体防护、手防护等。

⑨ 理化特性

a. 辛醇/水分配系数　是用来预计一种化学品在土壤中的吸附性、生物吸收和生物富集的重要参数。当一种化学品溶解在辛醇/水的混合物中时，该化学品在辛醇和水中浓度的比值称为辛醇/水分配系数，通常以 10 为底的对数形式（$\lg K_{ow}$）表示。

b. 闪点　在指定的条件下，试样被加热到它的蒸气与空气混合气接触火焰时，能产生闪燃的最低温度，填写时注明开杯或闭杯值。

⑩ 稳定性和反应性

a. 稳定性　描述在正常环境下和预计的储存和处置温度和压力条件下，物质或混合物是否稳定。说明为保持物质或混合物的化学稳定性可能需要使用的任何稳定剂。说明物质或混合物的外观变化有何安全意义。

b. 危险反应　说明物质或混合物能否发生伴有诸如压力升高、温度升高、危险副产物形成等现象的危险反应。危险反应包括（但不限于）聚合、分解、缩合、与水反应和自反应等。应注明发生危险反应的条件。

c. 应避免的条件　列出可能导致危险反应的条件，如热、压力、撞击、静电、震动、光照、潮湿等。

d. 禁配物　明确标出化学品在其化学性质上相抵触不相容的物质。

e. 危险的分解产物　列出已知和可合理预计会因使用、储存、泄漏或受热产生危险分解产物，例如可燃和有毒物质、窒息性气体等。

⑪ 毒理学资料　填写动物实验结果。注意事项：

a. 所提供的信息应能用来评估物质、混合物的健康危害和进行危险性分类。这些信息包括：人类健康危害资料（例如流行病学研究、病例报告或人皮肤斑贴试验等）、动物试验资料（例如急性毒性试验、反复染毒毒性试验等）、体外试验资料（例如体外哺乳动物细胞染色体畸变试验、Ames 试验等）、结构-活性关系（SAR）［例如定量结构-活性关系（QSAR）］等。

b. 对于动物试验数据，应简明扼要地填写试验动物种类（性别），染毒途径（经口、经皮、吸入等）、频度、时间和剂量等方面的信息。

c. 与物质或混合物的健康危害的危险性分类相对应，分别描述一次性接触、反复接触与连续接触所产生的毒性作用（健康影响）。迟发效应和即刻效应应分开描述。

d. 提供能够引起有害健康影响的接触剂量、浓度或条件方面的信息。

⑫ 生态学资料

a. 生态毒性　提供水生和（或）陆生生物的毒性试验资料。包括鱼类、甲壳纲、藻类和其他水生植物的急性和慢性水生毒性的现有资料，其他生物（包括土壤微生物和大生物）如鸟类、蜂类和植物等的现有毒性资料。如果物质或混合物对微生物的活性有抑制作用，应填写对污水处理厂可能产生的影响。

b. 持久性和降解性　是指物质或混合物相关组分在环境中通过生物或其他过程（如氧化或水解）降解的可能性。如有可能，应提供有关评估物质或混合物相关组分持久性和降解性的现有试验数据。如填写降解半衰期，应说明这些半衰期是指矿化作用还是初级降解。还应填写物质或混合物的某些组分在污水处理厂中降解的可能性。

c. 潜在的生物累积性　应提供评估物质或混合物某些组分生物累积潜力的有关试验结果，包括生物富集系数（BCF）和辛醇/水分配系数（$\lg K_{ow}$）。

d. 土壤中的迁移性　是指排放到环境中的物质或混合物组分在自然力的作用下迁移到地下水或排放地点一定距离以外的潜力。如能获得，应提供物质或混合物组分在土壤中迁移性方面的信息。物质或混合物组分的迁移性可经由相关的迁移性研究确定，如吸附研究或淋溶作用研究。吸附系数值（K_{oc} 值）可通过 $\lg K_{ow}$ 推算；淋溶和迁移性可利用模型推算。

e. 其他环境有害作用　如有可能，应提供化学品其他任何环境影响有关的资料，如环境转归、臭氧损耗潜势、光化学臭氧生成潜势、内分泌干扰作用、全球变暖潜势等。

⑬ 废弃处置

a. 具体说明处置使用的容器和方法，包括废弃化学品和被污染的任何包装物的合适处置方法（如焚烧、填埋或回收利用等）。

b. 说明影响废弃处置方案选择的废弃化学品的物理化学特性。

c. 应明确说明不得采用排放到下水道的方式处置废弃化学品。

d. 说明焚烧或填埋废弃化学品时应采取的任何特殊防范措施。

e. 有关从事废弃化学品处置或回收利用活动人员的安全防范措施，可参见 SDS 第 8 部分中的信息。

f. 提请下游用户注意国家和地方有关废弃化学品的处置法规。

⑭ 运输信息

a. 联合国危险货物编号（UN 号）　提供联合国《关于危险货物运输的建议书　规章范本》中的联合国危险货物编号（即物质或混合物的 4 位数字识别号码）。见 GB 12268。

b. 联合国运输名称　提供联合国《关于危险货物运输的建议书　规章范本》中的联合国危险货物运输名称。见 GB 12268。

c. 联合国危险性分类　提供联合国《关于危险货物运输的建议书规章范本》中根据物质或混合物的最主要危险性划定的物质或混合物的运输危险性类别（和次要危险性）。见 GB 12268。

d. 包装类别　提供联合国《关于危险货物运输的建议书　规章范本》的包装类别。包装类别是根据危险货物的危险程度划定的。见 GB 12268。

e. 海洋污染物（是/否）　注明根据《国际海运危险货物规则》物质或混合物是否为已知的海洋污染物。

f. 运输注意事项　为使用者提供应该了解或遵守的其他与运输或运输工具有关的特殊防范措施方面的信息，包括对运输工具的要求，消防和应急处置器材配备要求，防火、防爆、防静电等要求，禁配要求，行驶路线要求等。

⑮ 法规信息

a. 标明国家管理该化学品的法律（或法规）的名称，提供基于这些法律（或法规）管制该化学品的法规、规章或标准等方面的具体信息。

b. 如果化学品已列入有关化学品国际公约的管制名单，应在 SDS 的本部分中说明。

c. 提请下游用户注意遵守有关该化学品的地方管理规定。

d. 如果该化学品为混合物，则应提供混合物中相关组分的与上述 a. ～c. 项要求相同的信息。

⑯ 其他信息

a. 编写和修订信息　应说明最新修订版本与修订前相比有哪些改变。

b. 缩略语和首字母缩写　列出编写 SDS 时使用的缩略语和首字母缩写，并作适当说明。

c. 培训建议　根据需要提出对员工进行安全培训的建议。

d. 参考文献　编写 SDS 使用的主要参考文献和数据源可在 SDS 的本部分中列出。

e. 免责声明　必要时可在 SDS 的本部分给出 SDS 编写者的免责声明。

中文版（GHS）SDS 样例，参见案例 23。

案例 23

化学品安全技术说明书

产品名称：苯　　　　　　　　　　　　　　按照 GB/T 16483 编制

修订日期：2017 年 2 月 19 日　　　　　　 SDS 编号：××××-×××

最初编制日期：2001 年 11 月 20 日　　　　版本：2.1

第一部分　化学品及企业标识

化学品中文名：苯

化学品英文名：benzene

企业名称：××××××公司

企业地址：××省××市××区××路××号

邮　　编：××××××　　　　传真：×××-××××××××

联系电话：×××-××××××××；×××-××××××××

电子邮件地址：×××××@×××.com

企业应急电话：×××-×××××××× （24h）；×××-×××××××××× （24h）

产品推荐及限制用途：是染料、塑料、合成橡胶、合成树脂、合成纤维、合成药物和农药的重要原料。用作溶剂。

第二部分　危险性概述

紧急情况概述：

无色液体，有芳香气味。易燃液体和蒸气。其蒸气能与空气形成爆炸性混合物。重度中毒出现意识障碍、呼吸循环衰竭、猝死。可发生心室纤颤。损害造血系统。可致白血病

GHS 危险性类别：易燃液体，类别 2；皮肤腐蚀/刺激，类别 2；严重眼睛损伤/眼睛刺激性，类别 2；致癌性，类别 1A；生殖细胞突变性，类别 1B；特异性靶器官系统毒性　一次接触，类别 3；特异性靶器官系统毒性　反复接触，类别 1；吸入危害，类别 1；对水环境危害-急性，类别 2；对水环境危害-慢性，类别 3。

标签要素

象形图：

警示词：危险

危险性说明：易燃液体和蒸气，引起皮肤刺激，引起严重眼睛刺激，可致癌，可引起遗传性缺陷，可能引起昏睡或眩晕，长期或反复接触引起器官损伤，吞咽并进入呼吸道可能致命，对水生生物有毒，对水生生物有害并且有长期持续影响。

防范说明

· 预防措施：在得到专门指导后操作。在未了解所有安全措施之前，且勿操作。远离热源、火花、明火、热表面。使用不产生火花的工具作业。采取防止静电措施，容器和接收设备接地、连接。使用防爆型

电器、通风、照明及其他设备。保持容器密闭。仅在室外或通风良好处操作。避免吸入蒸气（或雾）。戴防护手套和防护眼镜。空气中浓度超标时戴呼吸防护器具。妊娠、哺乳期间避免接触。作业场所不得进食、饮水、吸烟。操作后彻底清洗身体接触部位。污染的工作服不得带出工作场所。应避免释放到环境中。

　　·事故响应：如食入，立即就医。禁止催吐。如吸入，立即将患者转移至空气新鲜处，休息，保持有利于呼吸的体位。就医。眼接触后应该用水清洗若干分钟，注意充分清洗。如戴隐形眼镜并可方便取出，应将其取出，继续清洗。就医。皮肤（或头发）接触，立即脱去所有被污染的衣着，用大量肥皂水和水冲洗。如发生皮肤刺激，就医。受污染的衣着在重新穿用前应彻底清洗。收集泄漏物。发生火灾时，使用雾状水、干粉、泡沫或二氧化碳灭火。

　　·安全储存：在阴凉、通风良好处储存。上锁保管。

　　·废弃处置：本品或其容器采用焚烧法处置。

　　物理化学危险：易燃液体和蒸气。其蒸气与空气混合，能形成爆炸性混合物。遇明火、高热能引起燃烧爆炸。与强氧化剂能发生强烈反应。流速过快，容易产生和积聚静电。其蒸气密度比空气大，能在较低处扩散到相当远的地方，遇火源会着火回燃。

　　健康危害

　　急性中毒：短期内吸入大量苯蒸气引起急性中毒。轻者出现头晕、头痛、恶心、呕吐、黏膜刺激症状，伴有轻度意识障碍。重度中毒出现中、重度意识障碍或呼吸循环衰竭、猝死。可发生心室纤颤。

　　慢性中毒：长期接触可引起慢性中毒。可有头晕、头痛、乏力、失眠、记忆力减退，造血系统改变有白细胞减少（计数低于 4×10^9/L）、血小板减少，重者出现再生障碍性贫血；并有易感染和（或）出血倾向。少数病例在慢性中毒后可发生白血病（以急性粒细胞性为多见）。皮肤损害有脱脂、干燥、皲裂、皮炎。

　　环境危害：对水生生物有毒，有长期持续影响。

第三部分　成分/组成信息

　　√物质　　　　　　　　　　　　　　混合物

危险组分	浓度或浓度范围	CAS No
苯	99%（质量分数）	71-43-2

第四部分　急救措施

　　急救

　　吸入：迅速脱离现场至空气新鲜处。保持呼吸道通畅。如呼吸困难，给输氧。呼吸心跳停止，立即进行心肺复苏术。立即就医。

　　皮肤接触：脱去污染的衣着，用肥皂水和清水彻底冲洗皮肤。如有不适感，就医。

　　眼睛接触：分开眼睑，用流动清水或生理盐水冲洗。如有不适感，就医。

　　食入：漱口，饮水，禁止催吐。就医。

　　对保护施救者的忠告：进入事故现场应佩戴携气式呼吸防护器。

　　对医生的特别提示：急性中毒可用葡萄糖醛酸内酯；忌用肾上腺素，以免发生心室纤颤

第五部分　消防措施

　　灭火剂：用水雾、干粉、泡沫或二氧化碳灭火剂灭火。避免使用直流水灭火，直流水可能导致可燃性液体的飞溅，使火势扩散。

　　特别危险性：易燃液体和蒸气。燃烧会产生一氧化碳、二氧化碳、醛类和酮类等有毒气体。在火场中，容器内压增大有开裂和爆炸的危险。

　　灭火注意事项及防护措施：消防人员须佩戴携气式呼吸器，穿全身消防服，在上风向灭火。尽可能将容器

从火场移至空旷处。喷水保持火场容器冷却，直至灭火结束。处在火场中的容器若已变色或从安全泄压装置中发出声音，必须马上撤离。隔离事故现场，禁止无关人员进入。收容和处理消防水，防止污染环境。

第六部分　泄漏应急处理

作业人员防护措施、防护装备和应急处置程序：建议应急处理人员戴携气式呼吸器，穿防静电服，戴橡胶耐油手套。禁止接触或跨越泄漏物。作业时使用的所有设备应接地。尽可能切断泄漏源。消除所有点火源。

根据液体流动和蒸气扩散的影响区域划定警戒区，无关人员从侧风、上风向撤离至安全区。

环境保护措施：收容泄漏物，避免污染环境。防止泄漏物进入下水道、地表水和地下水。

泄漏化学品的收容、清除方法及所使用的处置材料：

小量泄漏：尽可能将泄漏液体收集在可密闭的容器中。用沙土、活性炭或其他惰性材料吸收，并转移至安全场所。禁止冲入下水道。

大量泄漏：构筑围堤或挖坑收容。封闭排水管道。用泡沫覆盖，抑制蒸发。用防爆泵转移至槽车或专用收集器内，回收或运至废物处理场所处置。

第七部分　操作处置与储存

操作注意事项：操作人员必须经过专门培训，严格遵守操作规程。操作处置应在具备局部通风或全面通风换气设施的场所进行。避免眼和皮肤的接触，避免吸入蒸气。个体防护措施参见第八部分。远离火种、热源，工作场所严禁吸烟。使用防爆型的通风系统和设备。灌装时应控制流速，且有接地装置，防止静电积聚。避免与氧化剂等禁配物接触（见第十部分）。搬运时要轻装轻卸，防止包装及容器损坏。倒空的容器可能残留有害物。使用后洗手，禁止在工作场所进饮食。配备相应品种和数量的消防器材及泄漏应急处理设备。

储存注意事项：储存于阴凉、通风的库房。库温不宜超过37℃。应与氧化剂、食用化学品分开存放，切忌混储（禁配物参见第十部分）。保持容器密封。远离火种、热源。库房必须安装避雷设备。排风系统应设有导除静电的接地装置。采用防爆型照明、通风设施。禁止使用易产生火花的设备和工具。储区应备有泄漏应急处理设备和合适的收容材料。

第八部分　接触控制/个体防护

职业接触限值：

组分名称	标准来源	类型	标准值	备注
苯	GBZ 2.1—2007	PC-STEL	$6mg/m^3$	皮，G1
		PC-STEL	$10mg/m^3$	

注：皮表示该物质通过完整的皮肤吸收引起全身效应；G1 表示 IARC 致癌性分类：确认人类致癌物。

生物限制：

组分名称	标准来源	生物监测指标	生物限值	采样时间
苯	ACGIH(2009)	尿中 S-苯巯基尿酸	$25\mu g/g$（肌酐）	班末
		尿中 t,t-黏糠酸	$500\mu g/g$（肌酐）	班末

监测方法

工作场所空气有毒物质测定方法：GB/T 160.42——溶剂解析-气相色谱法、热解析-气相色谱法、无泵型采样-气相色谱法。

生物监测检验方法：ACGIH——尿中 t,t-黏糠酸——高效液相色谱法；尿中 S-苯巯基尿酸——气相色谱/质谱法。

工程控制：本品属高毒物品，作业场所应与其他作业场所分开。密闭操作，防止蒸气泄漏到工作场所空气中。加强通风，保持空气中的浓度低于职业接触限值。设置自动报警装置和事故通风设施。设置应急撤离通道和必要的泻险区。设置红色区域警示线、警示标识和中文警示说明，并设置通信报警系统。提供安全淋浴和洗眼设备。

个体防护设备

呼吸系统防护：空气中浓度超标时，佩戴过滤式防毒面具（半面罩）。紧急事态抢救或撤离时，应该佩戴携气式呼吸器。

手防护：戴橡胶耐油手套。

眼睛防护：戴化学安全防护眼镜。

皮肤和身体防护：穿防毒物渗透工作服。

第九部分　理化特性

外观与性状：无色透明液体，有强烈芳香味。

pH 值：无资料

熔点（℃）：5.5

沸点（℃）：80

闪点（℃）：−11（闭杯）

爆炸上限[%（体积分数）]：8.0

爆炸下限[%（体积分数）]：1.2

饱和蒸气压（kPa）：10（20℃）

相对密度（水＝1）：0.88

相对蒸气密度（空气＝1）：2.7

辛醇/水分配系数（lgP）：2.13

临界温度（℃）：288.9

临界压力（MPa）：4.92

自燃温度（℃）：498

分解温度（℃）：无资料

燃烧热（kJ/mol）：3264.4

蒸发速率[乙酸（正）丁酯＝1]：5.1

易燃性（固体、气体）：不适用

黏度（mPa·s）：0.604（25℃）

气味阈值（mg/m³）：15（4.68ppm）

溶解性：不溶于水，溶于醇、醚、丙酮等多数有机溶剂。

第十部分　稳定性和反应性

稳定性：在正常环境温度下储存和使用，本品稳定。

危险反应：与强氧化剂等禁配物接触，有发生火灾和爆炸的危险。

避免接触的条件：避免接触明火、火花、静电、热和其他火源；避免接触禁配物。

禁配物：氯、硝酸、过氧化氢、过氧化钠、过氧化钾、三氧化铬、高锰酸、臭氧、二氟化二氧、六氟化铀、液氧、过（二）硫酸、过一硫酸、乙硼烷、高氯酸盐（如高氯酸银）、高氯酸硝酰盐、卤间化合物等。

危险的分解产物：无资料。

第十一部分　毒理学信息

急性毒性：

大鼠经口 LD_{50} 范围为 810～10016mg/kg。大鼠使用数量较大试验的结果显示经口 LD_{50} 大于 2000mg/kg。

兔经皮 LD_{50}：≥8200mg/kg。

大鼠吸入 LC_{50}：44.6mg/L（4h）。

皮肤刺激或腐蚀

兔标准德瑞兹试验：20mg（24h），中度皮肤刺激。

兔皮肤刺激试验：0.5mL（未稀释，4h），中度皮肤刺激。

眼睛刺激或腐蚀：兔眼内滴入 1～2 滴未稀释液苯，引起结膜中度刺激和角膜一过性轻度损伤。

呼吸或皮肤过敏：未见苯对皮肤和呼吸系统有致敏作用的报道。从苯的化学结构分析，本品不可能引起与呼吸道和皮肤过敏有关的免疫性改变。

生殖细胞突变性：体内研究显示，苯对哺乳动物和人有明显的体细胞致突变作用。有关生殖细胞致突变的显性死试验没有得出明确的结论。根据苯对精原细胞的遗传效应的阳性数据及其毒物代谢动力学特点，苯有到达性腺并导致生殖细胞发生突变的潜在能力。

致癌性： 苯所致白血病已列入《职业病目录》，属职业性肿瘤。IARC 对本品的致癌性分类：G1——确认人类致癌物。

生殖毒性： 动物实验结果显示，苯在对母体产生毒性的剂量下出现胚胎毒性。

特异性靶器官系统毒性——一次性接触： 大鼠经口和小鼠吸入苯后出现麻醉作用；吸入麻醉作用的阈值约为 $13000mg/m^3$。人吸入高浓度或口服大剂量苯引起急性中毒，表现为中枢神经系统抑制，甚至死亡。急性中毒的原因主要是工业事故或为追求欣快感而故意吸入含苯产品引起。除非发生死亡，接触停止后中枢神经系统的抑制症状可逆。

特异性靶器官系统毒性——反复接触：

大鼠吸入最低中毒浓度（TCLo）：$300\mu g/g$（每天 6h，共 13 周，间断），白细胞减少。

小鼠吸入最低中毒浓度（TCLo）：$300\mu g/g$（每天 6h，共 13 周，间断），出现贫血和血小板减少。

人反复或长期接触苯主要对骨髓造血系统产生抑制作用，出现血小板减少、白细胞减少、再生障碍性贫血，甚至发生白血病。这些毒效应取决于接触剂量、时间以及受影响干细胞的发育阶段。一项对 32 名苯中毒者的研究显示，患者吸入接触苯的时间为 4 个月到 15 年，接触浓度为 $480\sim2100mg/m^3$（$150\sim650\mu g/g$），出现伴有再生不良、过度增生或幼红细胞骨髓象的各类血细胞减少。其中 8 名有血小板减少，导致出血和感染。

吸入危害： 液苯直接吸入肺部，可立即在肺组织接触部位引起水肿和出血。

第十二部分　生态学信息

生态毒性

鱼类急性毒性试验（OECD 203）：虹鳟（*Oncorhynchus mykis*）LC_{50}：5.3mg/L（96h）。使用流水式试验系统，对苯浓度进行实时监测。

溞类 24h EC_{50} 急性活动抑制试验（OECD 202）：大型溞（*Daphnia magna*）EC_{50}：10mg/L（48h）。

藻类生长抑制试验（OECD 201）：羊角月牙藻（*Selenastrum capricornutum*）ErC_{50}：100mg/L（72h）。使用密闭系统。

鱼类早期生活阶段毒性试验（OECD 210）：呆鲦鱼（*Pimephales promelas*）NOEC：0.8mg/L（32d）。

持久性和降解性

非生物降解：苯不会水解，不易直接光解。在大气中，与羟基自由基反应降解的半衰期为 13.4d。

生物降解性：呼吸计量法试验（OECD 301F），28d 后降解率 82%～100%（满足 10d 的观察期）。试验表明，苯易快速生物降解

生物富集或生物积累性： 生物富集因子（BCF）：大西洋鲱（*Clupea harrengus*）为 11；高体雅罗鱼（*Leuciscusidus*）＜10。众多鱼类试验表明苯的生物富集性很低。

土壤中的迁移性： 有氧条件下被土壤和有机物吸附，厌氧条件下转化为苯酚；根据 K_{oc} 值估算，苯易挥发。因此，苯在土壤中有很强的迁移性。

第十三部分　废弃处置

废弃化学品： 尽可能回收利用。如果不能回收利用，采用焚烧方法进行处置。不得采用排放到下水道的方式废弃处置本品。

污染包装物： 将容器返还生产商或按照国家和地方法规处置。

废弃注意事项： 废弃处置前应参阅国家和地方有关法规。处置人员的安全防范措施参见第八部分。

第十四部分　运输信息

联合国危险货物编号（UN 号）： 1114

联合国运输名称： 苯

联合国危险性分类： 3

包装类别： Ⅱ

包装标志： 易燃液体

包装方法： 小开口钢桶；螺纹口玻璃瓶、铁盖压口玻璃瓶、塑料瓶或金属桶（罐）外普通木箱。

海洋污染物（是/否）： 否

运输注意事项： 本品铁路运输时限使用企业自备钢制罐车装运，装运前需报有关部门批准。铁路运输时应严格按照铁道部《危险货物运输规则》中的危险货物配装表进行配装。运输车辆应配备相应品种和数量的消防器材及泄漏应急处理设备。严禁与氧化剂、食用化学品等混装混运。装运该物品的车辆排气管必须配备阻火装置。使用槽（罐）车运输时应有接地链，槽内可设孔隔板以减少震荡产生静电。禁止使用易产生火花的机械设备和工具装卸。夏季最好早晚运输。运输途中应防曝晒、雨淋，防高温。中途停留时应远离火种、热源、高温区。公路运输时要按规定路线行驶，勿在居民区和人口稠密区停留。铁路运输时要禁止溜放。

第十五部分　法规信息

下列法律、法规、规章和标准，对该化学品的管理作了相应的规定：

中华人民共和国职业病防治法

职业病危害因素分类目录：列入。可能导致的职业病：苯中毒；苯所致白血病的危害因素：苯。

职业病目录：苯中毒，苯所致白血病。

危险化学品安全管理条例

危险化学品目录：列入。危险性分类：易燃液体，类别 2；皮肤腐蚀/刺激，类别 2；严重眼睛损伤/眼睛刺激性，类别 2；致癌性，类别 1A；生殖细胞突变性，类别 1B；特异性靶器官系统毒性——反复接触，类别 1；吸入危害，类别 1；对水环境危害-急性，类别 2；对水环境危害-慢性，类别 3。

危险化学品重大危险源监督管理暂行规定。

GB 18218《危险化学品重大危险源辨识》：类别：易燃液体，临界量（t）：50。

国家安全监管总局关于公布首批重点监管的危险化学品名录的通知——附件：首批重点监管的危险化学品名录：列入。

危险化学品安全使用许可证管理办法——附件：首批危险化学品使用量的数量标准：最低设计使用量（t/a）：1800。

使用有毒物品作业场所劳动保护条例： 高毒物品目录：列入。

新化学物质环境管理办法： 中国现有化学物质名录：列入。

第十六部分　其他信息

编写和修订信息：

与第一版相比，本修订版 SDS 对下述部分的内容进行了修订：

第二部分——危险性概述，增加了 GHS 危险性分类和标签要素。

第九部分——理化特性，增加了黏度数据。

第十一部分——毒理学信息。

第十二部分——生态学信息。

（2）化学品安全标签编写说明

① 化学品安全标签　是指危险化学品在市场上流通时由生产销售单位提供的附在化学品包装上的标签，是向作业人员传递安全信息的一种载体，它用简单、明了、易于理解的文字、图形表述有关化学品的危险特性及其安全处置的注意事项，以警示作业人员进行安全操作和处置。《化学品安全标签编写规定》（GB 15258）规定化学品安全标签应包括化学品标

识、成分信息、警示词、象形图、危险性说明、防范说明、供应商标识、应急咨询电话、资料参阅提示语等内容。化学品安全标签样例如图 2-6 所示。

a. 警示词　根据化学品的危险程度和类别，用"危险""警告"分别进行危害程度的警示。根据《化学品分类和标签规范》系列国家标准（GB 30000.2～GB 30000.29），选择不同类别的警示词。

b. 象形图　采用《化学品分类和标签规范》系列国家标准（GB 30000.2～GB 30000.29）规定的象形图。

c. 危险性说明　简要概述化学品的危险特性。根据《化学品分类和标签规范》系列国家标准（GB 30000.2～GB 30000.29），选择不同类别危险化学品的危险性说明。

d. 防范说明　表述化学品在处置、搬运、储存和使用作业中所必须注意的事项和发生意外时简单有效的救护措施等，包括安全预防措施、意外情况的处理、安全储存措施及废弃处置等内容。

e. 应急咨询电话　填写化学品生产商或生产商委托的 24h 化学事故应急咨询服务电话。国外进口化学品安全标签上应至少有 1 家我国境内的 24h 化学事故应急咨询电话。应急电话需为固定电话。

f. 供应商名称、地址、邮编、电话和应急咨询或应急代理电话。

g. 提示参阅安全技术说明书。

化学品名称　A组分:40%;B组分:60%

危　险　

极易燃液体和蒸汽,食入致死,对水生生物毒性非常大

【预防措施】
- 远离热源、火花、明火、热表面。使用不产生火花的工具作业。
- 保持容器密闭。
- 采取防止静电措施,容器和接收设备接地／连接。
- 使用防爆电器、通风、照明及其他设备。
- 戴防护手套／防护眼镜／防护面罩。
- 操作后彻底清洗身体接触部位。
- 作业场所不得进食、饮水或吸烟。
- 禁止排入环境

【事故响应】
- 如皮肤（或头发）接触:立即脱掉所有被污染的衣服。用水冲洗皮肤／淋浴。
- 食入:催吐,立即就医。
- 收集泄漏物。
- 火灾时,使用干粉、泡沫、二氧化碳灭火。

【安全储存】
- 在阴凉、通风良好处储存。
- 上锁保管。

【废弃处置】
- 本品或其容器采用焚烧法处置。

请参阅化学品安全技术说明书

供应商：×××××××××××××××　　电话：××××××
地　址：×××××××××××××××　　邮编：××××××
化学事故应急咨询电话：××××××

图 2-6　化学品安全标签样例

② 其他安全标签　某些情况下，如很小量定向供应的化学品、实验室内制备自用的化学品等，使用化学品安全标签在操作上有一定困难，这时安全标签内容可简略为品名、警示词、主要危害、应急电话、提示参阅安全技术说明书等，样例如图 2-7 所示。

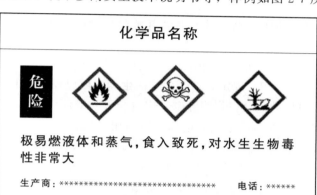

图 2-7　其他安全标签

③ 应用要求　化学品安全标签应粘贴、挂拴、印刷在危险化学品容器或包装的明显位置。标签应由生产厂（公司）在货物出厂前粘贴、挂拴、印刷。出厂后若要改换包装，则由改换包装单位重新粘贴、挂拴、印刷标签。标签的粘贴、挂拴、印刷应牢固，以便在运输、储存期间不会脱落。

大批量散运，可将安全标签与 SDS 同货物一起送交用户，让其在分装时粘贴；小于 100mL 的包装，贴简易标签。

多层包装，原则要求外包装贴（挂）运输标签，内包装贴安全标签。

盛装危险化学品的容器或包装，在经过处理并确认其危险性完全消除之后，方可撕下标签，否则不能撕下相应的标签。

当某种化学品有新的信息发现时，标签应及时修订、更改。在正常情况下，标签的更新时间应与安全技术说明书相同，不得超过 5 年。

【标准化要求】

2. 采购危险化学品时，应索取安全技术说明书和安全标签，不得采购无安全技术说明书和安全标签的危险化学品。

【企业达标标准】

采购危险化学品时，应主动向销售单位索取"一书一签"。

企业采购危险化学品时，应主动向销售单位索取符合标准要求的安全技术说明书和安全标签，以了解该物质的危险特性，掌握相应的风险控制和应急处置措施。

2.9.4　化学事故应急咨询服务电话

【标准化要求】

生产企业应设立 24h 应急咨询服务固定电话，有专业人员值班并负责相关应急咨询。没有条件设立应急咨询服务电话的，应委托危险化学品专业应急机构作为应急咨询服务代理。

【企业达标标准】

生产企业设立应急咨询服务固定电话或委托危险化学品专业应急机构，为用户提供 24h 应急咨询服务。

① 《危险化学品登记管理办法》（国家安全监管总局令第 53 号）和国家标准《化学品安全标签编写规定》（GB 15258）规定，危险化学品生产单位应设立 24h 应急咨询服务电话。

危险化学品生产单位的应急咨询服务电话应符合下列条件：

a. 应急咨询电话应是国内固定服务电话，专门用于提供本单位危险化学品的应急咨询服务，不得挪作他用。电话号码应印在本单位生产的危险化学品的"一书一签"上。

b. 有专职人员负责接听并准确回答用户的应急咨询，专职人员应当熟悉本单位生产的危险化学品的危险特性和应急处置方法，以及国家有关危险化学品安全管理法律法规。

c. 除不可抗拒的因素外，应急咨询服务电话应当全天 24h 开通，并有专职人员值守。不设立本单位专门应急咨询服务电话的生产单位，可委托登记机构代理应急咨询服务，并签订应急咨询代理服务协议。应急咨询代理服务协议经生产单位、登记机构的负责人签字、盖章生效后，生产单位方可在其生产的危险化学品的"一书一签"上标注登记机构的应急咨询服务电话号码。

② 国家安全监管总局化学品登记中心于 1998 年在全国率先开通了化学事故应急咨询专线 0532-83889090（以下简称专线），全天 24h、全年 365d，面向全国的危险化学品用户和化学事故现场提供化学品理化性质、泄漏处置、灭火方法、中毒急救和个体防护等信息和技术支持。为遏制事故，减轻次生危害，减少人员伤亡起到了重要的支撑作用。2002 年被国家安全生产监督管理总局指定为国家化学事故应急响应专线，同时，专线为公安部消防局处置化学事故提供技术支持，也是中国石化集团的应急响应电话。化学品登记中心于 2002 年起开展应急咨询代理服务业务，已有 9000 多家国内外化学品企业委托提供应急咨询服务。

2.9.5 危险化学品登记

【标准化要求】

企业应按照有关规定对危险化学品进行登记。

【企业达标标准】

按照有关规定对危险化学品进行登记。

① 我国对危险化学品实行登记制度，并为危险化学品事故预防和应急救援提供技术、信息支持。危险化学品登记是我国开展危险化学品安全管理的重要基础。通过登记，对化学品进行危险性评估和分类，有针对性地制定预防和防护措施；建立化学事故应急响应信息系统和全国化学品动态管理系统，减少化学事故的发生，减少和控制化学事故的损失，促进和强化化学品的管理。

a. 登记的化学品包括：列入《危险化学品目录》中的化学品，以及根据国家关于化学品危险性鉴定的有关规定，委托具有国家规定资质的机构对其进行危险性鉴定后，属于危险化学品的化学品。

　　b. 登记单位范围：生产、进口危险化学品的企业。

　　② 登记的组织机构。国家安全生产监督管理总局化学品登记中心（以下简称登记中心）承办全国危险化学品登记的具体工作和技术管理工作。省、自治区、直辖市人民政府安全生产监督管理部门设立危险化学品登记办公室或者危险化学品登记中心（以下简称登记办公室），承办本行政区域内危险化学品登记的具体工作和技术管理工作。

　　a. 登记中心的职责　（a）组织、协调和指导全国危险化学品登记工作；（b）负责全国危险化学品登记内容审核、危险化学品登记证的颁发和管理工作；（c）负责管理与维护全国危险化学品登记信息管理系统（以下简称登记系统）以及危险化学品登记信息的动态统计分析工作；（d）负责管理与维护国家危险化学品事故应急咨询电话，并提供 24h 应急咨询服务；（e）组织化学品危险性评估，对未分类的化学品统一进行危险性分类；（f）对登记办公室进行业务指导，负责全国登记办公室危险化学品登记人员的培训工作；（g）定期将危险化学品的登记情况通报国务院有关部门，并向社会公告。

　　b. 登记办公室的职责　（a）组织本行政区域内危险化学品登记工作；（b）对登记企业申报材料的规范性、内容一致性进行审查；（c）负责本行政区域内危险化学品登记信息的统计分析工作；（d）提供危险化学品事故预防与应急救援信息支持；（e）协助本行政区域内安全生产监督管理部门开展登记培训，指导登记企业实施危险化学品登记工作。

　　c. 登记企业的职责　（a）登记企业应当对本企业的各类危险化学品进行普查，建立危险化学品管理档案；危险化学品管理档案应当包括危险化学品名称、数量、标识信息、危险性分类和化学品安全技术说明书、化学品安全标签等内容。（b）登记企业应当按照规定向登记机构办理危险化学品登记，如实填报登记内容和提交有关材料，并接受安全生产监督管理部门依法进行的监督检查。（c）登记企业应当指定人员负责危险化学品登记的相关工作，配合登记人员在必要时对本企业危险化学品登记内容进行核查。登记企业从事危险化学品登记的人员应当具备危险化学品登记相关知识和能力。（d）对危险特性尚未确定的化学品，登记企业应当按照《化学品物理危险性鉴定与分类管理办法》（国家安全监管总局令第 60 号）及环境保护部、卫生计生委关于化学品危险性鉴定的有关规定，委托具有相应资质的机构（如国家安全生产监督管理总局化学品登记中心）对其进行危险性鉴定；属于危险化学品的，应当依照本办法的规定进行登记。（e）危险化学品生产企业应当设立由专职人员 24h 值守的国内固定服务电话，针对《危险化学品登记管理办法》第十二条规定的内容向用户提供危险化学品事故应急咨询服务，为危险化学品事故应急救援提供技术指导和必要的协助。专职值守人员应当熟悉本企业危险化学品的危险特性和应急处置技术，准确回答有关咨询问题。危险化学品生产企业不能提供前款规定应急咨询服务的，应当委托登记机构代理应急咨询服务。危险化学品进口企业应当自行或者委托进口代理商、登记机构提供符合本条第一款要求的应急咨询服务，并在其进口的危险化学品安全标签上标明应急咨询服务电话号码。从事代理应急咨询服务的登记机构，应当设立由专职人员 24h 值守的国内固定服务电话，建有完善的化学品应急救援数据库，配备在线数字录音设备和 8 名以上专业人员，能够同时受理 3 起以上应急咨询，准确提供化学品泄漏、火灾、爆炸、中毒等事故应急处置有关信息和建议。（f）登记企业不得转让、冒用或者使用伪造的危险化学品登记证。

　　③ 企业危险化学品登记按照下列程序办理：

a. 登记企业通过登记系统提出申请。

b. 登记办公室在 3 个工作日内对登记企业提出的申请进行初步审查，符合条件的，通过登记系统通知登记企业办理登记手续。

c. 登记企业接到登记办公室通知后，按照有关要求在登记系统中如实填写登记内容，并向登记办公室提交有关纸质登记材料。

d. 登记办公室在收到登记企业的登记材料之日起 20 个工作日内，对登记材料和登记内容逐项进行审查，必要时可进行现场核查，符合要求的，将登记材料提交给登记中心；不符合要求的，通过登记系统告知登记企业并说明理由。

e. 登记中心在收到登记办公室提交的登记材料之日起 15 个工作日内，对登记材料和登记内容进行审核，符合要求的，通过登记办公室向登记企业发放危险化学品登记证；不符合要求的，通过登记系统告知登记办公室、登记企业并说明理由。

登记企业修改登记材料和整改问题所需时间，不计算在前款规定的期限内。

2.9.6　危害告知

【标准化要求】

企业应以适当、有效的方式对从业人员及相关方进行宣传，使其了解生产过程中危险化学品的危险特性、活性危害、禁配物等，以及采取的预防及应急处理措施。

【企业达标标准】

对从业人员及相关方进行宣传、培训，使其了解企业的危险化学品的危险特性、活性危害、禁配物等，以及采取的预防及应急处理措施。

① 企业应采取各种有效的方式，如培训教育、张贴（或悬挂）警示标志和警示说明［《化学品作业场所安全警示标志规范》（AQ/T 3047—2013）］、提供安全技术说明书和安全标签等，对从业人员进行宣传，使从业人员了解生产经营过程中的危险化学品的危险特性、活性危害、禁配物等，以及采取的预防和应急处理措施。

② 产生职业病危害的企业，应当在醒目位置设置公告栏，公布有关职业病防治的规章制度、操作规程、职业病危害事故应急救援措施和工作场所职业病危害因素检测结果。存在或者产生职业病危害的工作场所、作业岗位、设备、设施，应当按照《工作场所职业病危害警示标识》（GBZ 158）的规定，在醒目位置设置图形、警示线、警示语句等警示标识和中文警示说明。警示说明应当载明产生职业病危害的种类、后果、预防和应急处置措施等内容。存在或产生高毒物品的作业岗位，应当按照《高毒物品作业岗位职业病危害告知规范》（GBZ/T 203）的规定，在醒目位置设置高毒物品告知卡，告知卡应当载明高毒物品的名称、理化特性、健康危害、防护措施及应急处理等告知内容与警示标识。

③ 企业使用的可能产生职业病危害的化学品、放射性同位素和含有放射性物质的材料的，应当有销售单位提供的中文说明书。说明书应当载明产品特性、主要成分、存在的有害因素、可能产生的危害后果、安全使用注意事项、职业病防护和应急救治措施等内容。产品包装应当有醒目的警示标识和中文警示说明。储存上述材料的场所应当在规定的部位设置危险物品标识或者放射性警示标识。

④ 企业与劳动者订立劳动合同时，应当将工作过程中可能产生的职业病危害及其后果、职业病防护措施和待遇等如实告知劳动者，并在劳动合同中写明，不得隐瞒或者欺骗。劳动者在履行劳动合同期间因工作岗位或者工作内容变更，从事与所订立劳动合同中未告知的存在职业病危害的作业时，企业应当向劳动者履行如实告知的义务，并变更原劳动合同相关条款。

2.9.7　储存和运输

【标准化要求】

1. 企业应严格执行危险化学品储存、出入库安全管理制度。危险化学品应储存在专用仓库、专用场地或者专用储存室（以下统称专用仓库）内，并按照相关技术标准规定的储存方法、储存数量和安全距离，实行隔离、隔开、分离储存，禁止将危险化学品与禁忌物品混合储存；危险化学品专用仓库应当符合相关技术标准对安全、消防的要求，设置明显标志，并由专人管理；危险化学品出入库应当进行核查登记，并定期检查。

【企业达标标准】

1. 危险化学品应储存在专用仓库内，并按照相关技术标准规定的储存方法、储存数量和安全距离，实行隔离、隔开、分离储存，禁止将危险化学品与禁忌物品混合储存；

2. 危险化学品专用仓库符合安全、消防要求，设置明显安全标志、通信和报警装置，并由专人管理；

3. 危险化学品出入库应当进行核查登记，并定期检查；

4. 选用合适的液位测量仪表，实现储罐物料液位动态监控；

5. 危化品输送管道应定期巡线。

① 储存危险化学品的单位应当建立危险化学品出入库核查、登记制度，核查、登记的主要内容包括危险化学品的种类、数量、状态，包装完好程度，以及接收人、接收时间等。

② 危险化学品应储存在专用仓库内，按照《常用危险化学品贮存通则》（GB 15603）要求进行储存。专用仓库设计、建设、使用等都应当符合国家标准、行业标准要求，并设置明显标志。储存作业场所应当设置通信、报警装置，并有专人管理，及时检查、维修、更换，保证其随时处于适用状态。危化品储罐要选择合适的液位测量仪表实现储罐物料液位动态监控。

③ 铺设危化品输送管道的企业应建立保障危险化学品管道安全的规定，对其铺设的管道设置明显标志，并对危化品管道定期检查、检测。

【标准化要求】

2. 企业的剧毒化学品必须在专用仓库单独存放，实行双人收发、双人保管制度。企业应将储存剧毒化学品的数量、地点以及管理人员的情况，报当地公安部门和安全生产监督管理部门备案。

【企业达标标准】

1. 剧毒化学品及储存数量构成重大危险源的其他危险化学品必须在专用仓库单独存放，实行双人收发、双人保管制度；

2. 将储存剧毒化学品的数量、地点以及管理人员的情况，报当地公安部门和安全生产监督管理部门备案。

① 剧毒化学品以及储存数量构成重大危险源的其他危险化学品，应当在专用仓库内单独存放，并实行双人收发、双人保管制度。生产、储存剧毒化学品或者国务院公安部门规定的可用于制造爆炸物品的危险化学品（以下简称易制爆危险化学品）的企业，应当如实记录其生产、储存的剧毒化学品、易制爆危险化学品的数量、流向，并采取必要的安全防范措施，防止剧毒化学品、易制爆危险化学品丢失或者被盗；发现剧毒化学品、易制爆危险化学品丢失或者被盗的，应当立即向当地公安机关报告。应当设置治安保卫机构，配备专职治安保卫人员。

② 对剧毒化学品以及储存数量构成重大危险源的其他危险化学品，储存单位应当将其储存数量、储存地点以及管理人员的情况，报所在地县级人民政府安全生产监督管理部门（在港区内储存的，报港口行政管理部门）和公安机关备案。

【标准化要求】

3. 企业应严格执行危险化学品运输、装卸安全管理制度，规范运输、装卸人员行为。

【企业达标标准】

1. 严格执行危险化学品运输、装卸安全管理制度，进行安全检查，对运输、装卸人员行为进行规范管理；

2. 危险化学品运输专用车辆安装具有行驶记录功能的卫星定位装置；

3. 企业要对危险化学品运输车辆 GPS 的安装、使用情况进行检查并记录；

4. 采用金属万向管道充装系统充装液氯、液氨、液化石油气、液化天然气等液化危险化学品；

5. 生产储存危险化学品企业转产、停产、停业或解散的应当采取有效措施及时妥善处置危险化学品装置、储存设施以及库存的危险化学品，不得丢弃；处置方案报县级政府有关部门备案。

① 危险化学品的运输、装卸作业应当遵守安全作业标准、规程和制度，装卸要在装卸管理人员的现场指挥或者监控下进行。

② 危险化学品运输车辆应当符合国家标准要求的安全技术条件，并按照国家有关规定定期进行安全技术检验。危险化学品运输专用车辆应安装具有行驶记录功能的卫星定位装置，企业对危险化学品运输车辆 GPS 的安装、使用情况进行检查并记录。

③ 液化危险化学品液氯、液氨、液化石油气、液化天然气等要采用金属万向管道充装系统充装。

④ 生产、储存危险化学品的单位转产、停产、停业或者解散的，应当采取有效措施，及时、妥善处置其危险化学品生产装置、储存设施以及库存的危险化学品，不得丢弃危险化

学品；处置方案应当报所在地县级人民政府安全生产监督管理部门、工业和信息化主管部门、环境保护主管部门和公安机关备案。

2.10　事故与应急

2.10.1　应急指挥与救援系统

【标准化要求】

1. 企业应建立应急指挥系统，实行分级管理，即厂级、车间级管理。

【企业达标标准】

建立厂级和车间级应急指挥系统。

为及时、有效控制和处理生产安全事故，企业应形成自上而下的应急管理体系，建立应急指挥系统，实行分级管理，即厂级、车间级管理。

首先企业成立应急指挥领导小组，由企业法定代表人、有关副职管理人员及工艺、设备、安全、消防、环保、卫生、后勤等部门的负责人组成。应急救援指挥领导小组下设应急救援办公室负责日常的管理工作。

同理，车间应建立车间应急领导小组，由车间负责人、安全人员、班组长等组成，负责组织和指挥车间级生产安全事故应急救援工作。

【标准化要求】

2. 企业应建立应急救援队伍。
3. 企业应明确各级应急指挥系统和救援队伍的职责。

【企业达标标准】

建立应急救援队伍。
明确各级指挥系统和救援队伍职责。

企业应建立应急救援组织机构和救援队伍，明确各级应急指挥机构和救援队伍的职责。

应急组织机构应包括应急处置、通信联络、疏散引导、安全警戒、防护救护、洗消去污等小组。如果企业规模较小或可能发生事故的后果比较小，可根据企业的具体情况，对各应急小组进行整合。

企业应明确应急指挥领导小组、各救援组织机构及人员的职责，明确救援执行部门和专用电话。

企业在对各应急机构或人员进行职责划分时，应结合企业的实际及工作职责，做到分工明确、各司其职，既不能有职责空白，关键时刻没人管事，也不能职责重叠，一件事大家都管就有可能大家都不管。

案例 24　企业应急指挥领导小组的职责

① 组织制定事故应急救援预案；
② 组织应急救援预案的演练；
③ 批准预案的启动与终止；
④ 确定现场指挥人员；
⑤ 负责人员、资源配置，应急队伍的调动；
⑥ 协调事故现场有关工作；
⑦ 指挥、监督事故状态下各级人员执行职责；
⑧ 事故信息的上报工作；
⑨ 接受政府的指令和调动；
⑩ 负责保护事故现场及相关数据等。

2.10.2　应急救援设施

【标准化要求】

1. 企业应按国家有关规定，配备足够的应急救援器材，并保持完好。

【企业达标标准】

1. 针对可能发生的事故类型，按照规定配备足够的应急救援器材、消防设施及器材；
2. 建立应急救援器材、消防设施及器材台账；
3. 应急救援器材、消防设施及器材保持完好，方便易取；
4. 疏散通道、安全出口、消防通道符合规定，保持畅通。

救援器材的配备应根据企业存在的危险有害因素及可能发生事故的类型、严重程度及各应急组织季候承担的救援任务和救援要求选配。选择器材要从实用性、功能性、耐用性和安全性以及企业客观条件等进行配置。化学事故应急救援的基本救援器材可分为两大类：基本装备和专用救援器材。

① 基本装备　一般指救援工作所需的通信装备、交通工具、照明装备、防护装备及消防设施等。

② 专用救援器材　主要指各专业救援队伍所用的专用工具（物品），包括侦检装备和自造装备。

a. 侦检装备　监（检）测事故现场水、气、土壤的装备。

b. 自造装备　根据以往救援经验，自己动手研制的简单易行的救援工具，往往会产生意想不到的好的效果。

企业应制定应急救援器材的保管、使用制度或规定，建立应急救援器材、消防设施及器材台账，指定专人负责，定期检查校验，确保器材和设施完备好用，以备应急救援的紧急调用。救援器材和设施应存放在安全、方便、易取的地方，严禁随意挪用。

疏散通道、安全出口、消防通道应符合规定，确保畅通，企业应明确责任人和责任部门，定期检查，严禁占用。

【标准化要求】

2. 企业应建立应急通信网络，保证应急通信网络的畅通。

【企业达标标准】

1. 设置固定报警电话；
2. 明确应急救援指挥和救援人员电话；
3. 明确外部救援单位联络电话；
4. 报警电话 24h 畅通。

企业应建立应急通信网络，包括报警电话、应急救援指挥和救援人员电话及外部救援单位联络电话等。企业报警电话要求是固定电话、专用电话，且 24h 畅通。

企业应将应急救援组织机构及救援人员的联系电话，以及企业所在地政府应急救援组织的电话、安全监督管理机构的电话、火警电话等进行汇总，张贴于醒目位置，以备紧急时使用。

【标准化要求】

3. 企业应为有毒有害岗位配备救援器材柜，放置必要的防护救护器材，进行经常性的维护保养并记录，保证其处于完好状态。

【企业达标标准】

1. 有毒有害岗位配备救援器材专柜，放置必要的防护救护器材；
2. 防护救护器材应处于完好状态；
3. 建立防护救护器材管理台账和维护保养记录。

企业应根据现场风险分析结果及国家法规标准要求，为有毒有害岗位配备救援器材专柜，放置必要的防护救护器材。应建立防护救护器材管理台账，专人负责，定期进行检测、维护保养，保证防护救护器材处于完好状态。

2.10.3　应急救援预案与演练

【标准化要求】

1. 企业宜按照 AQ/T 9002，根据风险评价的结果，针对潜在事件和突发事故，制定相应的事故应急救援预案。

【企业达标标准】

1. 事故应急救援预案编制符合标准要求；
2. 根据风险评价结果，编制专项和现场处置预案。

（1）应急救援预案类型

为有效预防和控制可能发生的事故，最大程度减少事故造成的人员伤亡、财产损失和环境破坏，企业应制定事故应急救援预案。应急救援预案分为三种类型：

① 综合预案　主要从总体上阐述企业事故应急工作的原则，包括企业应急组织机构及职责、应急预案体系、事故风险描述、预警及信息报告、应急响应、保障措施、预案管理等内容。综合预案是企业应对各类事故的综合性文件。

② 专项预案　是企业针对某一类型或某几种类型事故，或针对重要生产设施、重大危险源、重大活动等内容而制定的应急预案。专项预案是综合预案的组成部分，主要包括事故风险分析、应急指挥及职责、应急处置程序和措施等内容。

③ 现场处置方案　是针对具体的装置、场所或设施、岗位，包括事故风险性分析、应急工作职责、应急处置和注意事项等内容。现场处置方案要求具体、简单、针对性强，并通过培训和演练，做到事故相关人员应知应会、熟练掌握，一旦发生事故能迅速反应，正确处置。

应急预案编制导则（AQ/T 9002）规定了应急预案的编制要求，但企业可以根据各自的组织结构、管理模式、生产规模和风险种类对预案的框架结构等要素进行调整，关键是一定要立足企业实际，有针对性地编写，不能过于教条。如果生产经营单位规模较大，或风险种类多，可能发生多种类型事故，应当编写综合应急预案。而对于生产规模较小、危险因素少的企业，可以将综合预案和专项预案合并编写，综合两种预案要求，在应急响应条目下，编入详细的处置措施内容。

（2）应急预案编制要求

① 合规性　符合国家法律、法规、标准和规范的要求。

② 完整性　内容应完整，包含实施应急行动的基本信息。

③ 针对性　针对企业重大危险源、可能发生的事故类型、关键岗位、重要工程以及企业薄弱环节制定应急预案。

④ 科学性　编制应急预案必须开展科学论证与分析，以制定科学的决策程序和处置方案。

⑤ 可操作性　一旦发生事故，应急组织机构和人员可以按照预案，迅速、有序、有效地开展应急救援行动。

⑥ 衔接性　一方面，应做好企业内各级应急预案之间的衔接；另一方面，应遵循企业自救与社会救援相结合的原则，充分利用社会应急资源，做好企业应急预案应与上级主管单位、地方政府及相关部门预案的衔接。

【标准化要求】

2. 企业应组织从业人员进行应急救援预案的培训，定期演练，评价演练效果，评价应急救援预案的充分性和有效性，并形成记录。

【企业达标标准】

1. 组织应急救援预案培训；

2. 综合应急救援预案每年至少组织一次演练，现场处置方案每半年至少组织一次演练；

3. 演练后及时进行演练效果评价，并对应急预案评审。

（1）应急预案培训

应急预案编制完成后，企业应组织全员开展应急预案培训，通过培训让员工了解预案内容、熟悉应急职责、应急程序和岗位应急处置方案等，做到应知应会，一旦发生事故，知道应该去做什么、怎么做、应注意什么等等。

（2）应急预案演练

应急预案仅仅进行培训还是不够的，这只是纸上谈兵，要让预案真正发挥作用，还要定期进行演练。

演练的目的主要是：

① 检验预案　发现预案中存在的问题，提高预案的科学性、实用性和可操作性；

② 锻炼队伍　提高应急人员处置事故的能力；

③ 磨合机制　提高各应急机构、人员协调配合的能力；

④ 宣传教育　普及应急知识，提高参加和观摩人员防范意识和自救、互救能力；

⑤ 完善准备　完善预案，补充物资装备。

最终培养出一支招之即来、来之能战、战之能胜、作风过硬、技术精湛的应急救援队伍。

应急预案演练的主要内容包括：

① 预警与通知　接警人员接到报警后，按照应急预案规定的时间、方式、方法和途径，迅速向可能受到突发事件波及区域的相关部门和人员发出预警通知，同时报告上级主管部门或当地政府有关部门、应急机构，以便采取相应的应急行动。

② 决策与指挥　根据应急预案规定的响应级别，建立统一的应急指挥、协调和决策机构，迅速有效地实施应急指挥，合理高效地调配和使用应急资源，控制事态发展。

③ 现场处置　应急处置与救援过程中，按照应急预案规定及相关行业技术标准采取的有效技术与安全保障措施。

④ 疏散与安置　合理确定突发事件可能波及区域，及时、安全、有效地撤离、疏散、转移、妥善安置相关人员。

⑤ 警戒与管制　建立合理警戒区域，维护现场秩序，防止无关人员进入应急处置与救援现场，保障应急救援队伍、应急物资运输和人群疏散等的交通畅通。

⑥ 医疗与卫生保障　调集医疗救护资源对受伤人员合理检伤并分级，及时采取有效的现场急救及医疗救护措施，做好卫生监测和防疫工作。

⑦ 应急监测　对突发事件现场及可能波及区域的气象、有毒有害物质等进行有效监控并进行科学分析和评估，合理预测突发事件的发展态势及影响范围，避免发生次生或衍生事故。

⑧ 应急通信　保证参与预警、应急处置与救援的各方，特别是上级与下级、内部与外部相关人员通信联络的畅通。

⑨ 公众引导　及时召开新闻发布会，客观、准确地公布有关信息，通过新闻媒体与社会公众建立良好的沟通。

⑩ 现场恢复　应急处置与救援结束后，在确保安全的前提下，实施有效洗消、现场清理和基本设施恢复等工作。

企业应根据本单位事故预防重点，制定计划，定期开展应急预案演练。其中，综合预案或专项预案每年至少演练一次，现场处置方案每半年至少演练一次。

（3）总结与评估

企业应对应急演练过程和演练效果进行总结评估，及时发现预案及实施过程存在的问题，不断改进和完善应急预案，提高应急响应能力和应急装备水平。

【标准化要求】

3. 企业应定期评审应急救援预案，尤其在潜在事件和突发事故发生后。

【企业达标标准】

1. 定期评审应急救援预案，至少每三年评审修订一次；
2. 潜在事件和突发事故发生后，及时评审修订预案。

预案不是一成不变的，而是应该动态管理。企业应通过预案演练、事故应急救援过程总结、安全管理水平提高以及定期评审等途径及时发现预案存在的问题和不足之处，对预案进行修订完善。应急预案每三年至少评审修订一次，而当发生下列情形时，应及时修订预案：

① 因兼并、重组、转制等导致隶属关系、经营方式、法定代表人发生变化的；
② 生产经营单位生产工艺和技术发生变化的；
③ 周围环境发生变化，形成新的重大危险源的；
④ 应急组织指挥体系或者职责已经调整的；
⑤ 依据的法律、法规、规章和标准发生变化的；
⑥ 应急预案演练评估报告要求修订的；
⑦ 应急预案管理部门要求修订的。

【标准化要求】

4. 企业应将应急救援预案报当地安全生产监督管理部门和有关部门备案，并通报当地应急协作单位，建立应急联动机制。

【企业达标标准】

1. 将应急预案报所在地设区的市级人民政府安全生产监督管理部门备案；
2. 通报当地应急协作单位。

企业应将应急救援预案报当地县级以上安监部门备案，中央企业应报设区的市级以上安监部门、上级主管部门备案。当企业应急救援预案发生变化或重新修订后，还应及时重新备案。

企业还应将应急预案通报当地应急协作单位，以充分发挥社会应急资源作用，建立应急救援联动机制。

2.10.4 抢险与救护

【标准化要求】

1. 企业发生生产安全事故后，应迅速启动应急救援预案，企业负责人直接指挥，积极组织抢救，妥善处理，以防止事故的蔓延扩大，减少人员伤亡和财产损失。安全、技术、设备、动力、生产、消防、保卫等部门应协助做好现场抢救和警戒工作，保护事故现场。

【企业达标标准】

1. 发生生产安全事故后，迅速启动应急救援预案；
2. 企业负责人直接指挥抢救，妥善处理，减少人员伤亡和财产损失；
3. 相关部门协助现场抢救和警戒工作，保护事故现场。

企业一旦发生生产安全事故，应根据事故的严重程度立即启动相应级别的应急救援预案，开展应急救援工作，控制事故，减少人员伤亡和财产损失。

企业应急指挥领导小组应立即进入事故现场应急救援指挥部，企业负责人任总指挥，直接指挥抢险救援，负责全厂应急救援的组织和指挥。若企业负责人不在时，则由企业副职领导全权负责应急救援工作。

应急救援工作开展后，各方救援力量到达现场应及时向现场指挥部报到。同时，指挥部要统一整合资源、统一安排任务，实施有效、有序的救援工作。

现场应急救援负责人应密切关注事故发展情况，协调应急资源，必要时及时向上级请求支援。

【标准化要求】

2. 企业发生有害物大量外泄事故或火灾爆炸事故应设警戒线。

【企业达标标准】

发生有害物大量外泄事故或火灾爆炸事故时，及时设置警戒线。

当企业发生有害物大量外泄事故或火灾爆炸事故时，应根据有害物的种类、泄漏量、风向及火灾爆炸辐射热的范围等情况设置警戒线，采取隔离、警戒和疏散措施，必要时采取交通管制，避免无关人员进入现场危险区域；当事故有可能影响到周边企业、社区人员安全时，还应及时疏散该区域人员。

【标准化要求】

3. 企业抢救人员应佩戴好相应的防护器具，对伤亡人员及时进行抢救处理。

【企业达标标准】

1. 抢救人员应熟练使用相关防护器具；
2. 抢救人员应掌握必要的急救知识，并经过急救技能培训。

（1）现场应急救援应坚持以人为本的原则

① 第一时间救援受伤人员，最大限度减少人员伤亡；

② 先自救、再互救，进入事故现场参加侦检、救人、抢险等任务的人员必须佩戴适合的个体防护装备，保证自身安全；

③ 在不清楚事故现场状况时，应采取有限参与原则，避免不必要的人员伤亡。

（2）进入危险化学品事故现场注意事项

① 应从上风、上坡处接近现场；

② 避免单兵作战，要根据实际情况派遣协作人员和监护人员；

③ 处于不同区域的应急人员应佩戴不同级别的个体防护装备，并与应急任务相适应。

2.10.5 事故报告

【标准化要求】

1. 企业应明确事故报告程序。发生生产安全事故后，事故现场有关人员除立即采取应急措施外，应按规定和程序报告本单位负责人及有关部门。情况紧急时，事故现场有关人员可以直接向事故发生地县级以上人民政府安全生产监督管理部门和负有安全生产监督管理职责的有关部门报告。

【企业达标标准】

1. 明确事故报告程序和事故报告的责任部门、责任人；

2. 发生事故，现场人员立即采取应急措施；

3. 发生事故后按程序报告；

4. 情况紧急时，事故现场人员可以直接向有关部门报告。

企业应制定事故管理制度或规定，明确企业事故分级、事故报告和调查处理程序及责任部门、责任人等。一旦发生生产安全事故，事故现场人员应当立即采取应急措施，并向本单位负责人及相关部门报告。情况紧急时，事故现场人员可直接向县级以上安监部门报告。"情况紧急"是指事故单位负责人联系不上、事故重大需要政府部门迅速调集救援力量等情形。

【标准化要求】

2. 企业负责人接到事故报告后，应当于1小时内向事故发生地县级以上人民政府安全生产监督管理部门和负有安全生产监督管理职责的有关部门报告。

【企业达标标准】

企业负责人接到事故报告后，应当于1小时内向有关部门报告。

事故发生单位负责人接到事故报告后，应当立即启动事故相应应急预案，采取有效措施，组织抢救，防止事故扩大，减少人员伤亡和财产损失，并在1小时内向当地县级以上安监部门如实报告事故情况，不得隐瞒不报、谎报或者拖延不报，不得故意破坏事故现场，毁灭有关证据。

事故报告内容包括单位概况、事故发生时间、地点、事故现场情况、简要经过、造成的伤亡和损失情况及已经采取的措施和对救援的要求等。

【标准化要求】

3. 企业在事故报告后出现新情况时，应按有关规定及时补报。

【企业达标标准】

事故报告后出现新情况时及时补报。

事故发生后的一定时期内，往往会出现一些新情况，尤其是伤亡人数和直接经济损失会发生一些变化。国务院第 493 号令第十三条规定：自事故发生之日起 30 日内，事故造成的伤亡人数发生变化的，应当及时补报。道路交通事故、火灾事故自发生之日起 7 日内，事故造成的伤亡人数发生变化的，应当及时补报。

2.10.6　事故调查

【标准化要求】

1. 企业发生生产安全事故后，应积极配合各级人民政府组织的事故调查，负责人和有关人员在事故调查期间不得擅离职守，应当随时接受事故调查组的询问，如实提供有关情况。

【企业达标标准】

1. 发生事故，积极配合政府组织的事故调查；
2. 负责人和有关人员在事故调查期间不得擅离职守，应当随时接受事故调查组的调查，如实提供有关情况。

事故调查的目的是掌握事故情况、查明事故原因、分清事故责任、制定整改措施、防止同类事故发生。《生产安全事故报告与调查处理条例》（国务院第 493 号令）规定，企业发生生产安全事故后，根据事故的级别和影响，由政府部门组织事故调查，其中，特大事故由国务院或国务院授权有关部门组织，重大事故由省级人民政府直接或授权、委托有关部门组织，较大事故由设区的市级人民政府直接或授权、委托有关部门组织，一般事故由县级人民政府直接或授权、委托有关部门组织。

事故发生单位的负责人和相关人员在事故调查期间应积极配合事故调查，不得擅离职守，并随时接受事故调查组的询问，如实提供有关情况。

【标准化要求】

2. 未造成人员伤亡的一般事故，县级人民政府委托企业负责组织调查的，企业应按规定成立事故调查组组织调查，按时提交事故调查报告。

【企业达标标准】

1. 按规定成立事故调查组，必要时请外部专家参加事故调查组；
2. 认真组织一般事故调查，按时提交事故调查报告。

对未造成人员伤亡的一般事故，县级人民政府可委托企业自行进行事故调查。企业接受委托后，应立即按规定成立事故调查组，展开事故调查，并按时提交事故调查报告。

企业事故调查组应由企业负责人或其指定人员组织生产、技术、安全等有关人员以及企业工会代表参加。事故调查组成员应当在事故调查报告上签字。

（1）事故调查组成员的基本条件

① 具有事故调查所需要的知识和专长，如专业技术知识等；

② 与所调查的事故没有利害关系；

③ 实事求是、认真负责、坚持原则。

（2）事故调查组的职责

① 查明事故发生的经过、原因、人员伤亡情况及直接经济损失；

② 认定事故的性质和事故责任；

③ 提出对事故责任者的处理建议；

④ 总结事故教训，提出防范和整改措施；

⑤ 提交事故调查报告。

事故调查组应当自事故发生之日起 60 日内提交事故调查报告；特殊情况下，经负责事故调查的人民政府批准，提交事故调查报告的期限可以适当延长，但延长的期限最长不超过 60 日。

【标准化要求】

3. 企业应落实事故整改和预防措施，防止事故再次发生。整改和预防措施应包括：

1）工程技术措施；

2）培训教育措施；

3）管理措施。

【企业达标标准】

1. 制定并落实事故整改和预防措施；

2. 事故整改和预防措施要具体，有针对性和可操作性；

3. 检查事故整改情况和预防措施落实情况。

发生事故的企业应根据事故调查的结果，认真吸取事故教训，落实预防和整改措施，防止事故再次发生。预防和整改措施应包括：

① 工程技术措施　企业从安全生产的要求考虑，对设备、设施、工艺、操作等进行设计、检查和维护保养等，减少和消除不安全因素。

② 培训教育措施　通过不同形式和途径对广大从业人员进行安全培训教育，提高从业人员预防事故的意识和技能，规范从业人员的安全生产行为。

③ 管理措施　针对事故原因，制定新的或修订、完善安全生产规章制度、安全操作规程，补充、完善安全生产管理网络和人员。

安全管理部门应当对预防和整改措施的落实情况进行监督检查。

【标准化要求】

4. 企业应建立事故档案和事故管理台账。

【企业达标标准】

1. 建立事故管理台账，包括未遂事故；

2. 建立事故档案。

企业应建立生产安全事故管理台账，记录事故发生的时间、地点、事故类别、伤亡人数、经济损失及事故原因、经过、整改措施和事故处理等内容。

生产安全事故调查处理完成后，企业还应将事故结案材料归档。事故管理档案应包括事故管理台账、事故调查报告以及与事故、事故调查处理有关的所有文件、记录、音视频资料等。

【企业达标标准】

对涉险事故、未遂事故等安全事件（如事故征兆、非计划停工、异常工况、泄漏等），按照重大、较大、一般等级别，进行分级管理，制定整改措施。

企业应重视涉险事故、未遂事故等安全事件的管理。按照事故致因理论，未遂事件和伤害事故具有相同的机理和诱因。通过对这些安全事件进行分析、调查和处理，吸取经验和教训，将减少伤害事故的发生。因此，企业记录在事故管理台账里和档案的事故，不但应包括国家规定的从一般到重特大事故的内容，还应包括企业里发生的未造成人员伤亡或较大损失的事故和未遂事故，不管是工艺事故或是设备事故，或者违章事故等等，并对这些安全事件进行识别，按照重大、较大、一般等级别，进行分级管理，制定整改措施，消除安全隐患。

只有通过加强事故管理，对每一起事故或安全事件进行原因分析、采取预防和整改措施，才能预防和消除同类或重大事故的发生，这是我们进行事故管理的目的所在。

【企业达标标准】

二级企业已把承包商事故纳入本企业事故管理。

据资料统计，目前，承包商事故已占到企业事故的一半以上。承包商人员往往知识水平、素质相对较低，对企业风险不了解，盲目施工，而且经常要赶时间、赶工期，导致"三违"现象严重，事故频发。

承包商事故间接反映企业的安全管理状况，有必要把承包商事故纳入本企业的事故管理，提高承包商安全管理水平。

2.11　检查与自评

2.11.1　安全检查

【标准化要求】

1. 企业应严格执行安全检查管理制度，定期或不定期进行安全检查，保证安全标准化有效实施。

【企业达标标准】

明确各种安全检查的内容、频次和要求，开展安全检查。

安全检查是企业安全管理的重要手段，其主要任务是查找企业生产经营过程中存在的人的不安全行为、物的不安全状态及管理和环境等方面的缺陷，以便及时发现隐患，制定整改措施，控制或消除隐患，确保安全生产。

企业首先应制定安全检查管理制度，明确安全检查的形式、内容、检查的频次和要求等，确保安全检查的规范、有序开展。

【标准化要求】

2. 企业安全检查应有明确的目的、要求、内容和计划。各种安全检查均应编制安全检查表，安全检查表应包括检查项目、检查内容、检查标准或依据、检查结果等内容。

【企业达标标准】

1. 制定安全检查计划，明确各种检查的目的、要求、内容和负责人；
2. 编制综合、专项、节假日、季节和日常安全检查表；
3. 各种安全检查表内容全面。

安全检查主要包括综合检查、专项检查、节假日检查和日常检查。企业应认真策划每一次安全检查活动，制定详细的安全检查计划，明确检查目的、要求、内容和日程安排等。参加检查的人员应有相应的知识和经验，熟悉有关标准和规范。

企业进行的各种安全检查，均应编制安全检查表，为检查人员提供依据。安全检查表应包括检查项目、检查标准、检查结果等内容。编制安全检查表的主要依据是：

① 国家和地方有关法律、法规、规章、规程、标准、文件的规定，这是编制安全检查表的主要依据之一。

② 国内外事故案例。要搜集国内外同行业的事故案例，从中发掘出不安全因素，引用借鉴作为安全检查的内容。

③ 通过系统安全分析确定的危险部位及防范措施，也是制定安全检查表的依据。

【标准化要求】

3. 企业各种安全检查表应作为企业有效文件，并在实际应用中不断完善。

【企业达标标准】

1. 明确各种安全检查表的编制单位、审核人、批准人；
2. 每年评审修订各种安全检查表。

安全检查表应作为企业有效文件进行控制，因此应明确编制单位、审核人、批准人等内容，且每年进行评审，并根据评审结果修订完善。

2.11.2 安全检查形式与内容

【标准化要求】

1. 企业应根据安全检查计划，开展综合性检查、专业性检查、季节性检查、日常检查和节假日检查；各种安全检查均应按相应的安全检查表逐项检查，建立安全检查台账，并与责任制挂钩。

【企业达标标准】

1. 根据安全检查计划，按相应检查表开展各种安全检查；
2. 建立安全检查台账；
3. 检查结果与责任制挂钩。

企业应根据安全检查制度和计划要求，定期开展安全检查，并保存记录。安全检查记录应包括检查时间、类型、地点（或部门）、参加人员、结果等，检查人员应签字确认。

企业应将安全检查结果纳入安全责任制考核，与奖惩挂钩，以督促被检查单位及时整改检查出的问题，消除安全隐患。

【标准化要求】

2. 企业安全检查形式和内容应满足：

1）综合性检查应由相应级别的负责人负责组织，以落实岗位安全责任制为重点，各专业共同参与的全面安全检查。厂级综合性安全检查每季度不少于 1 次，车间级综合性安全检查每月不少于 1 次。

2）专业检查分别由各专业部门的负责人组织本系统人员进行，主要是对锅炉、压力容器、危险物品、电气装置、机械设备、构建筑物、安全装置、防火防爆、防尘防毒、监测仪器等进行专业检查。专业检查每半年不少于 1 次。

3）季节性检查由各业务部门的负责人组织本系统相关人员进行，是根据当地各季节特点对防火防爆、防雨防汛、防雷电、防暑降温、防风及防冻保暖工作等进行预防性季节检查。

4）日常检查分岗位操作人员巡回检查和管理人员日常检查。岗位操作人员应认真履行岗位安全生产责任制，进行交接班检查和班中巡回检查，各级管理人员应在各自的业务范围内进行日常检查。

5）节假日检查主要是对节假日前安全、保卫、消防、生产物资准备、备用设备、应急预案等方面进行的检查。

【企业达标标准】

企业安全检查形式和内容应满足：

（1）综合性检查应由相应级别的负责人负责组织，以落实岗位安全责任制为重点，各专业共同参与的全面安全检查。厂级综合性安全检查每季度不少于 1 次，车间级综合性安全检查每月不少于 1 次。

（2）专业检查分别由各专业部门的负责人组织本系统人员进行，主要是对特种设备、危险物品、电气装置、机械设备、构建筑物、安全装置、防火防爆、防尘防毒、监测仪器等进行专业检查。专业检查每半年不少于 1 次。

（3）季节性检查由各业务部门的负责人组织本系统相关人员进行，是根据当地各季节特点对防火防爆、防雨防汛、防雷电、防暑降温、防风及防冻保暖工作等进行预防性季节检查。

（4）日常检查分岗位操作人员巡回检查和管理人员日常检查。岗位操作人员应认真履行岗位安全生产责任制，进行交接班检查和班中巡回检查，各级管理人员应在各自的业务范围内进行日常检查。

（5）节假日检查主要是对节假日前安全、保卫、消防、生产物资准备、备用设备、应急预案等方面进行的检查。

安全检查的形式主要有综合检查、专业检查、季节性检查、日常检查和节假日检查等。不同的检查，应有不同职责、级别的人来组织，检查内容、要求的频次等也不同：

① 综合检查　是以落实岗位安全责任制为重点，各专业共同参与的全面检查。应由相应级别的负责人负责，即厂级综合检查由厂主要负责人负责，车间级综合检查由车间主任负责。综合安全检查应定期进行，厂级综合检查每季度不少于一次，车间级综合检查每月不少于一次。

② 专业检查　由各专业部门的负责人组织本系统人员进行，主要是对特种设备、危险物品、电气装置、机械设备、构建筑物、安全装置、防火防爆、防尘防毒、监测仪器等进行专业检查。专业检查要求每半年不少于一次。

③ 季节性检查　由各业务部门的负责人组织本系统相关人员进行，是根据当地各季节特点对防火防爆、防雨防汛、防雷电、防暑降温、防风及防冻保暖工作等进行的预防性检查。春季安全检查主要以防雷、防静电、防解冻跑漏为重点；夏季安全检查主要以防暑降温、防台风、防洪防汛为重点；秋季安全检查以防火、防冻保温为重点；冬季安全检查以防火、防爆、防中毒、防冻防凝、防滑为重点。

④ 日常检查　分岗位操作人员巡回检查和管理人员日常检查。班组和岗位从业人员应严格履行交接班检查和班中巡回检查职责，特别对关键装置、重点部位的危险源进行重点检查，发现问题和隐患，及时逐级报告有关职能部门解决。各级管理人员，如基层管理人员及工艺、设备、安全等专业技术人员，应经常深入现场，在各自专业范围内进行安全检查，对关键装置、重点部位的检查应做好检查记录。

⑤ 节假日检查　主要是节前对安全、消防、保卫、生产物资准备、备用设备、应急预案等方面进行的检查。

各种安全检查均应依据相应的安全检查表，科学、规范开展。不同形式的检查可以是独立开展，也可以是几种不同的检查结合在一起开展，只要兼顾不同检查的内容、要求即可，如综合检查可以与季节性检查或节假日检查结合开展。

2.11.3　整改

【标准化要求】

1. 企业应对安全检查所查出的问题进行原因分析，制定整改措施，落实整改时间、责任人，并对整改情况进行验证，保存相应记录。

【企业达标标准】

1. 对检查出的问题进行原因分析，及时进行整改；

2. 对整改情况进行验证；

3. 保存检查、整改和验证等相关记录。

对检查出的问题企业要进行原因分析，能立即整改的，就立即整改，不能立即整改的，应制定整改措施或计划，限定时间、责任人及时进行整改，并对整改情况及时验收；有一些问题可能做不到立即整改，如需要购买配件或者停车检修时整改，则需要就整改情况进行跟踪，确保每一个问题能做到及时整改，闭环管理。

企业应认真填写检查记录，建立安全检查台账，并将检查有关记录、整改及验证资料进行归档保存。

【标准化要求】

2. 企业各种检查的主管部门应对各级组织和人员检查出的问题和整改情况定期进行检查。

【企业达标标准】

各种检查的主管部门对各级组织检查出的问题和整改情况定期检查。

各种安全检查的主管部门，应对检查出的问题和整改情况定期进行检查，以督促各被检查单位对检查出的各类问题进行原因分析，及时整改，消除各类安全隐患，做到有标准、有记录、有整改、有验证、有考核。

2.11.4　自评

【标准化要求】

企业应每年至少 1 次对安全标准化运行进行自评，提出进一步完善安全标准化的计划和措施。

【企业达标标准】

1. 明确自评时间；
2. 制定自评计划；
3. 编制自评检查表；
4. 建立自评组织；
5. 每年至少 1 次进行安全标准化自评；
6. 编制自评报告；
7. 提出进一步完善的计划和措施；
8. 对自评有关资料存档管理。

为了保证安全生产方针和目标的实现，确保安全标准化的有效实施，企业应建立安全标准化自评管理制度，明确安全标准化自评的时间、管理职责和自评的程序、要求等，定期开展安全标准化自评工作。

企业应成立自评工作小组，由主要负责人任组长。自评首先应制定自评计划，按照《危险化学品从业单位安全生产标准化评审标准》内容要求编制自评检查表。然后，对照自评检查表，对企业安全生产标准化工作与《危险化学品从业单位安全生产标准化评审标准》的符合情况进行逐项检查、评价、赋值，最后汇总计算出自评得分，编制自评报告。企业每年至少进行一次自评。

针对自评中发现的扣分项和否决项，企业应分析原因，制定进一步完善安全生产标准化工作的计划和具体措施，不断强化安全管理，持续改进安全管理绩效，实现安全生产长效机制。

2.12 本地区的要求

【标准化要求】

无。

【企业达标标准】

1. 地方人民政府及有关部门提出的安全生产具体要求；
2. 地方安全监管部门组织专家对工艺安全等安全生产条件及企业安全管理的改进意见。

该要素被设置为开放性要素，主要是考虑到全国各地危险化学品安全监管工作的差异性和特殊性，由各省级安监局根据本地区危险化学品行业的特点，将本地区关于安全生产条件尤其是安全设备设施、工艺条件等方面的有关具体要求纳入该要素进行充实和完善，形成地方特殊要求。

各企业应按照本地区人民政府及地方安全监管部门对企业安全生产条件及安全管理提出的具体要求，不断完善企业生产条件和安全管理，自觉接受地方安全监管部门的监督管理，通过开展岗位达标、专业达标、企业达标，不断推进安全标准化工作，持续提升企业安全生产管理水平。

第3章

危险化学品安全生产标准化建设

3.1 安全生产标准化建设流程

企业安全标准化建设流程包括诊断、策划、培训、实施、自评、改进与提高6个阶段。

（1）诊断阶段

依据法律法规及安全标准化相关标准要求，对企业安全管理现状进行诊断，了解企业安全管理现状、业务流程、组织机构等基本管理信息，发现差距。

对企业现有安全管理体系、管理制度、风险管理、方针目标等进行综合分析和评价。有条件的企业应组建诊断小组，对照安全生产标准化标准及有关规定进行诊断，也可请有资质的相关机构或专家进行安全标准化咨询诊断，以确定适用的要素及缺项，发现存在的问题及隐患，并形成诊断报告。报告应该包括诊断目的、范围、准则、企业基本情况、文件诊断综述、现场诊断综述、诊断结果分析、适合要素与缺项、下一步工作建议等内容，其中：

① 企业基本情况（企业简介、组织架构、"两重点一重大"、安全生产标准化建设情况等信息）；

② 文件诊断综述（文件建设总体情况，包括责任制、规章制度、操作规程、台账、档案、记录等；文件符合情况；文件诊断问题）；

③ 现场诊断综述（诊断过程概述；安全标准化工作亮点；要素诊断概况，包括每个A级要素管理现状、符合情况、不符合情况描述）；

④ 诊断结果分析（诊断问题情况分析、诊断得分分析、事故重大隐患情况）；

⑤ 适合的要素与缺项（企业适合的A级要素与B级要素、B级要素缺项情况）；

⑥ 工作建议（企业安全生产标准化整体提升的工作计划或建议，包括提出对诊断问题原因分析、制定工作计划、实施整改等）；

⑦ 附件（诊断计划、诊断问题清单、评估打分表、否决项清单、重大隐患清单、推进计划）。

（2）策划阶段

依据法律法规及安全标准化相关标准要求，针对诊断结果，确定建立安全标准化方案，包括资源配置、进度、分工等；进行风险分析，识别和获取适用的安全生产法律法规、标准及其他要求；完善安全生产规章制度、操作规程、台账、档案、记录等；确定企业安全生产方针和目标。

要成立领导小组和工作小组，由企业主要负责人担任领导小组组长，所有相关的职能部门的主要负责人作为成员，确保安全标准化建设的组织保障；由各部门负责人、工作人员共同组成执行小组，负责安全标准化建设过程中的具体问题落实。根据确定的安全标准化建设目标制定推进方案，分解落实达标建设责任，确保各部门在安全标准化建设过程中任务分工明确，顺利完成各阶段工作目标。

安全生产标准化建设需要企业最高管理者的大力支持及管理层的配合，因此要召开安全标准化启动会议，策划准备及制定相关目标。

（3）培训阶段

对全体从业人员进行安全标准化相关内容培训。安全标准化的建设需要全员参与，因此，教育培训是开始创建企业安全标准化时十分重要的工作。培训工作要分层次、分阶段、循序渐进地进行，而且必须是全员培训。

① 要对企业领导层进行意识培训，让他们充分认识安全生产标准化建设工作的重要性，加强理解安全标准化工作的内容和程序，重视这项工作，加大推动力度，监督检查执行进度。

② 对企业管理人员培训，让他们了解评审标准的具体条款，清楚本部门、本岗位、相关人员应做的工作，做到安全标准化创建和企业日常安全管理工作相结合。

③ 对全体从业人员进行建设方案的系统性培训，让他们理解安全标准化的意义，明确安全标准化赋予各岗位员工的职责，掌握本岗位危害有害因素辨识方法等。

（4）实施阶段

根据策划阶段制定的安全标准化建设方案及相关法律法规要求，明确运行步骤、实施内容、部门与职责、实施要点、效果要求等重点问题，指导实施工作。

在运行实施阶段，需要企业不断完善各项管理制度和规程，并在实践中检验制度的充分性、适宜性和有效性。落实安全标准化的各项要求，努力提高安全标准化管理水平，采取有效措施为安全标准化的建设开路，同时应该从基础工作抓起，加强硬件和软件建设，建立安全标准化创建工作的奖励和约束机制，激发广大员工的创建工作热情。在具体的实施过程当中要有完整的运行、更改、宣传等等记录清单。企业要根据自身经营规模、行业定位、工艺特点及诊断结果等及时调整达标目标，注重建设过程真实有效可靠，不可盲目一味追求达标等级。

（5）自评阶段

企业安全标准化建设一段时间后，应对安全标准化的实施情况进行检查和评价，发现问题，找出差距，提出完善措施。企业应成立专门的自评组织，按照安全标准化评审标准进行自我评审。企业自评也可以邀请专业技术服务机构提供支持。

首先结合企业实际情况制定自评计划，编制自评检查表，根据计划开展自评工作。针对自评过程中发现的问题制定整改计划及整改措施，并进行记录。自评完成应形成自评报告、整改计划表及扣分汇总表。企业在自评材料中，应尽可能将每项考评内容的得分及扣分原因进行详细描述，应能通过申请材料反映企业安全管理情况。

根据自评结果确定拟申请的等级，按相关规定到属地或上级安监部门办理外部评审推荐手续后，正式向相应评审组织单位递交评审申请。

企业取得达标证书后，应每年至少开展一次自评，发现安全标准化运行存在的问题、缺陷及隐患，提出改进措施，编写自评报告。

（6）改进与提高阶段

根据自评的结果，组织有关人员对自评发现的问题进行修改完善，制定完善安全标准化的持续改进与提高的计划和措施，实施计划、执行、检查、改进（PDCA）循环，不断提高实施水平和安全绩效。通过自我检查、自我纠正和自我完善，建立安全绩效持续改进的安全生产长效机制。

3.2　安全生产标准化建设所需的档案、制度、文件清单

（1）安全生产规章制度管理内容

① 安全生产责任；

② 安全培训教育；

③ 隐患排查与治理；

④ 检维修管理；

⑤ 特殊作业管理（含动火、进入受限空间等八大特殊作业）；

⑥ 危险化学品管理（可以包括剧毒品的安全管理）；

⑦ 生产设施安全管理［包括特种设备管理、建（构）物管理、电气安全管理、安全设施管理、消防及应急设施及器材装备管理等内容］；

⑧ 安全生产投入保障（安全生产费用管理）；

⑨ 劳动防护用品（具）管理；

⑩ 事故事件管理；

⑪ 职业健康管理；

⑫ 仓库、罐区安全管理；

⑬ 安全生产会议管理；

⑭ 特种作业人员管理；

⑮ 安全生产奖惩管理；

⑯ 防火、防爆、防尘、防毒管理；

⑰ 消防管理；

⑱ 安全生产委员会（安全领导小组）章程；

⑲ 安全责任考核（应规定考核职责、频次、方法、标准、奖惩办法等）；

⑳ 风险评价管理；

㉑ 危险化学品重大危险源管理；

㉒ 安全生产法律法规标准管理；

㉓ 建设项目安全设施"三同时"管理；

㉔ 关键装置及重点部位安全管理；

㉕ 监视和测量设备管理；

㉖ 生产设施安全拆除和报废管理（可纳入生产设施安全管理制度中）；

㉗ 承包商管理；

㉘ 供应商管理；

㉙ 变更管理；

㉚ 生产作业场所职业危害因素检测管理；

㉛ 安全标准化自评管理；

㉜ 文件档案管理；

㉝ 装卸车管理；

㉞ 开停车管理；

㉟ 危险化学品输送管线管理；

㊱ 厂区交通安全；

㊲ 安全活动管理；

㊳ 其他管理。

（2）安全管理台账

① 生产设施台账，包括：

a. 设备设施一览表（栏目设置应包括设备名称、工艺位号、规格型号、材质、重量、生产厂家、容积、出厂日期、安装日期、投产日期、图号、价格等内容）；

b. 特种设备台账（栏目设置应包括设备名称、工艺位号、制造单位、出厂编号、使用证编号、设备注册代号、定检日期、检验结果、复查日期等内容）；

c. 建构筑物台账（栏目设置应包括种名称、位置、设计单位、施工单位、竣工日期、设计使用年限、占地面积、结构形式、防火等级等内容）；

d. 安全设施台账（栏目设置应包括种类、名称、位置、数量、责任人等内容）；

e. 监视和测量设备管理台账（包括易燃易爆、有毒有害、防雷防静电等监视测量设备和压力表、温度计、液位计等，设置栏目应包括分类、名称、安装位置、规格型号、测量范围、精度等级、编号、制造单位、检定周期、检定结果、复检日期等内容）。

② 职业卫生防护设施台账（主要包括防尘、防毒、防暑降温等设施，如冲淋器、洗眼器等；栏目设置应包括种类、名称、位置、校验、维护日期、更新情况、责任人等内容）。

③ 防护急救器具台账（如空气呼吸器等，栏目设置应包括器材名称、使用单位、存放位置、数量、保管负责人、领取时间、使用维护情况等内容）。

④ 个体防护用品发放台账（记录发放和更换等情况）。

⑤ 安全警示标识台账（包括标识类别、标识名称、单位、设置地点、设置时间、数量、维护责任人等内容）。

⑥ 灭火器材台账（栏目设置同上）。

⑦ 事故事件台账（内容包括时间、事故类别、伤亡人数、损失大小、事故经过、救援过程、事故教训、"四不放过"处理等内容）。

⑧ 隐患整改台账（应含隐患名称、检查日期、原因分析、整改措施、计划完成日期、整改负责人、整改确认人、确认日期等项目内容）。

⑨ 安全检查台账（包括检查时间、检查形式、检查对象、参加人员、发现问题及处理情况等内容）。

⑩ 各类作业证审批台账（按作业类别分别设立台账）。

⑪ 安全费用提取及使用台账（安全费用包括：完善、改造和维护安全防护设备、设施，应急救援器材、设备和现场作业人员安全防护，安全检查与评价，重大危险源、重大事故隐患评估，整改监控，安全技能培训，应急演练发生的费用等）。

⑫ 新职工三级安全教育台账〔包括姓名、性别、出生年月、文化程度、入厂时间、车间或部门、工种、培训学时（厂级、车间、班组）、考试成绩（厂级、车间、班组）〕。

⑬ 特种作业人员台账（包括单位、工种、姓名、性别、出生年月、文化程度、专业工龄、培训单位、考核成绩含理论和实作、取证时间、复审时间、发证编号等内容）。

（3）安全档案

① 危险化学品重大危险源档案（包括危险物质名称、数量、性质、位置、管理人员、管理制度、评估报告、检测报告等）；

② 重大隐患档案〔包括重大隐患评价报告与技术结论、评审意见、隐患治理方案（五

定）、竣工验收报告]；

③ 特种设备档案（包括特种设备原始资料和检维修资料、注册登记证、定期检验检测报告等）；

④ 从业人员安全培训教育档案 [一人一档，可做成员工安全培训登记表，包括姓名、身份、培训时间（开始时间、结束时间）、培训班名称、培训内容、举办单位、考核成绩等内容]；

⑤ 关键装置、重点部位档案 [包括名录（危险物质名称、数量、性质、位置）、管理制度、安全检查报告等]；

⑥ 承包商档案（包括承包商资格预审、选择，承包商开工前准备的确认和承包商表现评价、续用等资料）；

⑦ 供应商档案（包括供应商资格预审、选择，供应商续用评价和经常识别与采购有关的风险等资料）；

⑧ 化学品档案 [包括化学品普查表，化学品建档登记表，危险性不明的化学品鉴别分类报告（若有），危险化学品安全技术说明书和安全标签，非危险品的理化、燃爆数据和危害]；

⑨ 职业卫生档案（包括职业病危害项目申报表，职业卫生管理制度、操作规程和应急救援预案，职业病防治工作计划和实施方案，职业危害因素监测、评价结果，职业病防护设施台账，劳动者个人防护用品台账）；

⑩ 从业人员健康监护档案（包括劳动者的职业史和职业中毒危害接触史、相应作业场所职业中毒危害因素监测结果、职业健康检查结果及处理情况、职业病诊疗等劳动者健康资料）。

（4）计划与总结

① 年度安全工作计划（公司及所有部门均应有计划，公司的计划应包括安全投入计划，当然安全投入计划也可单列）；

② 年度综合检修计划（含安全设施检维修计划，计划应做到"五定"：定检修方案、检修人员、安全措施、检修质量、检修进度）、检修方案；

③ 安全培训教育计划（可单列，也可纳入安全工作计划）；

④ 年度职业卫生防治计划（也可纳入年度安全工作计划）；

⑤ 安全检查计划（每次综合检查及专项检查前，年初应有个总计划可纳入安全工作计划）；

⑥ 班组活动计划（月度）；

⑦ 隐患整改计划（方案）；

⑧ 公司及所有部门均应有年度工作总结，专项安全活动结束后也应有总结。

（5）应急预案及演练

① 事故应急救援预案；

② 重大危险源应急预案（可与事故应急救援预案合并，即可做成综合预案及现场处置方案）；

③ 关键装置、重点部位应急预案（现场处置方案）；

④ 应急预案评审记录；

⑤ 应急预案备案证明（上级部门及协作单位签收记录）；

⑥ 应急须知向社会告知（如信息卡及发放记录）；

⑦ 应急救援预案培训记录；

⑧ 应急演练方案；

⑨ 应急演练记录；

⑩ 应急演练效果评价报告。

（6）原始过程记录

① 安全会议记录（安委会会议、安全例会、生产经营调度会等）；

② 厂、车间值班记录；

③ 安全目标完成的考核记录；

④ 安全责任考核记录（安全奖惩原始记录）；

⑤ 作业活动清单；

⑥ 设备设施清单；

⑦ 工作危害分析（JHA）及风险评价表（记录）；

⑧ 安全检查表分析（SCL）及风险评价表（记录）（危害辨识及风险评价清单或报告）；

⑨ 重大风险及控制措施清单；

⑩ 风险评价结果培训记录（以班组为单位组织的，可记入班组活动记录中）；

⑪ 年度风险评价（评审）及风险控制效果评审（检查）记录（报告）；

⑫ 重大危险源定期检测（报告）记录；

⑬ 重大危险源评估报告；

⑭ 重大危险源监控记录；

⑮ 企业适用安全生产法律法规及其他要求清单（及更新记录）；

⑯ 企业适用安全生产法律法规及其他要求宣传、培训记录（在会议、班组活动记录中有也可以）；

⑰ 企业适用安全生产法律法规及其他要求向相关方传达的记录；

⑱ 法律法规及其他要求符合性评价报告；

⑲ 不符合项原因和责任分析及整改落实情况记录；

⑳ 安全生产规章制度和操作规程定期评审记录；

㉑ 安全培训教育计划变更记录；

㉒ 从业人员（含管理人员）上岗前培训及年度再教育考试（核）记录；

㉓ "四新"（新技术、新设备、新工艺、新材料）培训考试（核）记录；

㉔ 新职工"三级"安全教育记录；

㉕ 转岗、复工二、三级安全教育记录；

㉖ 外来参观、学习人员安全须知培训记录；

㉗ 外来施工单位作业人员安全培训记录（厂级、车间级）；

㉘ 班组、管理部门安全活动记录；

㉙ 安全培训教育需求识别记录（包括所有基层单位）；

㉚ 安全培训教育效果评价报告（记录）；

㉛ 安全设施专人管理（检查）记录（可纳入安全员检查表、所在岗位负责人检查记录）；

㉜ 安全设施检修记录；

㉝ 安全阀、压力表校验记录（可制成表格形式，压力表校验记录表应包括名称、安装位置、测量范围、精度等级、编号、制造单位、校验日期、红线位置等内容；安全阀校验记录应包括安装位置、安全阀型号、工作压力、起跳压力、回座压力、校验日期、校验结果、下次校验日期等内容）；

㉞ 防雷防静电、易燃有毒气体浓度监测报警装置测量校验记录（报告）；

㉟ 安全联锁装置试验维护记录；

㊱ 关键装置、重点部位联系人活动记录；

㊲ 关键装置、重点部位年度安全检查报告；

㊳ 安全生产管理部门考核承包人到位情况记录；

㊴ 检维修记录［包括年度（月）综合检修计划、日常检维修计划的落实情况］；

㊵ 检维修交出及验收单；

㊶ 有关管理部门（如安全部门）对检维修现场检查记录；

㊷ 作业许可证存根（包括动火、进入受限空间、破土、临时用电、盲板抽堵、断路、高处、吊装作业等）；

㊸ 作业风险分析记录（可与作业证记录合并）；

㊹ 承包商施工作业现场安全管理（检查）记录；

㊺ 危险化学品出入库登记记录；

㊻ 变更（人员、工艺、技术、设施、机构等）申请及验收表（记录）；

㊼ 应急咨询服务值班记录；

㊽ "一书一签"培训记录；

㊾ 产品"一书一签"发放记录；

㊿ 作业场所职业危害因素定期检测记录；

51 劳动防护用品（器具）定期校验及检查记录；

52 应急抢险与救援记录、防护器具使用情况记录；

53 应急救援器材检查维护记录（可放在专柜中，定期收集存档）；

54 安全警示标志标识检查维修记录；

55 各类安全检查表（记录）；

56 隐患整改通知书；

57 隐患整改验收及实施效果验证记录；

58 安全标准化自评记录（自评计划、自评记录、自评报告等）。

（7）其他资料

① 安全标准化实施方案及推进过程相关资料；

② 文件化的安全生产目标；

③ 企业主要负责人安全承诺书（亲笔签名）；

④ 企业各级部门/单位、各类人员年度安全目标责任书（内容有针对性，与岗位和职务相匹配，不能千篇一律）；

⑤ 成立安全生产委员会的书面文件；

⑥ 安全管理网络框图；

⑦ 主要负责人、安全生产管理人员安全培训合格证书；

⑧ 特种作业人员、安全培训合格证书；

⑨ 安全费用提取的标准资料；

⑩ 工伤保险缴费凭证；

⑪ 生产设施建设"三同时"文件、建设"六阶段"的资料和审查意见书；

⑫ 各种报警器、检测仪器的说明书；

⑬ 安全阀、压力表、温度计、液位计等安全附件的技术资料；

⑭ 特种设备定期检验报告；

⑮ 多个承包商交叉作业的安全管理协议（可写入合同中）；

⑯ 生产设施拆除方案、风险评价以及报废验收资料；

⑰ 承包商施工现场管理情况的资料（入厂证管理、培训教育管理、各种作业活动相关手续的管理、施工人员劳动保护用品管理、安全设施管理、安全联席会议管理、安全检查管理等）；

⑱ 职业危害申报表；

⑲ 事故调查处理报告（含未遂事故、事件）。

（8）安全检查表

① 各级综合检查；

② 专业检查；

③ 季节性检查；

④ 节假日检查；

⑤ 日常检查（管理人员、岗位操作人员巡检）。

3.3 安全生产标准化一级、二级企业必要条件解读

3.3.1 一级企业必要条件解读

（1）一级企业建立安全生产预警预报体系

安全生产预警预报体系是指基于视频、检测监控等现代信息技术，以应急平台为载体，通过安全生产风险分析等手段，对生产作业现场进行实时监测、动态监控，从而及时发现事故风险隐患，对未遂事故发展趋势进行预警预报、估计与推断的软硬件结合的体系。

安全生产预警预报体系包括但不限于以下系统：视频监视系统、远程监测监控系统、风险分析与预警预报系统、动态决策系统、即时指挥系统等。

预警系统包括四个关键要素：风险知识、监测和警示服务、分发和沟通以及应急能力。这四个关键要素互为关联，缺一不可。通过对企业定期排查出的安全隐患进行统计、分析、处理，并对隐患可能导致的后果进行评估，结合安全投入、隐患治理、教育培训、建章立制等因素，运用预测预警技术，建立预测模型，用数值定量化表示企业安全生产现状和趋势，同时形成直观的、动态的表征企业当前安全生产状况及未来安全生产发展趋势的安全生产预警指数图。

一般而言，有效的预警应该做到：

① 以企业日常隐患排查为基础，选择有效的预警指标，使生产过程中的不安全因素处于被监控之下。

② 将分析得出的不安全因素以及可能造成的后果进行量化统计，计算得出当期安全生产状况和预测未来的安全生产发展趋势。

③ 处理相关信息，并能及时向相关人员发布可理解的预警；提请企业采取有效措施防范事件事故的发生。

④ 良好的应急能力，对可能造成损失的事件及时进行整改，分析规律，防范同类事件的发生。

（2）一级企业有效运行安全文化体系

有效的安全文化体系应至少包括以下几个方面：

① 各级人员都进行了安全承诺；

② 建立了完善的组织结构和安全职责体系；

③ 建立了被员工广泛认可的、体现企业战略发展的安全价值观和安全理念；

④ 建立了员工安全绩效评估系统；

⑤ 建立了安全信息传播系统；

⑥ 建立了有效的安全学习和沟通模式；

⑦ 员工对安全事务积极参与；

⑧ 形成了具有自身特色的安全氛围和安全管理模式；

⑨ 对自身安全文化建设情况进行定期的全面审核，不断改进。

（3）一级企业涉及危险化工工艺的化工生产装置设置了安全仪表系统，并建立了安全仪表系统功能安全管理体系

① 安全仪表系统（SIS）　安全仪表系统（SIS）由传感器、逻辑控制器及终端元件组成，包括紧急停车（ESD）、火/气保护系统（F&G）、安全联锁系统（SIS）、高压保护系统（HIPS）等。安全仪表系统独立于过程控制系统（例如分散控制系统等），生产正常时处于休眠或静止状态，一旦生产装置或设施出现可能导致安全事故的情况，能够瞬间准确动作，使生产过程安全停止运行或自动导入预定的安全状态。根据安全仪表功能失效产生的后果及风险，将安全仪表功能划分为不同的安全完整性等级（SIL1～4，最高为 4 级）。不同等级安全仪表回路在设计、制造、安装调试和操作维护方面技术要求不同。

涉及国家安全生产监督管理总局公布的 18 种危险化工工艺的企业，应按《电气＼电子＼可编程电子安全相关系统的功能安全》（GB/T 20438）和《过程工业领域安全仪表系统的功能安全》（GB/T 21109）设置安全仪表系统（SIS）。同时，在全面开展过程危险分析（如危险与可操作性分析）基础上，通过风险分析确定安全仪表功能及其风险降低要求，并评估现有安全仪表功能是否满足风险降低要求。

② 功能安全管理体系　一级企业建立了安全仪表系统功能安全管理体系，包括技术体系和管理体系。

a. 根据安全仪表功能的功能性和完整性要求，编制安全仪表系统安全要求技术文件。

b. 按照安全仪表系统安全要求技术文件设计与实现安全仪表功能。通过仪表设备合理选择、结构约束（冗余容错）、检验测试周期以及诊断技术等手段，确保实现风险降低要求。

c. 制定完善的安装调试与联合确认计划并保证有效实施，记录调试（单台仪表调试与回路调试）、确认的过程和结果，建立管理档案。

d. 编制安全仪表系统操作维护计划和规程，保证安全仪表系统能够可靠执行所有安全仪表功能，实现功能安全。

e. 制定和完善安全仪表系统相关管理制度或企业内部技术规范，把功能安全管理融入企业安全管理体系，不断提升过程安全管理水平。

（4）一级企业涉及危险化工工艺和重点监管危险化学品的化工生产装置进行过危险与可操作性分析（HAZOP），并定期应用先进的工艺（过程）安全分析技术开展工艺（过程）安全分析

① 涉及危险化工工艺和重点监管危险化学品的化工生产装置全面进行过危险与可操作

性分析（HAZOP），HAZOP 分析可以在装置设计阶段，也可以在装置运行阶段；

② 涉及危险化工工艺和重点监管危险化学品的化工生产装置如果进行了改扩建，也要进行 HAZOP 分析；

③ 通过 HAZOP 分析，查找工艺、装置的安全措施缺陷，消除隐患；

④ 除 HAZOP 分析外，还应定期应用先进的工艺（过程）安全分析技术开展工艺（过程）安全分析，以确保装置长周期安全有效运行；

⑤ 编制安全分析（评价）报告。

（5）一级企业开展生产安全事故指标对标分析

① 一级企业要对生产安全事故指标进行统计分析；

② 定期与国际同行业先进公司生产安全事故指标进行对标分析；

③ 根据对标分析结果，提出提高安全生产水平的措施。

事故指标体系包括五大绝对指标和四大相对指标。

事故绝对指标（事故元素）指事故次数、死亡人数、重轻伤人数、损失工日数、经济损失（量）——包括直接经济损失和间接经济损失。

事故相对指标是表示事故伤亡、损失等情况的有关数值与基准总量的比例。国际劳工组织 ILO 主持召开的第六次国际劳动统计会议上通过了统一的指标，即伤亡事故频率和伤亡事故严重率。

在理论上，事故相对指标具有如下相对模式：

人/人模式：伤亡人数相对人员（职工）数，如千人（万人）死亡（重伤、轻伤）率等。

人/产值模式：伤亡人数相对生产产值（GDP），如亿元 GDP（产值）死亡（重伤、轻伤）率等。

人/产量模式：伤亡人数相对生产产量，如矿业百万吨（煤、矿石）、道路交通万车、航运万艘（船）死亡（重伤、轻伤）率等。

损失日/人模式：事故损失工日相对人员、劳动投入量（工日），如百万工日（时）伤害频率、人均损失工日等。

经济损失/人模式：事故经济损失相对人员（职工）数，如万人损失率、人均损失等。

经济损失/产值模式：事故经济损失相对生产产值（GDP），如亿元 GDP（产值）损失率等。

经济损失/产量模式：事故经济损失相对生产产量，如矿业百万吨（煤、矿石）、道路交通万车（万时）损失率等。

3.3.2　二级企业必要条件解读

（1）二级企业应初步形成安全文化体系

企业应按照《评审标准》及《企业安全文化建设导则》（AQ/T 9004—2008）开展安全文化建设，初步形成安全文化体系。

① 制定和落实建设方案　制定了安全文化建设计划或方案，明确了安全文化建设的目标、内容、措施、责任部门和责任人，并按计划或方案全面实施。

② 初步形成安全文化体系

a. 建立了领导机制，明确安全文化建设的领导职能；

b. 确定了负责推动安全文化建设的组织机构与人员，落实其职能；

c. 保证必需的资源投入；

d. 形成了适用的安全文化信息传播系统。

（2）二级企业建立了健全的安全生产责任制和安全生产规章制度体系，并能够持续改进

① 按照《评审标准》要求，建立了健全的安全生产责任制和安全生产规章制度，且内容符合国家法律、法规和标准的要求；

② 明确了安全生产责任制和安全生产规章制度的管理部门及其职责；

③ 定期检查安全生产责任制和安全生产规章制度的落实情况，检查结果与经济责任制挂钩；

④ 定期评审和修订安全生产责任制和安全生产规章制度，持续改进，更具有可操作性。

（3）二级企业符合本要素（隐患排查与治理）要求，不得失分，不存在重大隐患

① 建立了隐患排查与治理管理制度，明确了隐患排查的职责、内容、方法及工作程序；

② 按要求进行了隐患排查与治理；

③ 建立了完善的隐患治理台账；

④ 建立了完善的重大隐患项目档案，重大隐患做到"五到位"

⑤ 企业不存在重大隐患；

⑥ 评审不得失分。

（4）二级企业应符合本要素（重大危险源）要求，不得失分

① 建立了完善的重大危险源管理制度；

② 重大危险源管理应符合《评审标准》3.5 要素的要求；

③ 管理内容包括：重大危险源的辨识，重大危险源档案的建立，重大危险源安全监控报警系统的设置，重大危险源安全评估，重大危险源设备设施的定期检查检验，重大危险源应急预案的管理，重大危险源的备案，重大危险源的防护距离等；

④ 评审时不得失分。

（5）二级企业化工生产装置设置自动化控制系统，涉及危险化工工艺和重点监管危险化学品的化工生产装置根据风险状况设置了安全联锁或紧急停车系统等

① 化工生产装置设置了 DCS、PLC 等自动化控制系统；

② 涉及危险化工工艺和重点监管危险化学品的化工生产装置设置了安全联锁（SIS）或紧急停车系统（ESD）等。

（6）二级企业动火作业、进入受限空间作业及吊装作业管理制度、作业票证及作业现场评审不失分

危险化学品企业这三种作业为风险较高的危险性作业，如果管理不到位，容易发生火灾、爆炸、中毒等恶性事故，后果严重，影响范围大。企业应做到管理制度合规，票证管理到位，作业现场规范，作业行为达标，每个环节都不得失分。

① 建立健全动火作业、进入受限空间作业及吊装作业管理制度，实行作业许可管理；管理制度的内容应满足《评审标准》、国家法律法规及标准的规定；管理制度应按规定及时修订完善。

② 作业票证按程序审批；进行风险分析；审批人至现场核实并签字；其他栏目正确填写；票证存档。

③ 从事动火作业、进入受限空间作业及吊装作业应经过审批；现场作业时，作业人员

应持经过审批许可的相应作业许可证；作业现场配备相应的安全防护用品（具）及消防设施与器材；配备具备相应知识和能力的监护人员；作业环境整洁。

④ 作业活动的负责人应严格按照规定要求科学指挥；作业人员应严格执行操作规程，不违章作业，不违反工作纪律。

（7）二级企业已建立完善的作业场所职业危害控制管理制度与检测制度并有效实施，作业场所职业危害得到有效控制

① 建立了完善的作业场所职业危害控制管理制度与检测制度；

② 作业场所职业危害控制管理制度与检测制度有效实施，按规定定期进行检测，记录完整；

③ 作业场所职业危害得到有效控制，符合 GBZ 1《工业企业设计卫生标准》、GBZ 2.1《工作场所有害因素职业接触限值 化学因素》、GBZ0 2.2《工作场所有害因素职业接触限值 物理因素》。

（8）二级企业已把承包商事故纳入本企业事故管理

① 建立了事故管理制度，明确了将承包商事故纳入企业事故管理的规定；

② 建立了承包商事故管理台账和档案；

③ 严格执行事故管理制度，落实"四不放过"原则。

第4章

危险化学品安全生产标准化评审程序

根据《企业安全生产标准化评审工作管理办法（试行）》（安监总办〔2014〕49 号）的规定，企业安全标准化建设以企业自主创建为主，程序包括自评、申请、评审、公告、颁发证书和牌匾。评审程序见图 4-1。

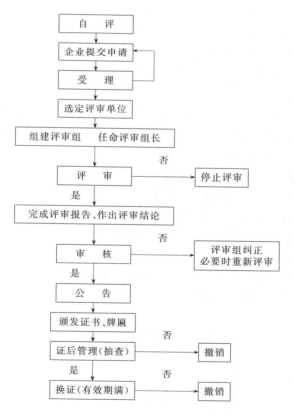

图 4-1　危险化学品从业单位安全标准化评审程序

4.1　自评

企业应成立由其主要负责人任组长的自评工作组，对照相应评定标准开展自评，形成自评报告。

4.2 申请

申请取得安全标准化等级证书的企业，应满足相应等级前置条件的要求。在上报自评报告的同时，向相应的评审组织单位提出评审申请。

4.3 评审

危险化学品企业安全标准化现场评审工作按照准备评审、实施评审、完成评审的程序进行。

（1）准备评审

评审单位接到评审任务后，应指定评审组长，组建评审组。

评审组长应持有"危险化学品从业单位安全生产标准化评审人员培训合格证书"，且具有较高的组织、协调能力。

评审组应由至少 2 名持有"危险化学品从业单位安全生产标准化评审人员培训合格证书"的专/兼职评审人员组成。当评审人员专业不能满足评审工作要求时，可聘请技术专家提供技术支撑。技术专家不得独立承担评审任务。

评审组长应与受评审单位建立联系，确定评审时间、评审安排等。

评审组长应编制评审计划，明确各成员的评审任务。

评审计划内容应覆盖受评审单位适用的所有要素、活动、场所（部门），文件评审时间应不超过整个评审时间的 1/3。

评审单位应在评审前至少 2d 将评审计划提交给受评审单位，并得到认可。

评审组成员应严格按照评审计划开展评审工作，不得擅自变更评审计划。经评审组长与受评审企业协商后，可变更评审计划。

（2）实施评审

实施评审按照见面会、获取证据、内部会议、沟通、末次会议程序进行。

① 见面会　评审组长应组织召开并主持见面会。评审组及企业主要人员参加，并签到。见面会时间应控制在半小时内，按照以下程序进行：

a. 双方分别介绍主要与会人员；

b. 评审组长明确评审的目的、范围、准则和采取的方法，介绍评审计划以及相关的其他安排，征求企业对评审计划与安排的意见；

c. 明确陪同人员；

d. 企业简要介绍企业的基本情况、安全管理现状等；

e. 企业领导讲话；

f. 上级领导、地方安全监管部门领导讲话；

g. 确认沟通汇报的方式、时间、地点；

h. 确认末次会议的时间、地点、人员等；

i. 会议结束。

② 获取证据　评审组各成员应严格按照评审计划及评审标准进行评审，获取客观证据，清晰记录。否决项和扣分项应有明确的支持证据，并给出扣分依据。

③ 内部会议　评审组应每天召开内部会议，评定进展情况，讨论评审信息。当评审计划全面完成后，评审组应进行汇总，形成评审初步结果。

④ 沟通　评审组应将形成的评审初步结果与受评审单位进行沟通，得到其确认，形成评审结果和结论。

⑤ 末次会议　评审组长应组织召开并主持末次会议。评审组及企业有关人员参加末次会议，并签到。

末次会议时间应控制在半小时内，按照以下程序进行：

a. 对本次评审中发现的企业亮点作简要概括和肯定；

b. 通报本次评审发现的问题，提出问题纠正措施要求；

c. 说明在评审过程中遇到的可能降低评审结论可信程度的情况，澄清有关疑问；

d. 宣布评审结果和结论；

e. 企业领导讲话，就评审组提出的问题表明态度；

f. 上级领导、地方安全监管部门领导讲话；

g. 末次会议结束。

评审组应将《否决项与扣分项清单》（见表 4-1）经评审组长签字后现场提交受评审企业盖章确认，并由受评审企业分别报当地安全监管部门。

表 4-1　否决项与扣分项清单

受评审单位：_____

评审组长（签字）：_____　评审得分：_____　日期：_____

A 级要素	B 级要素	否决项、扣分项描述	整改措施要求	扣分
1. 法律、法规和标准	1.1 法律、法规和标准的识别和获取			
	1.2 法律、法规和标准符合性评价			
2. 机构和职责	2.1 方针目标			
	2.2 负责人			
	2.3 职责			
	2.4 组织机构			
	2.5 安全生产投入			
3. 风险管理	3.1 范围与评价方法			
	3.2 风险评价			
	3.3 风险控制			
	3.4 隐患排查与治理			
	3.5 重大危险源			
	3.6 变更			
	3.7 风险信息更新			
	3.8 供应商			
4. 管理制度	4.1 安全生产规章制度			
	4.2 操作规程			
	4.3 修订			
5. 培训教育	5.1 培训教育管理			
	5.2 从业人员岗位标准			
	5.3 管理人员培训			
	5.4 从业人员培训教育			
	5.5 其他人员培训教育			
	5.6 日常安全教育			
6. 生产设施及工艺安全	6.1 生产设施建设			
	6.2 安全设施			
	6.3 特种设备			
	6.4 工艺安全			
	6.5 关键装置及重点部位			
	6.6 检维修			
	6.7 拆除和报废			

续表

A 级要素	B 级要素	否决项、扣分项描述	整改措施要求	扣分
7. 作业安全	7.1 作业许可			
	7.2 警示标志			
	7.3 作业环节			
	7.4 承包商			
8. 职业健康	8.1 职业危害项目申报			
	8.2 作业场所职业危害管理			
	8.3 劳动防护用品			
9. 危险化学品管理	9.1 危险化学品档案			
	9.2 化学品分类			
	9.3 化学品安全技术说明书和安全标签			
	9.4 化学品事故应急咨询服务电话			
	9.5 危险化学品登记			
	9.6 危害告知			
	9.7 储存和运输			
10. 事故与应急	10.1 应急指挥与救援系统			
	10.2 应急救援设施			
	10.3 应急救援预案与演练			
	10.4 抢险与救护			
	10.5 事故报告			
	10.6 事故调查			
11. 检查与自评	11.1 安全检查			
	11.2 安全检查形式与内容			
	11.3 整改			
	11.4 自评			
12. 本地区的要求				

（3）完成评审

评审组长应在实施评审结束后 1 周内编制完成评审报告。

评审报告经评审单位负责人审核批准后，应在 10 个工作日内，1 份提交给受评审企业，1 份提交给评审组织单位。

评审单位应将评审计划、会议签到表、评审记录、否决项与扣分项清单、评审报告等资料存档，并至少保存 3 年。

4.4　公告

评审组织单位接到评审单位提交的评审报告后应当及时进行审查，并形成书面报告，报相应的安全监管部门；不符合要求的评审报告，评审组织单位应退回评审单位并说明理由。

相应安全监管部门同意后，对符合要求的企业予以公告；不符合要求的企业，书面通知评审组织单位，并说明理由。

4.5　颁发证书和牌匾

经公告的企业，由相应的评审组织单位颁发相应等级的安全标准化证书和牌匾，有效期为 3 年。

1. 关于推进安全生产领域改革发展的意见

（国务院，2016 年 12 月 9 日）

安全生产是关系人民群众生命财产安全的大事，是经济社会协调健康发展的标志，是党和政府对人民利益高度负责的要求。党中央、国务院历来高度重视安全生产工作，党的十八大以来作出一系列重大决策部署，推动全国安全生产工作取得积极进展。同时也要看到，当前我国正处在工业化、城镇化持续推进过程中，生产经营规模不断扩大，传统和新型生产经营方式并存，各类事故隐患和安全风险交织叠加，安全生产基础薄弱、监管体制机制和法律制度不完善、企业主体责任落实不力等问题依然突出，生产安全事故易发多发，尤其是重特大安全事故频发势头尚未得到有效遏制，一些事故发生呈现由高危行业领域向其他行业领域蔓延趋势，直接危及生产安全和公共安全。为进一步加强安全生产工作，现就推进安全生产领域改革发展提出如下意见。

一、总体要求

（一）指导思想。全面贯彻党的十八大和十八届三中、四中、五中、六中全会精神，以邓小平理论、"三个代表"重要思想、科学发展观为指导，深入贯彻习近平总书记系列重要讲话精神和治国理政新理念新思想新战略，进一步增强"四个意识"，紧紧围绕统筹推进"五位一体"总体布局和协调推进"四个全面"战略布局，牢固树立新发展理念，坚持安全发展，坚守发展决不能以牺牲安全为代价这条不可逾越的红线，以防范遏制重特大生产安全事故为重点，坚持安全第一、预防为主、综合治理的方针，加强领导、改革创新，协调联动、齐抓共管，着力强化企业安全生产主体责任，着力堵塞监督管理漏洞，着力解决不遵守法律法规的问题，依靠严密的责任体系、严格的法治措施、有效的体制机制、有力的基础保障和完善的系统治理，切实增强安全防范治理能力，大力提升我国安全生产整体水平，确保人民群众安康幸福、共享改革发展和社会文明进步成果。

（二）基本原则

——坚持安全发展。贯彻以人民为中心的发展思想，始终把人的生命安全放在首位，正确处理安全与发展的关系，大力实施安全发展战略，为经济社会发展提供强有力的安全保障。

——坚持改革创新。不断推进安全生产理论创新、制度创新、体制机制创新、科技创新和文化创新，增强企业内生动力，激发全社会创新活力，破解安全生产难题，推动安全生产与经济社会协调发展。

——坚持依法监管。大力弘扬社会主义法治精神，运用法治思维和法治方式，深化安全生产监管执法体制改革，完善安全生产法律法规和标准体系，严格规范公正文明执法，增强监管执法效能，提高安全生产法治化水平。

——坚持源头防范。严格安全生产市场准入，经济社会发展要以安全为前提，把安全生产贯穿城乡规划布局、设计、建设、管理和企业生产经营活动全过程。构建风险分级管控和隐患排查治理双重预防工作机制，严防风险演变、隐患升级导致生产安全事故发生。

——坚持系统治理。严密层级治理和行业治理、政府治理、社会治理相结合的安全生产治理体系，组织动员各方面力量实施社会共治。综合运用法律、行政、经济、市场等手段，落实人防、技防、物防措施，提升全社会安全生产治理能力。

（三）目标任务。到 2020 年，安全生产监管体制机制基本成熟，法律制度基本完善，全国生产安全事故总量明显减少，职业病危害防治取得积极进展，重特大生产安全事故频发势头得到有效遏制，安全生产整体水平与全面建成小康社会目标相适应。到2030年，实现安全生产治理体系和治理能力现代化，全民安全文明素质全面提升，安全生产保障能力显著增强，为实现中华民族伟大复兴的中国梦奠定稳固可靠的安全生产基础。

二、健全落实安全生产责任制

（四）明确地方党委和政府领导责任。坚持党政同责、一岗双责、齐抓共管、失职追责，完善安全生产责任体系。地方各级党委和政府要始终把安全生产摆在重要位置，加强组织领导。党政主要负责人是本地区安全生产第一责任人，班子其他成员对分管范围内的安全生产工作负领导责任。地方各级安全生产委员会主任由政府主要负责人担任，成员由同级党委和政府及相关部门负责人组成。

地方各级党委要认真贯彻执行党的安全生产方针，在统揽本地区经济社会发展全局中同步推进安全生产工作，定期研究决定安全生产重大问题。加强安全生产监管机构领导班子、干部队伍建设。严格安全生产履职绩效考核和失职责任追究。强化安全生产宣传教育和舆论引导。发挥人大对安全生产工作的监督促进作用、政协对安全生产工作的民主监督作用。推动组织、宣传、政法、机构编制等单位支持保障安全生产工作。动员社会各界积极参与、支持、监督安全生产工作。

地方各级政府要把安全生产纳入经济社会发展总体规划，制定实施安全生产专项规划，健全安全投入保障制度。及时研究部署安全生产工作，严格落实属地监管责任。充分发挥安全生产委员会作用，实施安全生产责任目标管理。建立安全生产巡查制度，督促各部门和下级政府履职尽责。加强安全生产监管执法能力建设，推进安全科技创新，提升信息化管理水平。严格安全准入标准，指导管控安全风险，督促整治重大隐患，强化源头治理。加强应急管理，完善安全生产应急救援体系。依法依规开展事故调查处理，督促落实问题整改。

（五）明确部门监管责任。按照管行业必须管安全、管业务必须管安全、管生产经营必须管安全和谁主管谁负责的原则，厘清安全生产综合监管与行业监管的关系，明确各有关部门安全生产和职业健康工作职责，并落实到部门工作职责规定中。安全生产监督管理部门负责安全生产法规标准和政策规划制定修订、执法监督、事故调查处理、应急救援管理、统计分析、宣传教育培训等综合性工作，承担职责范围内行业领域安全生产和职业健康监管执法职责。负有安全生产监督管理职责的有关部门依法依规履行相关行业领域安全生产和职业健康监管职责，强化监管执法，严厉查处违法违规行为。其他行业领域主管部门负有安全生产管理责任，要将安全生产工作作为行业领域管理的重要内容，从行业规划、产业政策、法规标准、行政许可等方面加强行业安全生产工作，指导督促企事业单位加强安全管理。党委和政府其他有关部门要在职责范围内为安全生产工作提供支持保障，共同推进安全发展。

（六）严格落实企业主体责任。企业对本单位安全生产和职业健康工作负全面责任，要严格履行安全生产法定责任，建立健全自我约束、持续改进的内生机制。企业实行全员安全生产责任制度，法定代表人和实际控制人同为安全生产第一责任人，主要技术负责人负有安全生产技术决策和指挥权，强化部门安全生产职责，落实一岗双责。完善落实混合所有制企业以及跨地区、多层级和境外中资企业投资主体的安全生产责任。建立企业全过程安全生产和职业健康管理制度，做到安全责任、管理、投入、培训和应急救援"五到位"。国有企业要发挥安全生产工作示范带头作用，自觉接受属地监管。

（七）健全责任考核机制。建立与全面建成小康社会相适应和体现安全发展水平的考核评价体系。完善考核制度，统筹整合、科学设定安全生产考核指标，加大安全生产在社会治安综合治理、精神文明建设等考核中的权重。各级政府要对同级安全生产委员会成员单位和下级政府实施严格的安全生产工作责任考核，实行过程考核与结果考核相结合。各地区各单位要建立安全生产绩效与履职评定、职务晋升、奖励惩处挂钩制度，严格落实安全生产"一票否决"制度。

（八）严格责任追究制度。实行党政领导干部任期安全生产责任制，日常工作依责尽职、发生事故依责追究。依法依规制定各有关部门安全生产权力和责任清单，尽职照单免责、失职照单问责。建立企业生产经营全过程安全责任追溯制度。严肃查处安全生产领域项目审批、行政许可、监管执法中的失职渎职和权钱交易等腐败行为。严格事故直报制度，对瞒报、谎报、漏报、迟报事故的单位和个人依法依规追责。对被追究刑事责任的生产经营者依法实施相应的职业禁入，对事故发生负有重大责任的社会服务机构和人员依法严肃追究法律责任，并依法实施相应的行业禁入。

三、改革安全监管监察体制

（九）完善监督管理体制。加强各级安全生产委员会组织领导，充分发挥其统筹协调作用，切实解决突出矛盾和问题。各级安全生产监督管理部门承担本级安全生产委员会日常工作，负责指导协调、监督检查、巡查考核本级政府有关部门和下级政府安全生产工作，履行综合监管职责。负有安全生产监督管理职责的部门，依照有关法律法规和部门职责，健全安全生产监管体制，严格落实监管职责。相关部门按照各自职责建立完善安全生产工作机制，形成齐抓共管格局。坚持管安全生产必须管职业健康，建立安全生产和职业健康一体化监管执法体制。

（十）改革重点行业领域安全监管监察体制。依托国家煤矿安全监察体制，加强非煤矿山安全生产监管监察，优化安全监察机构布局，将国家煤矿安全监察机构负责的安全生产行政许可事项移交给地方政府承担。着重加强危险化学品安全监管体制改革和力量建设，明确和落实危险化学品建设项目立项、规划、设计、施工及生产、储存、使用、销售、运输、废弃处置等环节的法定安全监管责任，建立有力的协调联动机制，消除监管空白。完善海洋石油安全生产监督管理体制机制，实行政企分开。理顺民航、铁路、电力等行业跨区域监管体制，明确行业监管、区域监管与地方监管职责。

（十一）进一步完善地方监管执法体制。地方各级党委和政府要将安全生产监督管理部门作为政府工作部门和行政执法机构，加强安全生产执法队伍建设，强化行政执法职能。统筹加强安全监管力量，重点充实市、县两级安全生产监管执法人员，强化乡镇（街道）安全生产监管力量建设。完善各类开发、工业园区、港区、风景区等功能区安全生产监管体制，明确负责安全生产监督管理的机构，以及港区安全生产地方监管和部门监管责任。

（十二）健全应急救援管理体制。按照政事分开原则，推进安全生产应急救援管理体制改革，强化行政管理职能，提高组织协调能力和现场救援时效。健全省、市、县三级安全生产应急救援管理工作机制，建设联动互通的应急救援指挥平台。依托公安消防、大型企业、工业园区等应急救援力量，加强矿山和危险化学品等应急救援基地和队伍建设，实行区域化应急救援资源共享。

四、大力推进依法治理

（十三）健全法律法规体系。建立健全安全生产法律法规立改废释工作协调机制。加强涉及安全生产相关法规一致性审查，增强安全生产法制建设的系统性、可操作性。制定安全生产中长期立法规划，加快制定修订安全生产法配套法规。加强安全生产和职业健康法律法规衔接融合。研究修改刑法有关条款，将生产经营过程中极易导致重大生产安全事故的违法行为列入刑法调整范围。制定完善高危行业领域安全规程。设区的市根据立法法的立法精神，加强安全生产地方性法规建设，解决区域性安全生产突出问题。

（十四）完善标准体系。加快安全生产标准制定修订和整合，建立以强制性国家标准为主体的安全生产标准体系。鼓励依法成立的社会团体和企业制定更加严格规范的安全生产标准，结合国情积极借鉴实施国际先进标准。国务院安全生产监督管理部门负责生产经营单位职业危害预防治理国家标准制定发布工作；统筹提出安全生产强制性国家标准立项计划，有关部门按照职责分工组织起草、审查、实施和监督执行，国务院标准化行政主管部门负责及时立项、编号、对外通报、批准并发布。

（十五）严格安全准入制度。严格高危行业领域安全准入条件。按照强化监管与便民服务相结合原则，科学设置安全生产行政许可事项和办理程序，优化工作流程，简化办事环节，实施网上公开办理，接受社会监督。对与人民群众生命财产安全直接相关的行政许可事项，依法严格管理。对取消、下放、移交的行政许可事项，要加强事中事后安全监管。

（十六）规范监管执法行为。完善安全生产监管执法制度，明确每个生产经营单位安全生产监督和管理主体，制定实施执法计划，完善执法程序规定，依法严格查处各类违法违规行为。建立行政执法和刑事司法衔接制度，负有安全生产监督管理职责的部门要加强与公安、检察院、法院等协调配合，完善安全生产违法线索通报、案件移送与协查机制。对违法行为当事人拒不执行安全生产行政执法决定的，负有安全生产监督管理职责的部门应依法申请司法机关强制执行。完善司法机关参与事故调查机制，严肃查处违法犯罪行为。研究建立安全生产民事和行政公益诉讼制度。

（十七）完善执法监督机制。各级人大常委会要定期检查安全生产法律法规实施情况，开展专题询问。各级政协要围绕安全生产突出问题开展民主监督和协商调研。建立执法行为审议制度和重大行政执法决策机制，评估执法效果，防止滥用职权。健全领导干部非法干预安全生产监管执法的记录、通报和责任追究制度。完善安全生产执法纠错和执法信息公开制度，加强社会监督和舆论监督，保证执法严明、有错必纠。

（十八）健全监管执法保障体系。制定安全生产监管监察能力建设规划，明确监管执法装备及现场执法和应急救援用车配备标准，加强监管执法技术支撑体系建设，保障监管执法需要。建立完善负有安全生产监督管理职责的部门监管执法经费保障机制，将监管执法经费纳入同级财政全额保障范围。加强监管执法制度化、标准化、信息化建设，确保规范高效监管执法。建立安全生产监管执法人员依法履行法定职责制度，激励保证监管执法人员忠于职守、履职尽责。严格监管执法人员资格管理，制定安全生产监管执法人员录用标准，提高专业监管执法人员比例。建立健全安全生产监管执法人员凡进必考、入职培训、持证上岗和定期轮训制度。统一安全生产执法标志标识和制式服装。

（十九）完善事故调查处理机制。坚持问责与整改并重，充分发挥事故查处对加强和改进安全生产工作的促进作用。完善生产安全事故调查组组长负责制。健全典型事故提级调查、跨地区协同调查和工作督导机制。建立事故调查分析技术支撑体系，所有事故调查报告要设立技术和管理问题专篇，详细分析原因并全文发布，做好解读，回应公众关切。对事故调查发现有漏洞、缺陷的有关法律法规和标准制度，及时启动制定修订工作。建立事故暴露问题整改督办制度，事故结案后一年内，负责事故调查的地方政府和国务院有关部门要组织开展评估，及时向社会公开，对履职不力、整改措施不落实的，依法依规严肃追究有关单位和人员责任。

五、建立安全预防控制体系

（二十）加强安全风险管控。地方各级政府要建立完善安全风险评估与论证机制，科学合理确定企业选址和基础设施建设、居民生活区空间布局。高危项目审批必须把安全生产作为前置条件，城乡规划布局、设计、建设、管理等各项工作必须以安全为前提，实行重大安全风险"一票否决"。加强新材料、新工艺、新业态安全风险评估和管控。紧密结合供给侧结构性改革，推动高危产业转型升级。位置相邻、行业相近、业态相似的地区和行业要建立完善重大安全风险联防联控机制。构建国家、省、市、县四级重大危险源信息管理体系，对重点行业、重点区域、重点企业实行风险预警控制，有效防范重特大生产安全事故。

（二十一）强化企业预防措施。企业要定期开展风险评估和危害辨识。针对高危工艺、设备、物品、场所和岗位，建立分级管控制度，制定落实安全操作规程。树立隐患就是事故的观念，建立健全隐患排查治理制度、重大隐患治理情况向负有安全生产监督管理职责的部门和企业职代会"双报告"制度，实行自查自改自报闭环管理。严格执行安全生产和职业健康"三同时"制度。大力推进企业安全生产标准化建设，实现安全管理、操作行为、设备设施和作业环境的标准化。开展经常性的应急演练和人员避险自救培训，着力提升现场应急处置能力。

（二十二）建立隐患治理监督机制。制定生产安全事故隐患分级和排查治理标准。负有安全生产监督管理职责的部门要建立与企业隐患排查治理系统联网的信息平台，完善线上线下配套监管制度。强化隐患排查治理监督执法，对重大隐患整改不到位的企业依法采取停产停业、停止施工、停止供电和查封扣押等强制措施，按规定给予上限经济处罚，对构成犯罪的要移交司法机关依法追究刑事责任。严格重大隐患挂牌督办制度，对整改和督办不力的纳入政府核查问责范围，实行约谈告诫、公开曝光，情节严重的依法依规追究相关人员责任。

（二十三）强化城市运行安全保障。定期排查区域内安全风险点、危险源，落实管控措施，构建系统性、现代化的城市安全保障体系，推进安全发展示范城市建设。提高基础设施安全配置标准，重点加强对城市高层建筑、大型综合体、隧道桥梁、管线管廊、轨道交通、燃气、电力设施及电梯、游乐设施等的检测维护。完善大型群众性活动安全管理制度，加强人员密集场所安全监管。加强公安、民政、国土资源、住房城乡建设、交通运输、水利、农业、安全监管、气象、地震等相关部门的协调联动，严防自然灾害引发事故。

（二十四）加强重点领域工程治理。深入推进对煤矿瓦斯、水害等重大灾害以及矿山采空区、尾矿库的工程治理。加快实施人口密集区域的危险化学品和化工企业生产、仓储场所安全搬迁工程。深化油气开采、输送、炼化、码头接卸等领域安全整治。实施高速公路、乡村公路和急弯陡坡、临水临崖危险路段公路安全生命防护工程建设。加强高速铁路、跨海大桥、海底隧道、铁路浮桥、航运枢纽、港口等防灾监测、安全检测及防护系统建设。完善长途客运车辆、旅游客车、危险物品运输车辆和船舶生产制造标准，提高安全性能，强制安装智能视频监控报警、防碰撞和整车整船安全运行监管技术装备，对已运行的要加快安全技术装备改造升级。

（二十五）建立完善职业病防治体系。将职业病防治纳入各级政府民生工程及安全生产工作考核体系，制定职业病防治中长期规划，实施职业健康促进计划。加快职业病危害严重企业技术改造、转型升级和淘汰退出，加强高危粉尘、高毒物品等职业病危害源头治理。健全职业健康监管支撑保障体系，加强职业健康技术服务机构、职业病诊断鉴定机构和职业健康体检机构建设，强化职业病危害基础研究、预防控制、诊断鉴定、综合治疗能力。完善相关规定，扩大职业病患者救治范围，将职业病失能人员纳入社会保障范围，对符合条件的职业病患者落实医疗与生活救助措施。加强企业职业健康监管执法，督促落实职业病危害告知、日常监测、定期报告、防护保障和职业健康体检等制度措施，落实职业病防治主体责任。

六、加强安全基础保障能力建设

（二十六）完善安全投入长效机制。加强中央和地方财政安全生产预防及应急相关资金使用管理，加大安全生产与职业健康投入，强化审计监督。加强安全生产经济政策研究，完善安全生产专用设备企业所得税优惠目录。落实企业安全生产费用提取管理使用制度，建立企业增加安全投入的激励约束机制。健全投融资服务体系，引导企业集聚发展灾害防治、预测预警、检测监控、个体防护、应急处置、安全文化等技术、装备和服务产业。

（二十七）建立安全科技支撑体系。优化整合国家科技计划，统筹支持安全生产和职业健康领域科研项目，加强研发基地和博士后科研工作站建设。开展事故预防理论研究和关键技术装备研发，加快成果转化和推广应用。推动工业机器人、智能装备在危险工序和环节广泛应用。提升现代信息技术与安全生产融合度，统一标准规范，加快安全生产信息化建设，构建安全生产与职业健康信息化全国"一张网"。加强安全生产理论和政策研究，运用大数据技术开展安全生产规律性、关联性特征分析，提高安全生产决策科学化水平。

（二十八）健全社会化服务体系。将安全生产专业技术服务纳入现代服务业发展规划，培育多元化服务主体。建立政府购买安全生产服务制度。支持发展安全生产专业化行业组织，强化自治自律。完善注册安全工程师制度。改革完善安全生产和职业健康技术服务机构资质管理办法。支持相关机构开展安全生产和职业健康一体化评价等技术服务，严格实施评价公开制度，进一步激活和规范专业技术服务市场。鼓励中小微企业订单式、协作式购买运用安全生产管理和技术服务。建立安全生产和职业健康技术服务机构公示制度和由第三方实施的信用评定制度，严肃查处租借资质、违法挂靠、弄虚作假、垄断收费等各类违法违规行为。

（二十九）发挥市场机制推动作用。取消安全生产风险抵押金制度，建立健全安全生产责任保险制度，在矿山、危险化学品、烟花爆竹、交通运输、建筑施工、民用爆炸物品、金属冶炼、渔业生产等高危行业领域强制实施，切实发挥保险机构参与风险评估管控和事故预防功能。完善工伤保险制度，加快制定工伤预防费用的提取比例、使用和管理具体办法。积极推进安全生产诚信体系建设，完善企业安全生产不良记录"黑名单"制度，建立失信惩戒和守信激励机制。

（三十）健全安全宣传教育体系。将安全生产监督管理纳入各级党政领导干部培训内容。把安全知识普及纳入国民教育，建立完善中小学安全教育和高危行业职业安全教育体系。把安全生产纳入农民工技能培训内容。严格落实企业安全教育培训制度，切实做到先培训、后上岗。推进安全文化建设，加强警示教育，强化全民安全意识和法治意识。发挥工会、共青团、妇联等群团组织作用，依法维护职工群众的知情权、参与权与监督权。加强安全生产公益宣传和舆论监督。建立安全生产"12350"专线与社会公共管理平台统一接报、分类处置的举报投诉机制。鼓励开展安全生产志愿服务和慈善事业。加强安全生产国际交流合作，学习借鉴国外安全生产与职业健康先进经验。

各地区各部门要加强组织领导，严格实行领导干部安全生产工作责任制，根据本意见提出的任务和要求，结合实际认真研究制定实施办法，抓紧出台推进安全生产领域改革发展的具体政策措施，明确责任分工和时间进度要求，确保各项改革举措和工作要求落实到位。贯彻落实情况要及时向党中央、国务院报告，同时抄送国务院安全生产委员会办公室。中央全面深化改革领导小组办公室将适时牵头组织开展专项监督检查。

2. 关于进一步加强企业安全生产工作的通知

（国务院，国发〔2010〕23 号，2010 年 7 月 19 日）

各省、自治区、直辖市人民政府，国务院各部委、各直属机构：

近年来，全国生产安全事故逐年下降，安全生产状况总体稳定、趋于好转，但形势依然十分严峻，事故总量仍然很大，非法违法生产现象严重，重特大事故多发频发，给人民群众生命财产安全造成重大损失，暴露出一些企业重生产轻安全、安全管理薄弱、主体责任不落实，一些地方和部门安全监管不到位等突出问题。为进一步加强安全生产工作，全面提高企业安全生产水平，现就有关事项通知如下：

一、总体要求

1. 工作要求。深入贯彻落实科学发展观，坚持以人为本，牢固树立安全发展的理念，切实转变经济发展方式，调整产业结构，提高经济发展的质量和效益，把经济发展建立在安全生产有可靠保障的基础上；坚持"安全第一、预防为主、综合治理"的方针，全面加强企业安全管理，健全规章制度，完善安全标准，提高企业技术水平，夯实安全生产基础；坚持依法依规生产经营，切实加强安全监管，强化企业安全生产主体责任落实和责任追究，促进我国安全生产形势实现根本好转。

2. 主要任务。以煤矿、非煤矿山、交通运输、建筑施工、危险化学品、烟花爆竹、民用爆炸物品、冶金等行业（领域）为重点，全面加强企业安全生产工作。要通过更加严格的目标考核和责任追究，采取更加有效的管理手段和政策措施，集中整治非法违法生产行为，坚决遏制重特大事故发生；要尽快建成完善的国家安全生产应急救援体系，在高危行业强制推行一批安全适用的技术装备和防护设施，最大程度减少事故造成的损失；要建立更加完善的技术标准体系，促进企业安全生产技术装备全面达到国家和行业标准，实现我国安全生产技术水平的提高；要进一步调整产业结构，积极推进重点行业的企业重组和矿产资源开发整合，彻底淘汰安全性能低下、危及安全生产的落后产能；以更加有力的政策引导，形成安全生产长效机制。

二、严格企业安全管理

3. 进一步规范企业生产经营行为。企业要健全完善严格的安全生产规章制度，坚持不安全不生产。加强对生产现场监督检查，严格查处违章指挥、违规作业、违反劳动纪律的"三违"行为。凡超能力、超强度、超定员组织生产的，要责令停产停工整顿，并对企业和企业主要负责人依法给予规定上限的经济处罚。对以整合、技改名义违规组织生产，以及规定期限内未实施改造或故意拖延工期的矿井，由地方政府依法予以关闭。要加强对境外中资企业安全生产工作的指导和管理，严格落实境内投资主体和派出企业的安全生产监督责任。

4. 及时排查治理安全隐患。企业要经常性开展安全隐患排查，并切实做到整改措施、责任、资金、时限和预案"五到位"。建立以安全生产专业人员为主导的隐患整改效果评价制度，确保整改到位。对隐患整改不力造成事故的，要依法追究企业和企业相关负责人的责任。对停产整改逾期未完成的不得复产。

5. 强化生产过程管理的领导责任。企业主要负责人和领导班子成员要轮流现场带班。煤矿、非煤矿山要有矿领导带班并与工人同时下井、同时升井，对无企业负责人带班下井或该带班而未带班的，对有关责任人按擅离职守处理，同时给予规定上限的经济处罚。发生事故而没有领导现场带班的，对企业给予规定上限的经济处罚，并依法从重追究企业主要负责人的责任。

6. 强化职工安全培训。企业主要负责人和安全生产管理人员、特殊工种人员一律严格考核，按国家有关规定持职业资格证书上岗；职工必须全部经过培训合格后上岗。企业用工要严格依照劳动合同法与职工签订劳动合同。凡存在不经培训上岗、无证上岗的企业，依法停产整顿。没有对井下作业人员进行安全培训教育，或存在特种作业人员无证上岗的企业，情节严重的要依法予以关闭。

7. 全面开展安全达标。深入开展以岗位达标、专业达标和企业达标为内容的安全生产标准化建设，凡在规定时间内未实现达标的企业要依法暂扣其生产许可证、安全生产许可证，责令停产整顿；对整改逾期未达标的，地方政府要依法予以关闭。

三、建设坚实的技术保障体系

8. 加强企业生产技术管理。强化企业技术管理机构的安全职能，按规定配备安全技术人员，切实落实企业负责人安全生产技术管理负责制，强化企业主要技术负责人技术决策和指挥权。因安全生产技术问题不解决产生重大隐患的，要对企业主要负责人、主要技术负责人和有关人员给予处罚；发生事故的，依法追究责任。

9. 强制推行先进适用的技术装备。煤矿、非煤矿山要制定和实施生产技术装备标准，安装监测监控系统、井下人员定位系统、紧急避险系统、压风自救系统、供水施救系统和通信联络系统等技术装备，并于3年之内完成。逾期未安装的，依法暂扣安全生产许可证、生产许可证。运输危险化学品、烟花爆竹、民用爆炸物品的道路专用车辆，旅游包车和三类以上的班线客车要安装使用具有行驶记录功能的卫星定位装置，于2年之内全部完成；鼓励有条件的渔船安装防撞自动识别系统，在大型尾矿库安装全过程在线监控系统，大型起重机械要安装安全监控管理系统；积极推进信息化建设，努力提高企业安全防护水平。

10. 加快安全生产技术研发。企业在年度财务预算中必须确定必要的安全投入。国家鼓励企业开展安全科技研发，加快安全生产关键技术装备的换代升级。进一步落实《国家中长期科学和技术发展规划纲要（2006—2020年）》等，加大对高危行业安全技术、装备、工艺和产品研发的支持力度，引导高危行业提高机械化、自动化生产水平，合理确定生产一线用工。"十二五"期间要继续组织研发一批提升我国重点行业领域安全生产保障能力的关键技术和装备项目。

四、实施更加有力的监督管理

11. 进一步加大安全监管力度。强化安全生产监管部门对安全生产的综合监管，全面落实公安、交通、国土资源、建设、工商、质检等部门的安全生产监督管理及工业主管部门的安全生产指导职责，形成安全生产综合监管与行业监管指导相结合的工作机制，加强协作，形成合力。在各级政府统一领导下，严厉打击非法违法生产、经营、建设等影响安全生产的行为，安全生产综合监管和行业管理部门要会同司法机关联合执法，以强有力措施查处、取缔非法企业。对重大安全隐患治理实行逐级挂牌督办、公告制度，重大隐患治理由省级安全生产监管部门或行业主管部门挂牌督办，国家相关部门加强督促检查。对拒不执行监管监察指令的企业，要依法依规从重处罚。进一步加强监管力量建设，提高监管人员专业素质和技术装备水平，强化基层站点监管能力，加强对企业安全生产的现场监管和技术指导。

12. 强化企业安全生产属地管理。安全生产监督监察部门、负有安全生产监管职责的有关部门和行业管理部门要按职责分工，对当地企业包括中央、省属企业实行严格的安全生产监督检查和管理，组织对企业安全生产状况进行安全标准化分级考核评价，评价结果向社会公开，并向银行业、证券业、保险业、担保业等主管部门通报，作为企业信用评级的重要参考依据。

13. 加强建设项目安全管理。强化项目安全设施核准审批，加强建设项目的日常安全监管，严格落实审批、监管的责任。企业新建、改建、扩建工程项目的安全设施，要包括安全监控设施和防瓦斯等有害气体、防尘、排水、防火、防爆等设施，并与主体工程同时设计、同时施工、同时投入生产和使用。安全设施与建设项目主体工程未做到同时设计的一律不予审批，未做到同时施工的责令立即停止施工，未同时投入使用的不得颁发安全生产许可证，并视情节追究有关单位负责人的责任。严格落实建设、设计、施工、监理、监管等各方安全责任。对项目建设生产经营单位存在违法分包、转包等行为的，立即依法停工停产整顿，并追究项目业主、承包方等各方责任。

14. 加强社会监督和舆论监督。要充分发挥工会、共青团、妇联组织的作用，依法维护和落实企业职工对安全生产的参与权与监督权，鼓励职工监督举报各类安全隐患，对举报者予以奖励。有关部门和地方要进一步畅通安全生产的社会监督渠道，设立举报箱，公布举报电话，接受人民群众的公开监督。要发挥新闻媒体的舆论监督，对舆论反映的客观问题要深查原因，切实整改。

五、建设更加高效的应急救援体系

15. 加快国家安全生产应急救援基地建设。按行业类型和区域分布，依托大型企业，在中央预算内基建投资支持下，先期抓紧建设7个国家矿山应急救援队，配备性能可靠、机动性强的装备和设备，保障必要的运行维护费用。推进公路交通、铁路运输、水上搜救、船舶溢油、油气田、危险化学品等行业（领域）国家救援基地和队伍建设。鼓励和支持各地区、各部门、各行业依托大型企业和专业救援力量，加强服务周边的区域性应急救援能力建设。

16. 建立完善企业安全生产预警机制。企业要建立完善安全生产动态监控及预警预报体系，每月进行一次安全生产风险分析。发现事故征兆要立即发布预警信息，落实预防和应急处置措施。对重大危险源和重大隐患要报当地安全生产监管监察部门、负有安全生产监管职责的有关部门和行业管理部门备案。涉及国家秘密的，按有关规定执行。

17. 完善企业应急预案。企业应急预案要与当地政府应急预案保持衔接，并定期进行演练。赋予企业生产现场带班人员、班组长和调度人员在遇到险情时第一时间下达停产撤人命令的直接决策权和指挥权。因撤离不及时导致人身伤亡事故的，要从重追究相关人员的法律责任。

六、严格行业安全准入

18. 加快完善安全生产技术标准。各行业管理部门和负有安全生产监管职责的有关部门要根据行业技术进步和产业升级的要求，加快制定修订生产、安全技术标准，制定和实施高危行业从业人员资格标准。对实施许可证管理制度的危险性作业要制定落实专项安全技术作业规程和岗位安全操作规程。

19. 严格安全生产准入前置条件。把符合安全生产标准作为高危行业企业准入的前置条件，实行严格的安全标准核准制度。矿山建设项目和用于生产、储存危险物品的建设项目，应当分别按照国家有关规定进行安全条件论证和安全评价，严把安全生产准入关。凡不符合安全生产条件违规建设的，要立即停止建设，情节严重的由本级人民政府或主管部门实施关闭取缔。降低标准造成隐患的，要追究相关人员和负责人的责任。

20. 发挥安全生产专业服务机构的作用。依托科研院所，结合事业单位改制，推动安全生产评价、技术支持、安全培训、技术改造等服务性机构的规范发展。制定完善安全生产专业服务机构管理办法，保证专业服务机构从业行为的专业性、独立性和客观性。专业服务机构对相关评价、鉴定结论承担法律责任，对违法违规、弄虚作假的，要依法依规从严追究相关人员和机构的法律责任，并降低或取消相关资质。

七、加强政策引导

21. 制定促进安全技术装备发展的产业政策。要鼓励和引导企业研发、采用先进适用的安全技术和产品，鼓励安全生产适用技术和新装备、新工艺、新标准的推广应用。把安全检测监控、安全避险、安全保护、个人防护、灾害监控、特种安全设施及应急救援等安全生产专用设备的研发制造，作为安全产业加以培育，纳入国家振兴装备制造业的政策支持范畴。大力发展安全装备融资租赁业务，促进高危行业企业加快提升安全装备水平。

22. 加大安全专项投入。切实做好尾矿库治理、扶持煤矿安全技改建设、瓦斯防治和小煤矿整顿关闭等各类中央资金的安排使用，落实地方和企业配套资金。加强对高危行业企业安全生产费用提取和使用管理的监督检查，进一步完善高危行业企业安全生产费用财务管理制度，研究提高安全生产费用提取下限标准，适当扩大适用范围。依法加强道路交通事故社会救助基金制度建设，加快建立完善水上搜救奖励与补偿机制。高危行业企业探索实行全员安全风险抵押金制度。完善落实工伤保险制度，积极稳妥推行安全生产责任保险制度。

23. 提高工伤事故死亡职工一次性赔偿标准。从 2011 年 1 月 1 日起，依照《工伤保险条例》的规定，对因生产安全事故造成的职工死亡，其一次性工亡补助金标准调整为按全国上一年度城镇居民人均可支配收入的 20 倍计算，发放给工亡职工近亲属。同时，依法确保工亡职工一次性丧葬补助金、供养亲属抚恤金的发放。

24. 鼓励扩大专业技术和技能人才培养。进一步落实完善校企合作办学、对口单招、订单式培养等政策，鼓励高等院校、职业学校逐年扩大采矿、机电、地质、通风、安全等相关专业人才的招生培养规模，加快培养高危行业专业人才和生产一线急需技能型人才。

八、更加注重经济发展方式转变

25. 制定落实安全生产规划。各地区、各有关部门要把安全生产纳入经济社会发展的总体布局，在制定国家、地区发展规划时，要同步明确安全生产目标和专项规划。企业要把安全生产工作的各项要求落实在企业发展和日常工作之中，在制定企业发展规划和年度生产经营计划中要突出安全生产，确保安全投入和各项安全措施到位。

26. 强制淘汰落后技术产品。不符合有关安全标准、安全性能低下、职业危害严重、危及安全生产的落后技术、工艺和装备要列入国家产业结构调整指导目录，予以强制性淘汰。各省级人民政府也要制订本地区相应的目录和措施，支持有效消除重大安全隐患的技术改造和搬迁项目，遏制安全水平低、保障能力差的项目建设和延续。对存在落后技术装备、构成重大安全隐患的企业，要予以公布，责令限期整改，逾期未整改的依法予以关闭。

27. 加快产业重组步伐。要充分发挥产业政策导向和市场机制的作用，加大对相关高危行业企业重组力度，进一步整合或淘汰浪费资源、安全保障低的落后产能，提高安全基础保障能力。

九、实行更加严格的考核和责任追究

28. 严格落实安全目标考核。对各地区、各有关部门和企业完成年度生产安全事故控制指标情况进行严格考核，并建立激励约束机制。加大重特大事故的考核权重，发生特别重大生产安全事故的，要根据情节轻重，追究地市级分管领导或主要领导的责任；后果特别严重、影响特别恶劣的，要按规定追究省部级相关领导的责任。加强安全生产基础工作考核，加快推进安全生产长效机制建设，坚决遏制重特大事故的发生。

29. 加大对事故企业负责人的责任追究力度。企业发生重大生产安全责任事故，追究事故企业主要负责人责任；触犯法律的，依法追究事故企业主要负责人或企业实际控制人的法律责任。发生特别重大事故，除追究企业主要负责人和实际控制人责任外，还要追究上级企业主要负责人的责任；触犯法律的，依法追究企业主要负责人、企业实际控制人和上级企业负责人的法律责任。对重大、特别重大生产安全责任事故负有主要责任的企业，其主要负责人终身不得担任本行业企业的矿长（厂长、经理）。对非法违法生产造成人员伤亡的，以及瞒报事故、事故后逃逸等情节特别恶劣的，要依法从重处罚。

30. 加大对事故企业的处罚力度。对于发生重大、特别重大生产安全责任事故或一年内发生 2 次以上较大生产安全责任事故并负主要责任的企业，以及存在重大隐患整改不力的企业，由省级及以上安全监管监察部门会同有关行业主管部门向社会公告，并向投资、国土资源、建设、银行、证券等主管部门通报，一年内严格限制新增的项目核准、用地审批、证券融资等，并作为银行贷款等的重要参考依据。

31. 对打击非法生产不力的地方实行严格的责任追究。在所辖区域对群众举报、上级督办、日常检查发现的非法生产企业（单位）没有采取有效措施予以查处，致使非法生产企业（单位）存在的，对县（市、区）、乡（镇）人民政府主要领导以及相关责任人，根据情节轻重，给予降级、撤职或者开除的行政处分，涉嫌犯罪的，依法追究刑事责任。国家另有规定的，从其规定。

32. 建立事故查处督办制度。依法严格事故查处，对事故查处实行地方各级安全生产委员会层层挂牌督办，重大事故查处实行国务院安全生产委员会挂牌督办。事故查处结案后，要及时予以公告，接受社会监督。

各地区、各部门和各有关单位要做好对加强企业安全生产工作的组织实施，制订部署本地区本行业贯彻落实本通知要求的具体措施，加强监督检查和指导，及时研究、协调解决贯彻实施中出现的突出问题。国务院安全生产委员会办公室和国务院有关部门要加强工作督查，及时掌握各地区、各部门和本行业（领域）工作进展情况，确保各项规定、措施执行落实到位。省级人民政府和国务院有关部门要将加强企业安全生产工作情况及时报送国务院安全生产委员会办公室。

3. 关于印发危险化学品安全综合治理方案的通知

（国务院办公厅，国办发〔2016〕88 号，2016 年 11 月 29 日）

危险化学品安全综合治理方案

为认真贯彻落实党中央、国务院关于加强安全生产工作的一系列重要决策部署，深刻吸取 2015 年天津港 "8·12" 瑞海公司危险品仓库特别重大火灾爆炸事故教训，巩固近年来开展的提升危险化学品本质安全水平的专项行动和专项整治成果，全面加强危险化学品安全综合治理，有效防范遏制危险化学品重特大事故，确保人民群众生命财产安全，制定本方案。

一、指导思想

全面贯彻党的十八大和十八届三中、四中、五中、六中全会精神，认真落实习近平总书记、李克强总理等党中央、国务院领导同志关于安全生产工作的重要指示批示要求，严格执行安全生产有关法律法规，牢固树立安全发展理念，坚持人民利益至上，坚守安全红线，坚持标本兼治，注重远近结合，深化改革创新，健全体制机制，强化法治，明晰责任，严格监管，落实 "党政同责、一岗双责、齐抓共管、失职追责" 及 "管行业必须管安全、管业务必须管安全、管生产经营必须管安全" 的要求，全面加强危险化学品安全管理工作，促进危险化学品安全生产形势持续稳定好转。

二、工作目标

企业安全生产主体责任得到有效落实。涉及危险化学品的各行业安全风险和重大危险源进一步摸清并得到重点管控，人口密集区危险化学品企业搬迁工程全面启动实施，危险化学品信息共享机制初步建立，油气输送管道安全隐患整治攻坚战成果得到巩固。危险化学品安全监管体制进一步理顺、机制进一步完善、法制进一步健全。危险化学品安全生产基础进一步夯实，应急救援能力得到大幅提高，安全保障水平进一步提升，危险化学品重特大事故得到有效遏制。

三、组织领导

危险化学品安全综合治理工作由国务院安全生产委员会（以下简称国务院安委会）组织领导。国务院安委会视情召开危险化学品安全综合治理专题会议，研究部署推动各项工作落实。各有关部门按职责分工做好相关行业领域危险化学品安全综合治理工作。各省、自治区、直辖市人民政府负责组织开展好本行政区域内危险化学品安全综合治理工作。

四、时间进度和工作安排

2016 年 12 月开始至 2019 年 11 月结束，分三个阶段进行。

（一）部署阶段（2016 年 12 月）。各地区、各有关部门要按照总体要求，制定具体实施方案，明确职责，细化措施；要认真开展危险化学品安全综合治理动员部署，进行广泛宣传，营造良好氛围。

（二）整治阶段（2017 年 1 月至 2018 年 3 月开展深入整治，并取得阶段性成果；2018 年 4 月至 2019 年 10 月深化提升）。各地区、各有关部门要精心组织，认真实施，定期开展督导检查，及时解决危险化学品安全综合治理过程中发现的问题，确保各项工作按期完成。

（三）总结阶段（2019 年 11 月）。各地区、各有关部门要认真总结经验成果，形成总结报告并报送国务院安委会办公室，由国务院安委会办公室汇总后报国务院安委会。

五、治理内容、工作措施及分工

（一）全面摸排危险化学品安全风险。

1. 全面摸排风险。公布涉及危险化学品安全风险的行业品种目录，认真组织摸排各行业领域危险化学品安全风险，重点摸排危险化学品生产、储存、使用、经营、运输和废弃处置以及涉及危险化学品的物流园区、港口、码头、机场和城镇燃气的使用等各环节、各领域的安全风险，建立危险化学品安全风险分布档案。（各有关部门按职责分工负责，2018 年 3 月底前完成）

2. 重点排查重大危险源。认真组织开展危险化学品重大危险源排查，建立危险化学品重大危险源数据库。（各有关部门按职责分工负责，2018 年 3 月底前完成）

（二）有效防范遏制危险化学品重特大事故。

3. 加强高危化学品管控。研究制定高危化学品目录。加强硝酸铵、硝化棉、氰化钠等高危化学品生产、储存、使用、经营、运输和废弃处置全过程管控。（安全监管总局牵头，工业和信息化部、公安部、交通运输部、国家国防科工局等按职责分工负责，2018 年 3 月底前完成）

4. 加强危险化学品重大危险源管控。督促有关企业、单位落实安全生产主体责任，完善监测监控设备设施，对重大危险源实施重点管控。督促落实属地监管责任，建立安全监管部门与各行业主管部门之间危险化学品重大危险源信息共享机制。（各有关部门按职责分工负责，持续推进）

5. 加强化工园区和涉及危险化学品重大风险功能区及危险化学品罐区的风险管控。部署开展化工园区（含化工相对集中区）和涉及危险化学品重大风险功能区区域定量风险评估，科学确定区域风险等级和风险容量，推动利用信息化、智能化手段在化工园区和涉及危险化学品重大风险功能区建立安全、环保、应急救援一体化管理平台，优化区内企业布局，有效控制和降低整体安全风险。加强化工园区和涉及危险化学品重大风险功能区的应急处置基础设施建设，提高事故应急处置能力。全面深入开展危险化学品罐区安全隐患排查整治。（安全监管总局牵头，国家发展改革委、工业和信息化部、公安部、环境保护部、交通运输部、质检总局、国家海洋局等按职责分工负责，2018 年 3 月底前取得阶段性成果，2018 年 4 月至 2019 年 10 月深化提升）

6. 全面启动实施人口密集区危险化学品生产企业搬迁工程。进一步摸清全国城市人口密集区危险化学品生产企业底数，通过定量风险评估，确定分批关闭、转产和搬迁企业名单。制定城区企业关停并转、退城入园的综合性支持政策，通过专项建设基金等给予支持，充分调动企业和地方政府的积极性和主动性，加快推进城市人口密集区危险化学品生产企业搬迁工作。（工业和信息化部牵头，国家发展改革委、财政部、国土资源部、环境保护部、安全监管总局等按职责分工负责，2018 年 3 月底前取得阶段性成果，2018 年 4 月至 2019 年 10 月深化提升）

7. 加强危险化学品运输安全管控。健全安全监管责任体系，严格按照我国有关法律、法规和强制性国家标准等规定的危险货物包装、装卸、运输和管理要求，落实各部门、各企业和单位的责任，提高危险化学品（危险货物）运输企业准入门槛，督促危险化学品生产、储存、经营企业建立装货前运输车辆、人员、罐体及单据等查验制度，严把装卸关，加强日常监管。（交通运输部、国家铁路局牵头，工业和信息化部、公安部、质检总局、安全监管总局、中国民航局、国家邮政局等按职责分工负责，2018 年 3 月底前取得阶段性成果，2018 年 4 月至 2019 年 10 月深化提升）

8. 巩固油气输送管道安全隐患整治攻坚战成果。突出重点，加快剩余隐患整改进度，全面完成油气输送管道安全隐患整治攻坚任务，杜绝新增隐患。加快完成国家油气输送管道地理信息系统建设工作。明确市、县级油气输送管道保护主管部门，构建油气输送管道风险分级管控、隐患排查治理双重预防性工作机制，建立完善油气输送管道保护和安全管理长效机制。推动管道企业落实主体责任，开展管道完整性管理，强化油气输送管道巡护和管控，全面提升油气输送管道保护和安全管理水平。（国务院油气输送管道安全隐患整改工作领导小组各成员单位按职责分工负责，2017 年 9 月底前完成）

（三）健全危险化学品安全监管体制机制。

9. 进一步健全和完善政府监管责任体系。研究完善危险化学品安全监管体制，加强对危险化学品安全的系统监管。厘清部门职责范围，明确《危险化学品安全管理条例》中危险化学品安全监督管理综合工作的具体内容，消除监管盲区。（安全监管总局、中央编办牵头，国务院法制办等按职责分工负责，2018 年 3 月底前取得阶段性成果，2018 年 4 月至 2019 年 10 月深化提升）

10. 建立更加有力的统筹协调机制。完善现行危险化学品安全生产监管部际联席会议制度，增补相关成员单位，进一步强化统筹协调能力。（安全监管总局牵头，各有关部门按职责分工负责，2018 年 3 月底前完成）

11. 强化行业主管部门危险化学品安全管理责任。按照"管行业必须管安全、管业务必须管安全、管生产经营必须管安全"的要求，严格落实行业主管部门的安全管理责任，负有安全生产监督管理职责的部门要依法履行安全监管责任。国务院安委会有关成员单位要按照国务院的部署和要求，依据法律法规和有关规定要求，研究制定本部门危险化学品安全监管的权力清单和责任清单。（各有关部门按职责分工负责，2018 年 3 月底前完成）

（四）强化对危险化学品安全的依法治理。

12. 完善法律法规体系。进一步完善危险化学品安全法律法规体系，推动制定加强危险化学品安全监督管理的专门法律。（安全监管总局、国务院法制办等按职责分工负责，2018 年 3 月底前完成）加快与国际接轨，根据《联合国关于危险货物运输的建议书》，研究推动《中华人民共和国道路运输条例》修订工作，进一步强化危险货物道路运输措施。（交通运输部、国务院法制办等按职责分工负责，2018 年 3 月底前完成）

13. 完善危险化学品安全标准管理体制。按照国务院印发的《深化标准化工作改革方案》要求，完善统一管理、分工负责的危险化学品安全标准化管理体制，加强危险化学品安全标准统筹协调，制定危险化学品安全标准体系建设规划，进一步明确各部门职责分工。（国家标准委、安全监管总局牵头，工业和信息化部、公安部、住房城乡建设部、交通运输部、安全监管总局、国家能源局、国家铁路局、中国民航局等按职责分工负责，2018 年 3 月底前完成）

14. 制定完善有关标准。尽快制修订化工园区、化工企业、危险化学品储存设施、油气输送管道外部安全防护距离和内部安全布局等相关标准；吸取近年来国内外化工企业重特大事故教训，进一步整合完善化工、石化行业安全设计和建设标准。（国家标准委、安全监管总局牵头，国家发展改革委、工业和信息化部、公安部、环境保护部、住房城乡建设部、交通运输部、国家卫生计生委、国家能源局、国家海洋局、国家铁路局等按职责分工负责，2018 年 3 月底前取得阶段性成果，2018 年 4 月至 2019 年 10 月深化提升）

（五）加强规划布局和准入条件等源头管控。

15. 统筹规划编制。督促各地区在编制地方国民经济和社会发展规划、城市总体规划、土地利用总体规划时，统筹安排危险化学品产业布局。督促各试点地区在推进"多规合一"工作中，充分考虑危险化学品产业布局及安全规划等内容，加强规划实施过程监管。（国家发展改革委、工业和信息化部、公安部、国土资源部、环境保护部、住房城乡建设部、安全监管总局等按职责分工负责，持续推进）

16. 规范产业布局。督促各地区认真落实国家有关危险化学品产业发展布局规划等，加强城市建设与危险化学品产业发展的规划衔接，严格执行危险化学品企业安全生产和环境保护所需的防护距离要求。（国家发展改革委、工业和信息化部牵头，公安部、国土资源部、环境保护部、住房城乡建设部、安全监管总局、国家海洋局等按职责分工负责，2018 年 3 月底前取得阶段性成果，2018 年 4 月至 2019 年 10 月深化提升）

17. 严格安全准入。建立完善涉及公众利益、影响公共安全的危险化学品重大建设项目公众参与机制。在危险化学品建设项目立项阶段，对涉及"两重点一重大"（重点监管的危险化工工艺、重点监管的危险化学品和危险化学品重大危险源）的危险化学品建设项目，实施住房城乡建设、发展改革、国土资源、工业和信息化、公安消防、环境保护、海洋、卫生、安全监管、交通运输等相关部门联合审批。督促地方严格落实禁止在化工园区外新建、扩建危险化学品生产项目的要求。鼓励各地区根据实际制定本地区危险化学品"禁限控"目录。（各有关部门按职责分工负责，2018 年 3 月底前取得阶段性成果，2018 年 4 月至 2019 年 10 月深化提升）

18. 加强危险化学品建设工程设计、施工质量的管理。严格落实《建设工程勘察设计管理条例》、《建设工程质量管理条例》等法规要求，强化从事危险化学品建设工程设计、施工、监理等单位的资质管理，落实危险化学品生产装置及储存设施设计、施工、监理单位的质量责任，依法严肃追究因设计、施工质量而导致生产安全事故的设计、施工、监理单位的责任。（住房城乡建设部、质检总局、安全监管总局等按职责分工负责，2018 年 3 月底前取得阶段性成果，2018 年 4 月至 2019 年 10 月深化提升）

（六）依法推动企业落实主体责任。

19. 加强安全生产有关法律法规贯彻落实。梳理涉及危险化学品安全管理的法律法规，对施行 3 年以上的开展执行效果评估并推动修订完善。加强相关法律法规和标准规范的宣传贯彻，督促企业进一步增强安全生产法治意识，定期对照安全生产法律法规进行符合性审核，提高企业依法生产经营的自觉性、主动性。（各有关部门按职责分工负责，持续推进）

20. 认真落实"一书一签"要求。督促危险化学品生产企业和进出口单位严格执行"一书一签"（安全技术说明书、安全标签）要求，确保将危险特性和处置要求等安全信息及时、准确、全面地传递给下游企业、用户、使用人员以及应急处置人员。危险化学品（危险货物）托运人要采取措施及时将危险化学品（危险货物）相关信息传递给相关部门和人员。（工业和信息化部、公安部、交通运输部、商务部、质检总局、安全监管总局等按职责分工负责，持续推进）

21. 推进科技强安。推动化工企业加大安全投入，新建化工装置必须装备自动化控制系统，涉及"两重点一重大"的化工装置必须装备安全仪表系统，危险化学品重大危险源必须建立健全安全监测监控体系。加速现有企业自动化控制和安全仪表系统改造升级，减少危险岗位作业人员，鼓励有条件的企业建设智能工厂，利用智能化装备改造生产线，全面提升本质安全水平。大力推广应用风险管理、化工过程安全管理等先进管理方法手段，加强消防设施装备的研发和配备，提升安全科技保障能力。（安全监管总局、科技部、工业和信息化部、公安部等按职责分工负责，持续推进）

22. 深入推进安全生产标准化建设。根据不同行业特点，积极采取扶持措施，引导鼓励危险化学品企业持续开展安全生产标准化建设；选树一批典型标杆，充分发挥示范引领作用，推动危险化学品企业落实安全生产主体责任。（各有关部门按职责分工负责，持续推进）

23. 严格规范执法检查。强化依法行政，加强对危险化学品企业执法检查，规范检查内容，完善检查标准，提高执法检查的专业性、精准性、有效性，依法严厉处罚危险化学品企业违法违规行为，加大对违法违规企业的曝光力度。（各有关部门按职责分工负责，2018 年 3 月底前取得阶段性成果，2018 年 4 月至2019 年 10 月深化提升）

24. 依法严肃追究责任。加大对发生事故的危险化学品企业的责任追究力度，依法严肃追究事故企业法定代表人、实际控制人、主要负责人、有关管理人员的责任，推动企业自觉履行安全生产责任。（各有关部门按职责分工负责，持续推进）

25. 建立实施"黑名单"制度。督促各地区加强企业安全生产诚信体系建设，建立危险化学品企业"黑名单"制度，及时将列入黑名单的企业在"信用中国"网站和企业信用信息公示系统公示，定期在媒体曝光，并作为工伤保险、安全生产责任保险费率调整确定的重要依据；充分利用全国信用信息共享平台，进一步健全失信联合惩戒机制。（安全监管总局牵头，国家发展改革委、工业和信息化部、公安部、财政部、人力资源社会保障部、国土资源部、环境保护部、人民银行、税务总局、工商总局、保监会等按职责分工负责，2018 年 3 月底前完成）

26. 严格危险化学品废弃处置。督促各地区加强危险化学品废弃处置能力建设，强化企业主体责任，按照"谁产生、谁处置"的原则，及时处置废弃危险化学品，消除安全隐患。加强危险化学品废弃处置过程的环境安全管理。（环境保护部负责，2018 年 3 月底前完成）

（七）大力提升危险化学品安全保障能力。

27. 强化危险化学品安全监管能力建设。加强负有危险化学品安全监管职责部门的监管力量，制定危险化学品安全监管机构和人员能力建设以及检查设备设施配备要求，强化危险化学品安全监管队伍建设，实现专业监管人员配比不低于在职人员 75% 的要求，提高依法履职的能力水平。（各有关部门按职责分工负责，2018 年 3 月底前完成）

28. 积极利用社会力量，助力危险化学品安全监管。要创新监管方式，加强中介机构力量的培育，利用政府购买服务等方式，充分发挥行业协会、注册安全工程师事务所、安全生产服务机构、保险机构等社会力量的作用，持续提升危险化学品安全监管水平，增强监管效果。（各有关部门按职责分工负责，持续推进）

29. 严格安全、环保评价等第三方服务机构监管。负责安全、环保评价机构资质审查审批的有关部门要认真履行日常监管职责，提高准入门槛，严格规范安全评价和环境影响评价行为，对弄虚作假、不负责任、有不良记录的安全、环保评价机构，依法降低资质等级或者吊销资质证书，追究相关责任并在媒体曝光。（各有关部门按职责分工负责，2018 年 3 月底前取得阶段性成果，2018 年 4 月至 2019 年 10 月深化提升）

30. 借鉴国际先进经验，防范重特大事故。及早启动开展国际劳工组织《预防重大工业事故公约》（第 174 号）批准相关工作，鼓励化工企业借鉴采用国际安全标准。（人力资源社会保障部牵头，外交部、工业和信息化部、安全监管总局等按职责分工负责，2018 年 3 月底前完成）

（八）加强危险化学品安全监管信息化建设。

31. 完善危险化学品登记制度。加强危险化学品登记工作，建立全国危险化学品企业信息数据库，并实现部门数据共享。（安全监管总局牵头，工业和信息化部、环境保护部、农业部、国家卫生计生委、国家国防科工局等按职责分工负责，2018 年 3 月底前取得阶段性成果，2018 年 4 月至 2019 年 10 月深化提升）

32. 建立全国危险化学品监管信息共享平台。依托政府数据统一共享交换平台，建立危险化学品生产（含进口）、储存、使用、经营、运输和废弃处置企业大数据库，形成政府建设管理、企业申报信息、数据共建共享、部门分工监管的综合信息平台。鼓励企业建立安全管理信息平台，提高企业自身安全管理能力。灵活运用各种方式，探索实施易燃易爆有毒危险化学品电子追踪标识制度，及时登记记录全流向、闭环化的危险化学品信息数据，基本实现危险化学品全生命周期信息化安全管理及信息共享。（工业和信息化部牵头，国家发展改革委、公安部、环境保护部、交通运输部、农业部、海关总署、质检总局、安全监管总局、国家国防科工局、国家海洋局、国家铁路局、中国民航局等按职责分工负责，2018 年 3 月底前取得阶段性成果，2018 年 4 月至 2019 年 10 月深化提升）

33. 建设国家危险化学品安全公共服务互联网平台。依托安全监管总局化学品登记中心，设立国家危险化学品安全公共服务互联网平台，公布咨询电话，公开已登记的危险化学品相关信息，为社会公众、相关单位以及政府提供危险化学品安全咨询和应急处置技术支持服务。（安全监管总局牵头，工业和信息化部等有关部门按职责分工负责，2018 年 3 月底前取得阶段性成果，2018 年 4 月至 2019 年 10 月深化提升）

（九）加强危险化学品应急救援工作。

34. 进一步规范应急处置要求。制定更加规范的危险化学品事故接处警和应急处置规程，完善现场处置程序，探索建立专业现场指挥官制度，坚持以人为本、科学施救、安全施救、有序施救，有效防控应急处置过程风险，避免发生次生事故事件，推动实施科学化、精细化、规范化、专业化的应急处置。（安全监管总局牵头，公安部、环境保护部、交通运输部等按职责分工负责，2018 年 3 月底前完成）

35. 加大资金支持力度。有效利用安全生产预防及应急专项资金，引导地方政府加大危险化学品应急方面的投入。探索安全生产责任保险在事故处置过程中发挥作用的方法。（财政部牵头，安全监管总局等按职责分工负责，持续推进）

36. 强化危险化学品专业应急能力建设。制定危险化学品应急能力建设法规标准，规范救援队伍的指挥调度、装备配备和训练考核，建立统一指挥、快速反应、装备精良、训练有素的危险化学品应急救援力量体系。完善国家危险化学品应急救援（实训）基地能力建设方案，优化应急力量布局和装备设施配备，健全应急物资储备与调运机制，开展环境应急监测及处理能力建设。督促危险化学品生产经营企业强化应急救援能力。将相关应急救援力量纳入统一调度体系。（安全监管总局牵头，国家发展改革委、财政部、国家海洋局等按职责分工负责，持续推进）

37. 加强危险化学品应急预案管理。简化、完善危险化学品相关应急预案编制以及应急演练要求，积极推行使用应急处置卡。定期组织开展联合演练，根据演练评估结果及时修订完善应急预案，进一步提高应急预案的科学性、针对性、实用性和可操作性。确保企业应急预案与地方政府及其部门相关预案衔接畅通。（安全监管总局负责，2018 年 3 月底前取得阶段性成果，2018 年 4 月至 2019 年 10 月深化提升）

（十）加强危险化学品安全宣传教育和人才培养。

38. 大力推进危险化学品安全宣传普及。建立定期的危险化学品企业和化工园区公众开放日制度，创新方式方法，加强正面主动引导，开展多种形式的宣传普及活动，不断提高全社会的安全意识与对危险化学品的科学认知水平。（安全监管总局牵头，教育部、科技部、新闻出版广电总局等按职责分工负责，持续推进）

39. 加强化工行业管理人才培养。推动各地区加快人才培养，开展化工高层次人才培养和开办化工安全网络教育，加强化工行业安全管理人员培训。（教育部、安全监管总局等按职责分工负责，2018 年 3 月底前取得阶段性成果，2018 年 4 月至 2019 年 10 月深化提升）

40. 加快化工产业工人培养。推动化工企业通过定向培养、校企联合办学和学徒制等方式，加快产业工人培养，确保涉及"两重点一重大"生产装置、储存设施的操作人员达到岗位技能要求。（教育部、人力资源社会保障部、安全监管总局等按职责分工负责，持续推进）研究制定加快化工产业工人培养的指导意见，加快培养具有较强安全意识、较高操作技能的工人队伍，有效缓解化工产业人才缺乏的问题。（安全监管总局牵头，教育部、人力资源社会保障部等按职责分工负责，持续推进）

六、工作要求

（一）各地区、各有关部门要按照工作分工和完成时限要求，结合本地区、本部门实际制定具体实施方案，落实工作责任，并于 2016 年 12 月底前将本地区、本部门的实施方案报送国务院安委会办公室。各有关部门要分别确定 1 名司局级联络员和 1 名工作人员负责日常工作的联系和协调，并将名单报送国务院安委会办公室。

（二）各地区、各有关部门要高度重视危险化学品安全综合治理工作，加强组织领导，密切协调配合，精心组织实施，确保取得实效，并按季度向国务院安委会办公室报送工作进展情况。国务院安委会办公室要定期通报工作信息，适时组织对各地区、各有关部门开展危险化学品安全综合治理工作的情况进行督查。

4. 关于深入开展企业安全生产标准化建设的指导意见

（国务院安委会，安委〔2011〕4 号，2011 年 5 月 3 日）

各省、自治区、直辖市人民政府，新疆生产建设兵团，国务院安全生产委员会各有关成员单位：

为深入贯彻落实《国务院关于进一步加强企业安全生产工作的通知》（国发〔2010〕23 号，以下简称《国务院通知》）和《国务院办公厅关于继续深化"安全生产年"活动的通知》（国办发〔2011〕11 号，以下简称《国办通知》）精神，全面推进企业安全生产标准化建设，进一步规范企业安全生产行为，改善安全生产条件，强化安全基础管理，有效防范和坚决遏制重特大事故发生，经报国务院领导同志同意，现就深入开展企业安全生产标准化建设提出如下指导意见：

一、充分认识深入开展企业安全生产标准化建设的重要意义

（一）是落实企业安全生产主体责任的必要途径。国家有关安全生产法律法规和规定明确要求，要严格企业安全管理，全面开展安全达标。企业是安全生产的责任主体，也是安全生产标准化建设的主体，要通过加强企业每个岗位和环节的安全生产标准化建设，不断提高安全管理水平，促进企业安全生产主体责任落实到位。

（二）是强化企业安全生产基础工作的长效制度。安全生产标准化建设涵盖了增强人员安全素质、提高装备设施水平、改善作业环境、强化岗位责任落实等各个方面，是一项长期的、基础性的系统工程，有利于全面促进企业提高安全生产保障水平。

（三）是政府实施安全生产分类指导、分级监管的重要依据。实施安全生产标准化建设考评，将企业划分为不同等级，能够客观真实地反映出各地区企业安全生产状况和不同安全生产水平的企业数量，为加强安全监管提供有效的基础数据。

（四）是有效防范事故发生的重要手段。深入开展安全生产标准化建设，能够进一步规范从业人员的安全行为，提高机械化和信息化水平，促进现场各类隐患的排查治理，推进安全生产长效机制建设，有效防范和坚决遏制事故发生，促进全国安全生产状况持续稳定好转。

各地区、各有关部门和企业要把深入开展企业安全生产标准化建设的思想行动统一到《国务院通知》的规定要求上来，充分认识深入开展安全生产标准化建设对加强安全生产工作的重要意义，切实增强推动企业安全生产标准化建设的自觉性和主动性，确保取得实效。

二、总体要求和目标任务

（一）总体要求。深入贯彻落实科学发展观，坚持"安全第一、预防为主、综合治理"的方针，牢固树立以人为本、安全发展理念，全面落实《国务院通知》和《国办通知》精神，按照《企业安全生产标准化基本规范》（AQ/T 9006－2010，以下简称《基本规范》）和相关规定，制定完善安全生产标准和制度规范。严格落实企业安全生产责任制，加强安全科学管理，实现企业安全管理的规范化。加强安全教育培训，强化安全意识、技术操作和防范技能，杜绝"三违"。加大安全投入，提高专业技术装备水平，深化隐患排查治理，改进现场作业条件。通过安全生产标准化建设，实现岗位达标、专业达标和企业达标，各行业（领域）企业的安全生产水平明显提高，安全管理和事故防范能力明显增强。

（二）目标任务。在工矿商贸和交通运输行业（领域）深入开展安全生产标准化建设，重点突出煤矿、非煤矿山、交通运输、建筑施工、危险化学品、烟花爆竹、民用爆炸物品、冶金等行业（领域）。其中，煤矿要在2011年底前，危险化学品、烟花爆竹企业要在2012年底前，非煤矿山和冶金、机械等工贸行业（领域）规模以上企业要在2013年底前，冶金、机械等工贸行业（领域）规模以下企业要在2015年前实现达标。要建立健全各行业（领域）企业安全生产标准化评定标准和考评体系；进一步加强企业安全生产规范化管理，推进全员、全方位、全过程安全管理；加强安全生产科技装备，提高安全保障能力；严格把关，分行业（领域）开展达标考评验收；不断完善工作机制，将安全生产标准化建设纳入企业生产经营全过程，促进安全生产标准化建设的动态化、规范化和制度化，有效提高企业本质安全水平。

三、实施方法

（一）打基础，建章立制。按照《基本规范》要求，将企业安全生产标准化等级规范为一、二、三级。各地区、各有关部门要分行业（领域）制定安全生产标准化建设实施方案，完善达标标准和考评办法，并于2011年5月底以前将本地区、本行业（领域）安全生产标准化建设实施方案报国务院安委会办公室。企业要从组织机构、安全投入、规章制度、教育培训、装备设施、现场管理、隐患排查治理、重大危险源监

控、职业健康、应急管理以及事故报告、绩效评定等方面，严格对应评定标准要求，建立完善安全生产标准化建设实施方案。

（二）重建设，严抓整改。企业要对照规定要求，深入开展自检自查，建立企业达标建设基础档案，加强动态管理，分类指导，严抓整改。对评为安全生产标准化一级的企业要重点抓巩固、二级企业着力抓提升、三级企业督促抓改进，对不达标的企业要限期抓整顿。各地区和有关部门要加强对安全生产标准化建设工作的指导和督促检查，对问题集中、整改难度大的企业，要组织专业技术人员进行"会诊"，提出具体办法和措施，集中力量，重点解决；要督促企业做到隐患排查治理的措施、责任、资金、时限和预案"五到位"，对存在重大隐患的企业，要责令停产整顿，并跟踪督办。对发生较大以上生产安全事故、存在非法违法生产经营建设行为、重大隐患限期整顿仍达不到安全要求，以及未按规定要求开展安全生产标准化建设且在规定限期内未及时整改的，取消其安全生产标准化达标参评资格。

（三）抓达标，严格考评。各地区、各有关部门要加强对企业安全生产标准化建设的督促检查，严格组织开展达标考评。对安全生产标准化一级企业的评审、公告、授牌等有关事项，由国家有关部门或授权单位组织实施；二级、三级企业的评审、公告、授牌等具体办法，由省级有关部门制定。各地区、各有关部门在企业安全生产标准化创建中不得收取费用。要严格达标等级考评，明确企业的专业达标最低等级为企业达标等级，有一个专业不达标则该企业不达标。

各地区、各有关部门要结合本地区、本行业（领域）企业的实际情况，对安全生产标准化建设工作作出具体安排，积极推进，成熟一批、考评一批、公告一批、授牌一批。对在规定时间内经整改仍不具备最低安全生产标准化等级的企业，地方政府要依法责令其停产整改直至依法关闭。各地区、各有关部门要将考评结果汇总后报送国务院安委会办公室备案，国务院安委会办公室将适时组织抽检。

四、工作要求

（一）加强领导，落实责任。按照属地管理和"谁主管、谁负责"的原则，企业安全生产标准化建设工作由地方各级人民政府统一领导，明确相关部门负责组织实施。国家有关部门负责指导和推动本行业（领域）企业安全生产标准化建设，制定实施方案和达标细则。企业是安全生产标准化建设工作的责任主体，要坚持高标准、严要求，全面落实安全生产法律法规和标准规范，加大投入，规范管理，加快实现企业高标准达标。

（二）分类指导，重点推进。对于尚未制定企业安全生产标准化评定标准和考评办法的行业（领域），要抓紧制定；已经制定的，要按照《基本规范》和相关规定进行修改完善，规范已达标企业的等级认定。要针对不同行业（领域）的特点，加强工作指导，把影响安全生产的重大隐患排查治理、重大危险源监控、安全生产系统改造、产业技术升级、应急能力提升、消防安全保障等作为重点，在达标建设过程中切实做到"六个结合"，即与深入开展执法行动相结合，依法严厉打击各类非法违法生产经营建设行为；与安全专项整治相结合，深化重点行业（领域）隐患排查治理；与推进落实企业安全生产主体责任相结合，强化安全生产基层和基础建设；与促进提高安全生产保障能力相结合，着力提高先进安全技术装备和物联网技术应用等信息化水平；与加强职业安全健康工作相结合，改善从业人员的作业环境和条件；与完善安全生产应急救援体系相结合，加快救援基地和相关专业队伍标准化建设，切实提高实战救援能力。

（三）严抓整改，规范管理。严格安全生产行政许可制度，促进隐患整改。对达标的企业，要深入分析二级与一级、三级与二级之间的差距，找准薄弱点，完善工作措施，推进达标升级；对未达标的企业，要盯住抓紧，督促加强整改，限期达标。通过安全生产标准化建设，实现"四个一批"：对在规定期限内仍达不到最低标准、不具备安全生产条件、不符合国家产业政策、破坏环境、浪费资源，以及发生各类非法违法生产经营建设行为的企业，要依法关闭取缔一批；对在规定时间内未实现达标的，要依法暂扣其生产许可证、安全生产许可证，责令停产整顿一批；对具备基本达标条件，但安全技术装备相对落后的，要促进达标升级，改造提升一批；对在本行业（领域）具有示范带动作用的企业，要加大支持力度，巩固发展一批。

（四）创新机制，注重实效。各地区、各有关部门要加强协调联动，建立推进安全生产标准化建设工作机制，及时发现解决建设过程中出现的突出矛盾和问题，对重大问题要组织相关部门开展联合执法，切实把安全生产标准化建设工作作为促进落实和完善安全生产法规规章、推广应用先进技术装备、强化先进安全理念、提高企业安全管理水平的重要途径，作为落实安全生产企业主体责任、部门监管责任、属地管理责任的重要手段，作为调整产业结构、加快转变经济发展方式的重要方式，扎实推进。要把安全生产标准化建设纳入安全生产"十二五"规划及有关行业（领域）发展规划。要积极研究采取相关激励政策措施，将达标结果向银行、证券、保险、担保等主管部门通报，作为企业绩效考核、信用评级、投融资和评先推优等的重要参考依据，促进提高达标建设的质量和水平。

（五）严格监督，加强宣传。各地区、各有关部门要分行业（领域）、分阶段组织实施，加强对安全生产标准化建设工作的督促检查，严格对有关评审和咨询单位进行规范管理。要深入基层、企业，加强对重点地区和重点企业的专题服务指导。加强安全专题教育，提高企业安全管理人员和从业人员的技能素质。充分利用各类舆论媒体，积极宣传安全生产标准化建设的重要意义和具体标准要求，营造安全生产标准化建设的浓厚社会氛围。国务院安委会办公室以及各地区、各有关部门要建立公告制度，定期发布安全生产标准化建设进展情况和达标企业、关闭取缔企业名单；及时总结推广有关地区、有关部门和企业的经验做法，培育典型，示范引导，推进安全生产标准化建设工作广泛深入、扎实有效开展。

5. 关于加强企业安全生产诚信体系建设的指导意见

（国务院安委会，安委〔2014〕8 号，2014 年 11 月 26 日）

各省、自治区、直辖市及新疆生产建设兵团安全生产委员会，国务院安委会各成员单位，各中央企业：

为认真贯彻落实党的十八届三中、四中全会精神和《国务院关于印发社会信用体系建设规划纲要（2014—2020 年）的通知》（国发〔2014〕21 号）要求，推动实施《安全生产法》有关规定，强化安全生产依法治理，促进企业依法守信加强安全生产工作，切实保障从业人员生命安全和职业健康，报请国务院领导同志同意，现就加强企业安全生产诚信体系建设提出以下意见。

一、总体要求

以党的十八大和十八届三中、四中全会精神为指导，以煤矿、金属与非金属矿山、交通运输、建筑施工、危险化学品、烟花爆竹、民用爆炸物品、特种设备和冶金等工贸行业领域为重点，建立健全安全生产诚信体系，加强制度建设，强化激励约束，促进企业严格落实安全生产主体责任，依法依规、诚实守信加强安全生产工作，实现由"要我安全向我要安全、我保安全"转变，建立完善持续改进的安全生产工作机制，实现科学发展、安全发展。

二、加强企业安全生产诚信制度建设

（一）建立安全生产承诺制度。

重点承诺内容：一是严格执行安全生产、职业病防治、消防等各项法律法规、标准规范，绝不非法违法组织生产；二是建立健全并严格落实安全生产责任制度；三是确保职工生命安全和职业健康，不违章指挥，不冒险作业，杜绝生产安全责任事故；四是加强安全生产标准化建设和建立隐患排查治理制度；五是自觉接受安全监管监察和相关部门依法检查，严格执行执法指令。

安全监管监察部门、行业主管部门要督促企业向社会和全体员工公开安全承诺，接受各方监督。企业也要结合自身特点，制定明确各个层级一直到区队班组岗位的双向安全承诺事项，并签订和公开承诺书。

（二）建立安全生产不良信用记录制度。

生产经营单位有违反承诺及下列情形之一的，安全监管监察部门和行业主管部门要列入安全生产不良信用记录。主要包括以下内容：一是生产经营单位一年内发生生产安全死亡责任事故的；二是非法违法组织生产经营建设的；三是执法检查发现存在重大安全生产隐患、重大职业病危害隐患的；四是未按规定开展企业安全生产标准化建设的或在规定期限内未达到安全生产标准化要求的；五是未建立隐患排查治理制度，不如实记录和上报隐患排查治理情况，期限内未完成治理整改的；六是拒不执行安全监管监察指令的，以及逾期不履行停产停业、停止使用、停止施工和罚款等处罚的；七是未依法依规报告事故、组织开展抢险救援的；八是其他安全生产非法违法或造成恶劣社会影响的行为。

对责任事故的不良信用记录，实行分级管理，纳入国家相关征信系统。原则上，生产经营单位一年内发生较大（含）以上生产安全责任事故的，纳入国家级安全生产不良信用记录；发生死亡2人（含）以上生产安全责任事故的，纳入省级安全生产不良信用记录；发生一般责任事故的，纳入市（地）级安全生产不良信用记录；发生伤人责任事故的，纳入县（区）级安全生产不良信用记录。纳入国家安全生产不良信用记录的，必须纳入省级记录，依次类推。

不良信用记录管理期限一般为一年。各地区和相关部门可根据具体情况明确安全生产不良信用记录内容及管理层级，但不得低于本意见的标准要求。

（三）建立安全生产诚信"黑名单"制度。

以不良信用记录作为企业安全生产诚信"黑名单"的主要判定依据。生产经营单位有下列情况之一的，纳入国家管理的安全生产诚信"黑名单"：一是一年内发生生产安全重大责任事故，或累计发生责任事故死亡10人（含）以上的；二是重大安全生产隐患不及时整改或整改不到位的；三是发生暴力抗法的行为，或未按时完成行政执法指令的；四是发生事故隐瞒不报、谎报或迟报，故意破坏事故现场、毁灭有关证据的；五是无证、证照不全、超层越界开采、超载超限超时运输等非法违法行为的；六是经监管执法部门认定严重威胁安全生产的其他行为。

有上述第二至第六种情形和下列情形之一的，分别纳入省、市、县级管理的安全生产诚信"黑名单"：一是一年内发生较大生产安全责任事故，或累计发生责任事故死亡超过3人（含）以上的，纳入省级管理的安全生产诚信"黑名单"；二是一年内发生死亡2人（含）以上的生产安全责任事故，或累计发生责任事故死亡超过2人（含）以上的，纳入市（地）级管理的安全生产诚信"黑名单"；三是一年内发生死亡责任事故的，纳入县（区）级管理的安全生产诚信"黑名单"。

纳入国家管理的安全生产诚信"黑名单"，必须同时纳入省级管理，依次类推。

各地区和各相关部门可在此基础上，根据具体情况明确安全生产诚信"黑名单"内容及管理层级，但不得低于本意见的标准要求。

根据企业存在问题的严重程度和整改情况，列入"黑名单"管理的期限一般为一年，对发生较大事故、重大事故、特别重大事故管理的期限分别为一年、二年、三年。一般遵循以下程序：

1. 信息采集。各级安全监管监察部门或行业主管部门通过事故调查、执法检查、群众举报核查等途径，收集记录相关单位名称、案由、违法违规行为等信息。

2. 信息告知。对拟列入"黑名单"的生产经营单位，相关部门要提前告知，并听取申辩意见；对当事方提出的事实、理由和证据成立的，要予以采纳。

3. 信息公布。被列入"黑名单"的企业名单，安全监管监察部门和行业主管部门要提交本级政府安委会办公室，由其在10个工作日内统一向社会公布。

4. 信息删除。被列入"黑名单"的企业，经自查自改后向相关部门提出删除申请，经安全监管监察部门和行业主管部门整改验收合格，公开发布整改合格信息。在"黑名单"管理期限内未再发生不良信用记录情形的，在管理期限届满后提交本级政府安委会办公室统一删除，并在10个工作日内向社会公布。未达到规定要求的，继续保留"黑名单"管理。

（四）建立安全生产诚信评价和管理制度。

开展安全生产诚信评价。把企业安全生产标准化建设评定的等级作为安全生产诚信等级，分别相应地划分为一级、二级、三级，原则上不再重复评价。安全生产标准化等级的发布主体是安全生产诚信等级的授信主体，一年向社会发布一次。

加强分级分类动态管理。重点是巩固一级、促进二级、激励三级。对纳入安全生产不良信用记录和

"黑名单"的生产经营单位，根据具体情况，下调或取消安全生产诚信等级，并及时向社会发布。对纳入"黑名单"的生产经营单位，要依法依规停产整顿或取缔关闭。要合理调整监管力量，以"黑名单"为重点，加强重点执法检查，严防事故发生。

（五）建立安全生产诚信报告和执法信息公示制度。

生产经营单位定期向安全监管监察部门或行业主管部门报告安全生产诚信履行情况，重点包括落实安全生产责任和管理制度、安全投入、安全培训、安全生产标准化建设、隐患排查治理、职业病防治和应急管理等方面的情况。各有关部门要在安全生产行政处罚信息形成之日起 20 个工作日内向社会公示，接受监督。

三、提升企业安全生产诚信大数据支撑能力

（一）加快推进安全生产信用管理信息化建设。

依托安全生产监管信息化管理系统，整合安全生产标准化建设信息系统和隐患排查治理信息系统，建立基础信息平台，以自然人、法人和其他组织统一社会信用代码为基础，构建完备的企业安全生产诚信大数据，建立健全企业安全生产诚信档案，全面、真实、及时记录征信和失信等数据信息，实行动态管理。推动加强企业安全生产诚信信息化建设，准确、完整记录企业及其相关人员兑现安全承诺、生产安全事故、职业病危害事故，以及企业负责人、车间、班组和职工个人等安全生产行为。

（二）加快实现互联互通。

加快推进企业安全生产诚信信息平台与有关行业管理部门、地方政府信用平台的对接，实现与社会信用建设相关部门和单位的信息互联互通，及时通过网络平台和文件告知等形式向财政、投资、国土资源、建设、工商、银行、证券、保险、工会等部门和单位以及上下游相关企业通报有关情况，实现对企业安全生产诚信信息的即时检索查询。

四、建立企业安全生产诚信激励和失信惩戒机制

（一）激励企业安全生产诚实守信。

各级政府及有关部门对安全生产诚实守信企业，开辟"绿色通道"，在相关安全生产行政审批等工作中优先办理。加强安全生产诚信结果的运用，通过提供信用保险、信用担保、商业保理、履约担保、信用管理咨询及培训等服务，在项目立项和改扩建、土地使用、贷款、融资和评优表彰及企业负责人年薪确定等方面将安全生产诚信结果作为重要参考。建立完善安全生产失信企业纠错激励制度，推动企业加强安全生产诚信建设。

（二）严格惩戒安全生产失信企业。

健全失信惩戒制度，完善市场退出机制。企业发生重特大责任事故和非法违法生产造成事故的，各级安全监管监察部门及有关行业管理部门要实施重点监管监察；对企业法定代表人、主要负责人一律取消评优评先资格，通过组织约谈、强制培训等方式予以诫勉，将其不良行为记录及时公开曝光。强化对安全失信企业或列入安全生产诚信"黑名单"企业实行联动管制措施，在审批相关企业发行股票、债券、再融资等事项时，予以严格审查；在其参与土地出让、采矿权出让的公开竞争中，要依法予以限制或禁入；相关金融机构应当将其作为评级、信贷准入、管理和退出的重要依据，并根据《绿色信贷指引》（银监发〔2014〕3 号）的规定，采取风险缓释措施；对已被吊销安全生产许可证或安全生产许可证已过期失效的企业，依法督促其办理变更登记或注销登记，直至依法吊销营业执照；相关部门或保险机构可根据失信企业信用状况调整其保险费率。其他有关部门根据安全生产诚信等级制定失信监管措施。

（三）加强行业自律和社会监督。

各行业协（学）会要把诚信建设纳入各类社会组织章程，制定行业自律规则，完善规范行规行约并监督会员遵守。要在本行业内组织开展安全生产诚信承诺、公约、自查或互查等自身建设活动，对违规的失信者实行行业内通报批评、公开谴责等惩戒措施。鼓励和动员新闻媒体、企业员工举报企业安全生产不良行为，对符合《安全生产举报奖励办法》（安监总财〔2012〕63 号）条件的举报人给予奖励，对举报企业重大安全生产隐患和事故的人员实行高限奖励，并严格保密，予以保护。

五、分步实施，扎实推进

（一）2015年底前，地方各级安全监管监察部门和行业主管部门要建立企业安全生产诚信承诺制度、安全生产不良信用记录和"黑名单"制度、安全生产诚信报告和公示制度。

（二）2016年底前，依托国家安全生产监管信息化管理平台，实现安全生产不良信用记录和"黑名单"与国家相关部门和单位互联互通。同步推进建立各省级的企业安全生产诚信建设体系及信息化平台，并投入使用。

（三）2017年底前，各重点行业领域企业安全生产诚信体系全面建成。

（四）2020年底前，所有行业领域建立健全安全生产诚信体系。

各地区、各有关部门要把加强企业安全生产诚信体系建设作为履职尽责、抓预防重治本、创新安全监管机制的重要举措，组织力量，保障经费，狠抓落实。要认真宣传贯彻落实《安全生产法》等法律法规，强化法治观念，推进依法治理。要根据本地区和行业领域实际情况，细化激励及惩戒措施，建立健全各级、各部门间的信息沟通、资源共享、协调联动工作机制。要充分运用市场机制，积极培育发展企业安全生产信用评级机构，逐步开展第三方评价，对相同事项要实行信息共享，防止重复执法和多头评价，减轻企业负担。要加强安全生产诚信宣传教育，充分发挥新闻媒体作用，弘扬社会主义核心价值观，弘扬崇德向善、诚实守信的传统文化和现代市场经济的契约精神，形成以人为本、安全发展，关爱生命、关注安全，崇尚践行安全生产诚信的社会风尚。

6. 化工（危险化学品）企业保障生产安全十条规定

（国家安全监管总局，安监总政法〔2017〕15号，2017年3月6日）

一、必须依法设立、证照齐全有效。

二、必须建立健全并严格落实全员安全生产责任制，严格执行领导带班值班制度。

三、必须确保从业人员符合录用条件并培训合格，依法持证上岗。

四、必须严格管控重大危险源，严格变更管理，遇险科学施救。

五、必须按照《危险化学品企业事故隐患排查治理实施导则》要求排查治理隐患。

六、严禁设备设施带病运行和未经审批停用报警联锁系统。

七、严禁可燃和有毒气体泄漏等报警系统处于非正常状态。

八、严禁未经审批进行动火、进入受限空间、高处、吊装、临时用电、动土、检维修、盲板抽堵等作业。

九、严禁违章指挥和强令他人冒险作业。

十、严禁违章作业、脱岗和在岗做与工作无关的事。

7. 油气罐区防火防爆十条规定

（国家安全监管总局，安监总政法〔2017〕15号，2017年3月6日）

一、严禁油气储罐超温、超压、超液位操作和随意变更储存介质。

二、严禁在油气罐区手动切水、切罐、装卸车时作业人员离开现场。

三、严禁关闭在用油气储罐安全阀切断阀和在泄压排放系统加盲板。

四、严禁停用油气罐区温度、压力、液位、可燃及有毒气体报警和联锁系统。

五、严禁未进行气体检测和办理作业许可证，在油气罐区动火或进入受限空间作业。

六、严禁内浮顶储罐运行中浮盘落底。

七、严禁向油气储罐或与储罐连接管道中直接添加性质不明或能发生剧烈反应的物质。

八、严禁在油气罐区使用非防爆照明、电气设施、工器具和电子器材。

九、严禁培训不合格人员和无相关资质承包商进入油气罐区作业，未经许可机动车辆及外来人员不得进入罐区。

十、严禁油气罐区设备设施不完好或带病运行。

8. 关于进一步加强危险化学品企业安全生产标准化工作的指导意见

（国家安全监管总局，安监总管三〔2009〕124 号，2009 年 6 月 24 日）

各省、自治区、直辖市及新疆生产建设兵团安全生产监督管理局，有关中央企业，有关单位：

为深入贯彻落实《国务院关于进一步加强安全生产工作的决定》（国发〔2004〕2 号）和《国务院安委会办公室关于进一步加强危险化学品安全生产工作的指导意见》（安委办〔2008〕26 号），推动和引导危险化学品生产和储存企业、经营和使用剧毒化学品企业、有固定储存设施的危险化学品经营企业、使用危险化学品从事化工或医药生产的企业（以下统称危险化学品企业）全面开展安全生产标准化工作，改善安全生产条件，规范和改进安全管理工作，提高安全生产水平，提出以下指导意见：

一、指导思想和工作目标

1. 指导思想。以科学发展观为统领，坚持安全发展理念，全面贯彻"安全第一、预防为主、综合治理"的方针，深入持久地开展危险化学品企业安全生产标准化工作，进一步落实企业安全生产主体责任，强化生产工艺过程控制和全员、全过程的安全管理，不断提升安全生产条件，夯实安全管理基础，逐步建立自我约束、自我完善、持续改进的企业安全生产工作机制。

2. 工作目标。2009 年底前，危险化学品企业全面开展安全生产标准化工作。2010 年底前，使用危险工艺的危险化学品生产企业，化学制药企业，涉及易燃易爆、剧毒化学品、吸入性有毒有害气体等企业（以下统称重点危险化学品企业）要达到安全生产标准化三级以上水平。2012 年底前，重点危险化学品企业要达到安全生产标准化二级以上水平，其他危险化学品企业要达到安全生产标准化三级以上水平。

二、把握重点，积极推进安全生产标准化工作

3. 完善和改进安全生产条件。危险化学品企业要根据采用生产工艺的特点和涉及危险化学品的危险特性，按照国家标准和行业标准分类、分级对工艺技术、主要设备设施、安全设施（特别是安全泄放设施、可燃气体和有毒气体泄漏报警设施等），重大危险源和关键部位的监控设施，电气系统、仪表自动化控制和紧急停车系统，公用工程安全保障等安全生产条件进行改造。危险化学品企业安全生产条件达到标准化标准后，本质安全水平要有明显提高，预防事故能力有明显增强。

4. 完善和严格履行全员安全生产责任制。危险化学品企业要建立、完善并严格履行"一岗一责"的全员安全生产责任制，尤其是要完善并严格履行企业领导层和管理人员的安全生产责任制。岗位安全生产责任制的内容要与本人的职务和岗位职责相匹配。

5. 完善和严格执行安全管理规章制度。危险化学品企业要对照有关安全生产法律法规和标准规范，对企业安全管理制度和操作规程符合有关法律法规标准情况进行全面检查和评估。把适用于本企业的法律法规和标准规范的有关规定转化为本企业的安全生产规章制度和安全操作规程，使有关法律法规和标准规范

的要求在企业具体化。要建立健全和定期修订各项安全生产管理规章制度，狠抓安全生产管理规章制度的执行和落实。要经常检查工艺和操作规程；设备、仪表自动化、电气安全管理制度；巡回检查制度；定期（专业）检查等制度；安全作业规程，特别是动火、进入受限空间、拆卸设备管道、登高、临时用电等特殊作业安全规程的执行和落实情况。

6. 建立规范的隐患排查治理工作体制机制。危险化学品企业要建立定期开展隐患排查治理工作制度和工作机制，确定排查周期，明确有关部门和人员的责任，定期排查并及时消除安全生产隐患。

7. 加强全员的安全教育和技能培训。危险化学品企业要定期开展全员安全教育，增强从业人员的安全意识，提高从业人员自觉遵守安全生产规章制度的自觉性。要明确规定从业人员上岗资格条件，持续开展从业人员技能培训，使从业人员操作技能能够满足安全生产的实际需要。

8. 加强重大危险源、关键装置、重点部位的安全监控。危险化学品企业要在完善重要工艺参数监控技术措施的基础上，建立并严格执行重大危险源、关键装置、重点部位安全监控责任制，明确责任人和监控内容。尤其要高度重视危险化学品储罐区的安全监控工作，完善应急预案，防范重特大事故。

9. 加强危险化学品企业应急管理工作。危险化学品企业要编制科学实用、针对性强的安全生产应急预案，并通过定期演练，不断予以完善。危险化学品企业的应急预案要与当地政府的相关应急预案相衔接，涉及周边单位和居民的应急预案，还要与周边单位的相关预案相衔接。要做好应急设备设施、应急器材和物资的储备并及时维护和更新。

10. 认真吸取生产安全事故和安全事件教训。危险化学品企业要认真分析生产安全事故和安全事件发生的真实原因，在此基础上完善有关安全生产管理制度，制定和落实有针对性的整改措施，强化安全管理，确保不再发生类似事故。要认真吸取同类企业发生的事故教训，举一反三，改进管理，提高安全生产水平。

11. 中央企业要在推进安全生产标准化工作中发挥表率作用。有关中央企业总部要组织所属危险化学品企业开展安全生产标准化工作。经中央企业总部自行考核达到安全生产标准化一级标准的所属单位，经所在地省级安全监管局和中央企业总部推荐，可以直接申请安全生产标准化一级企业的达标考评。有关中央企业总部要组织所属企业积极开展重点化工生产装置危险与可操作性分析（HAZOP），全面查找和及时消除安全隐患，提高装置本质安全化水平。

三、建立和完善安全生产标准化工作的标准体系

12. 分级组织开展安全生产标准化工作。危险化学品企业安全生产标准化企业设一级、二级、三级三个等级。国家安全监管总局负责监督和指导全国危险化学品企业安全生产标准化工作，制定危险化学品企业安全生产标准化标准，公告安全生产标准化一级企业名单。省级安全监管局负责监督和指导本辖区危险化学品企业安全生产标准化工作，制定二级、三级危险化学品企业安全生产标准化实施指南，公告本辖区安全生产标准化二级企业名单。设区的市级安全监管局负责组织实施本辖区危险化学品企业安全生产标准化工作，公告安全生产标准化三级企业名单。安全生产标准化一级企业考评办法另行制定。

13. 要加强危险化学品企业安全生产标准化标准制定工作。安全生产标准化标准既要明确规定企业满足安全生产的基本条件，以此促进企业加大安全投入，改进和完善安全生产条件，提高本质安全水平，又要明确规定企业安全生产管理方面的具体要求，以此规范企业安全生产管理工作，不断提高安全管理水平。要统筹安排安全生产标准化标准制定工作，优先制定危险性大和重点行业的企业安全生产标准化标准，加快危险化学品企业安全生产标准化标准制定工作进程，尽快建立科学完备的危险化学品企业安全生产标准化标准体系。

14. 加快修订完善化工装置工程建设标准。要加大化工装置工程建设标准制定工作的力度，尽快改变我国现行化工装置工程建设标准总体落后的状况，规范和提高新建化工装置的安全生产条件。全面清理现行化工装置工程建设标准，制定修订工作计划，完善我国化工装置工程建设标准体系。

15. 各地要加快制定危险化学品企业安全生产标准化地方标准。各省级安全监管局要根据本地区危险化学品企业的行业特点和产业布局，制定安全生产标准化实施指南，尽快制定本地区危险化学品重点行业的安全生产标准化标准，积极推进本地区危险化学品企业安全生产标准化工作。

四、切实加强和改进对安全生产标准化工作的组织和领导

16. 充分认识进一步加强安全生产标准化工作的重要性。危险化学品领域是安全生产监督管理的重点领域，安全生产基础工作比较薄弱，较大以上事故时有发生，安全生产形势依然严峻。全面开展危险化学品企业安全生产标准化工作，是强化危险化学品安全生产基层基础工作、建立安全生产长效机制的重要措施，是加强危险化学品安全生产管理、预防事故的有效途径。各地区要统一思想，提高认识，因地制宜，积极引导危险化学品企业开展安全生产标准化工作，提高安全管理水平。

17. 积极推进危险化学品企业安全生产标准化工作。各地区、各单位要进一步加强组织领导，制定本地区、本单位开展安全生产标准化工作规划，及时协调解决工作中遇到的问题，制定和完善相关配套政策措施，积极推进，务求实效。各省级安全监管局要在 2009 年 9 月底前，制定本地区危险化学品安全生产标准化考评工作的程序和办法。

18. 加大危险化学品企业安全生产标准化宣传和培训工作的力度。各级安全监管部门要把危险化学品安全生产标准纳入本地区安全生产培训工作内容，使危险化学品安全监管人员、危险化学品企业负责人和安全管理人员及时了解安全标准变化和更新情况；采取多种形式，广泛宣传国家安全监管总局制定的危险化学品安全生产标准，搞好培训教育，帮助企业正确理解和把握相关标准的内涵和要求。在此基础上，指导危险化学品企业把适合本企业的危险化学品安全生产标准转化为安全管理制度或安全操作规程。

19. 要因地制宜，制定政策措施，激励危险化学品企业积极开展安全生产标准化工作。危险化学品企业在安全生产许可证有效期内，如果严格遵守了有关安全生产的法律法规，未发生死亡事故，并接受了当地安全监管部门监督检查，经安全生产标准化考评确认加强了日常安全生产管理，未降低安全生产条件的，安全生产许可证有效期满需要延期的可直接办理延期手续；企业风险抵押金缴纳可以按照当地规定的最低标准交纳。各地区可以把安全生产标准化考评结果作为危险化学品企业分级监管的重要依据，达到安全生产标准化二级以上可以作为危险化学品企业安全生产评优的重要条件之一，安全生产标准化等级可以作为缴纳安全生产责任费率的重要参考依据。

20. 切实加强对安全生产标准化工作的督促检查力度。各级安全监管部门要制定本地区开展安全生产标准化的工作方案，将安全生产标准化纳入本地危险化学品安全监管工作计划。

9. 关于进一步加强危险化学品企业安全生产标准化工作的通知

（国家安全监管总局，安监总管三〔2011〕24 号，2011 年 2 月 14 日）

各省、自治区、直辖市及新疆生产建设兵团安全生产监督管理局，有关中央企业：

为深入贯彻落实《国务院关于进一步加强企业安全生产工作的通知》（国发〔2010〕23 号）精神，进一步加强危险化学品企业（以下简称危化品企业）安全生产标准化工作，现就有关要求通知如下：

一、深入开展宣传和培训工作

1. 各地区、各单位要有计划、分层次有序开展安全生产标准化宣传活动。大力宣传开展安全生产标准化活动的重要意义、先进典型、好经验和好做法，以典型企业和成功案例推动安全生产标准化工作；使危化品企业从业人员、各级安全监管人员准确把握危化品企业安全生产标准化工作的主要内容、具体措施和工作要求，形成安全监管部门积极推动、危化品企业主动参与的工作氛围。

2. 各地区、各单位要组织专业人员讲解《企业安全生产标准化基本规范》（AQ/T 9006—2010，以下简称《基本规范》）和《危险化学品从业单位安全标准化通用规范》（AQ 3013—2008，以下简称《通用规范》）

两个安全生产标准，重点讲解两个规范的要素内涵及其在企业内部的实现方式和途径。开展培训工作，使危化品企业法定代表人等负责人、管理人员和从业人员正确理解开展安全生产标准化工作的重要意义、程序、方法和要求，提高开展安全生产标准化工作的主动性；使危化品企业安全生产标准化评审人员、咨询服务人员准确理解有关标准规范的内容，正确把握开展标准化的程序，熟练掌握开展评审和提供咨询的方法，提高评审工作质量和咨询服务水平；使基层安全监管人员准确掌握危化品企业安全生产标准化各项要素要求、评审标准和评审方法，提高指导和监督危化品企业开展安全生产标准化工作的水平。

二、全面开展危化品企业安全生产标准化工作

3. 现有危化品企业都要开展安全生产标准化工作。危化品企业开展安全生产标准化工作持续运行一年以上，方可申请安全生产标准化三级达标评审；安全生产标准化二级、三级危化品企业应当持续运行两年以上，并对照相关通用评审标准不断完善提高后，方可分别申请一级、二级达标评审。安全生产条件好、安全管理水平高、工艺技术先进的危化品企业，经所在地省级安全监管部门同意，可直接申请二级达标评审。危化品企业取得安全生产标准化等级证书后，发生死亡责任事故或重大爆炸泄漏事故的，取消该企业的达标等级。

4. 新建危化品企业要按照《基本规范》、《通用规范》的要求开展安全生产标准化工作，建立并运行科学、规范的安全管理工作体制机制。新设立的危化品生产企业自试生产备案之日起，要在一年内至少达到安全生产标准化三级标准。

5. 提出危化品安全生产许可证或危化品经营许可证延期或换证申请的危化品企业，应达到安全生产标准化三级标准以上水平。对达到并保持安全生产标准化二级标准以上的危化品企业，可以优先依法办理危化品安全生产许可证或危化品经营许可证延期或换证手续。

6. 危化品企业开展安全生产标准化工作要把全面提升安全生产水平作为主要目标，切实改变一些企业"重达标形式，轻提升过程"的现象；要按照国家安全监管总局、工业和信息化部《关于危险化学品企业贯彻落实〈国务院关于进一步加强企业安全生产工作的通知〉的实施意见》（安监总管三〔2010〕186号）的要求，结合开展岗位达标、专业达标，在开展安全生产标准化过程中，注重安全生产规章制度的完善和落实，注重安全生产条件的不断改善，注重从业人员强化安全意识和遵章守纪意识、提高操作技能，注重培育企业安全文化，注重建立安全生产长效机制。通过开展安全生产标准化工作，使危化品企业防范生产安全事故的能力明显提高。

三、严格达标评审标准，规范达标评审和咨询服务工作

7. 国家安全监管总局分别制定危化品企业安全生产标准化一级、二级、三级评审通用标准。三级评审通用标准是将危化品生产企业、经营企业安全许可条件，对照《基本规范》和《通用规范》的要求，逐要素细化为达标条件，作为危化品企业安全生产标准化评审标准。一级、二级评审通用标准是在下一级评审通用标准的基础上，按照逐级提高危化品生产企业、经营企业安全生产条件的要求制定。各省级安全监管部门可根据本地区实际情况，结合本地区危化品企业的行业特点，制定安全生产标准化实施指南，对本地区危化品企业较为集中的特色行业的安全生产条件尤其是安全设施设备、工艺条件等硬件方面提出明确要求，使评审通用标准得以进一步细化和充实。

8. 本通知印发前已经通过安全生产标准化达标考评并取得相应等级证书的危化品企业，要按照评审通用标准持续改进提高安全生产标准化水平，待原有等级证书有效期满时，再重新提出达标评审申请，原则上本通知印发前已取得安全生产标准化达标证书的危化品企业应首先申请三级标准化企业达标评审，已取得一级或二级安全生产标准化达标等级证书的危化品企业可直接申请二级标准化企业达标评审。

9. 国家安全监管总局将依托熟悉危化品安全管理、技术能力强、人员素质高的技术支撑单位对危化品企业开展安全生产标准化工作提供咨询服务，并对各地危化品企业安全生产标准化评审单位和咨询单位进行相关标准宣贯、评审人员培训、信息化管理、专家库建立等工作提供技术支持和指导。各地区也应依托事业单位、科研院所、行业协会、安全评价机构等技术支撑单位建立危化品企业安全生产标准化评审单位、咨询单位。

10. 各级安全监管部门要加强监督和指导危化品企业安全生产标准化评审、咨询单位工作，督促评审、

咨询单位建立并执行评审和咨询质量管理机制。评审单位、咨询单位要每半年向服务企业所在地的省级安全监管部门报告本单位开展危化品企业安全生产标准化评审、咨询服务的情况，及时向接受评审或咨询服务的企业所在地的市、县级安全监管部门报告企业存在的重大安全隐患。

四、高度重视、积极推进，提高危险化学品安全监管执法水平

11. 高度重视、积极推进。开展安全生产标准化是危化品企业遵守有关安全生产法律法规规定的有效措施，是持续改进安全生产条件、实现本质安全、建立安全生产长效机制的重要途径；是安全监管部门指导帮助危化品企业规范安全生产管理、提高安全管理水平和改善安全生产条件的有效手段。各级安全监管部门、危化品企业要充分认识安全生产标准化的重要意义，高度重视安全生产标准化对加强危化品安全生产基础工作的重要作用，积极推进，务求实效。

12. 各级安全监管部门要制定本地区开展危化品企业安全生产标准化的工作方案，将安全生产标准化达标工作纳入本地危险化学品安全监管工作计划，确保 2012 年底前所有危化品企业达到三级以上安全标准化水平。在开展安全生产标准化工作中，各级安全监管部门要指导监督危化品企业把着力点放在运用安全生产标准化规范企业安全管理和提高安全管理能力上，注重实际效果，严防走过场、走形式。要把未开展安全生产标准化或未达到安全生产标准化三级标准的危化品企业作为安全监管重点，加大执法检查频次，督促企业提高安全管理水平。

13. 危化品安全监管人员要掌握并运用好安全生产标准化评审通用标准，提高执法检查水平。安全生产标准化既是企业安全管理的工具，也是安全监管部门开展危化品安全监管执法检查的有效手段。各级安全监管部门特别是市、县级安全监管部门的安全监管人员要熟练掌握危化品安全生产标准化标准和评审通用标准，用标准化标准检查和指导企业安全管理，规范执法行为，统一检查标准，提高执法水平。

10. 关于印发危险化学品从业单位安全生产标准化评审标准的通知

（国家安全监管总局，安监总管三〔2011〕93 号，2011 年 6 月 20 日）

各省、自治区、直辖市及新疆生产建设兵团安全生产监督管理局，有关中央企业：

为深入贯彻落实《国务院关于进一步加强企业安全生产工作的通知》（国发〔2010〕23 号）和《国务院安委会关于深入开展企业安全生产标准化建设的指导意见》（安委〔2011〕4 号）精神，进一步促进危险化学品从业单位安全生产标准化工作的规范化、科学化，根据《企业安全生产标准化基本规范（AQ/T 9006－2010）》和《危险化学品从业单位安全标准化通用规范（AQ 3013－2008）》的要求，国家安全监管总局制定了《危险化学品从业单位安全生产标准化评审标准》（以下简称《评审标准》），现印发你们，请遵照执行，并就有关事项通知如下：

一、申请安全生产标准化达标评审的条件

（一）申请安全生产标准化三级企业达标评审的条件。

1. 已依法取得有关法律、行政法规规定的相应安全生产行政许可；

2. 已开展安全生产标准化工作 1 年（含）以上，并按规定进行自评，自评得分在 80 分（含）以上，且每个 A 级要素自评得分均在 60 分（含）以上；

3. 至申请之日前 1 年内未发生人员死亡的生产安全事故或者造成 1000 万以上直接经济损失的爆炸、火灾、泄漏、中毒事故。

（二）申请安全生产标准化二级企业达标评审的条件。

1. 已通过安全生产标准化三级企业评审并持续运行 2 年（含）以上，或者安全生产标准化三级企业评审得分在 90 分（含）以上，并经市级安全监管部门同意，均可申请安全生产标准化二级企业评审；

2. 从事危险化学品生产、储存、使用（使用危险化学品从事生产并且使用量达到一定数量的化工企业）、经营活动 5 年（含）以上且至申请之日前 3 年内未发生人员死亡的生产安全事故，或者 10 人以上重伤事故，或者 1000 万元以上直接经济损失的爆炸、火灾、泄漏、中毒事故。

（三）申请安全生产标准化一级企业达标评审的条件。

1. 已通过安全生产标准化二级企业评审并持续运行 2 年（含）以上，或者装备设施和安全管理达到国内先进水平，经集团公司推荐、省级安全监管部门同意，均可申请一级企业评审；

2. 至申请之日前 5 年内未发生人员死亡的生产安全事故（含承包商事故），或者 10 人以上重伤事故（含承包商事故），或者 1000 万元以上直接经济损失的爆炸、火灾、泄漏、中毒事故（含承包商事故）。

二、工作要求

（一）深入宣传和学习《评审标准》。各地区、各单位要加大《评审标准》宣传贯彻力度，使各级安全监管人员、评审人员、咨询人员和从业人员准确把握《评审标准》的基本内容和应用方法；要把宣传贯彻《评审标准》作为危险化学品企业提高安全生产标准化工作水平的有力工具，以及安全监管部门推动企业落实安全生产主体责任的有效手段。

（二）及时充实完善《评审标准》。考虑到各地区危险化学品安全监管工作的差异性和特殊性，《评审标准》把最后一个要素设置为开放要素，由各地区结合本地实际进行充实。各省级安全监管局要根据本地区危险化学品行业特点，将本地区关于安全生产条件尤其是安全设备设施、工艺条件等方面的有关具体要求纳入其中，形成地方特殊要求。

（三）严格落实《评审标准》。《评审标准》是考核危险化学品企业安全生产标准化工作水平的统一标准。企业要按照《评审标准》的要求，全面开展安全生产标准化工作。评审单位和咨询单位要严格按照《评审标准》开展安全生产标准化评审和咨询指导工作，提高服务质量。各级安全监管人员要依据《评审标准》，对企业进行监管和指导，规范监管行为。

11. 关于印发危险化学品企业事故隐患排查治理 实施导则的通知

（国家安全监管总局，安监总管三〔2012〕103 号，2012 年 8 月 7 日）

各省、自治区、直辖市及新疆生产建设兵团安全生产监督管理局，有关中央企业：

隐患排查治理是安全生产的重要工作，是企业安全生产标准化风险管理要素的重点内容，是预防和减少事故的有效手段。为了推动和规范危险化学品企业隐患排查治理工作，国家安全监管总局制定了《危险化学品企业事故隐患排查治理实施导则》（以下简称《导则》，请从国家安全监管总局网站下载），现印发给你们，请认真贯彻执行。

危险化学品企业要高度重视并持之以恒做好隐患排查治理工作。要按照《导则》要求，建立隐患排查治理工作责任制，完善隐患排查治理制度，规范各项工作程序，实时监控重大隐患，逐步建立隐患排查治理的常态化机制。强化《导则》的宣传培训，确保企业员工了解《导则》的内容，积极参与隐患排查治理工作。

各级安全监管部门要督促指导危险化学品企业规范开展隐患排查治理工作。要采取培训、专家讲座等多种形式，大力开展《导则》宣贯，增强危险化学品企业开展隐患排查治理的主动性，指导企业掌握隐患排查治理的基本方法和工作要求；及时搜集和研究辖区内企业隐患排查治理情况，建立隐患排查治理信息管理系统，建立安全生产工作预警预报机制，提升危险化学品安全监管水平。

附件：

危险化学品企业事故隐患排查治理实施导则
(国家安全生产监督管理总局　2012 年 7 月)

目　　录

1　总则

1.1　为了切实落实企业安全生产主体责任，促进危险化学品企业建立事故隐患排查治理的长效机制，及时排查、消除事故隐患，有效防范和减少事故，根据国家相关法律、法规、规章及标准，制定本实施导则。

1.2　本导则适用于生产、使用和储存危险化学品企业（以下简称企业）的事故隐患排查治理工作。

1.3　本导则所称事故隐患（以下简称隐患），是指不符合安全生产法律、法规、规章、标准、规程和安全生产管理制度的规定，或者因其他因素在生产经营活动中存在可能导致事故发生或导致事故后果扩大的物的危险状态、人的不安全行为和管理上的缺陷，包括：

（1）作业场所、设备设施、人的行为及安全管理等方面存在的不符合国家安全生产法律法规、标准规范和相关规章制度规定的情况。

（2）法律法规、标准规范及相关制度未作明确规定，但企业危害识别过程中识别出作业场所、设备设施、人的行为及安全管理等方面存在的缺陷。

2 基本要求

2.1 隐患排查治理是企业安全管理的基础工作，是企业安全生产标准化风险管理要素的重点内容，应按照"谁主管、谁负责"和"全员、全过程、全方位、全天候"的原则，明确职责，建立健全企业隐患排查治理制度和保证制度有效执行的管理体系，努力做到及时发现、及时消除各类安全生产隐患，保证企业安全生产。

2.2 企业应建立和不断完善隐患排查体制机制，主要包括：

2.2.1 企业主要负责人对本单位事故隐患排查治理工作全面负责，应保证隐患治理的资金投入，及时掌握重大隐患治理情况，治理重大隐患前要督促有关部门制定有效的防范措施，并明确分管负责人。

分管负责隐患排查治理的负责人，负责组织检查隐患排查治理制度落实情况，定期召开会议研究解决隐患排查治理工作中出现的问题，及时向主要负责人报告重大情况，对所分管部门和单位的隐患排查治理工作负责。

其他负责人对所分管部门和单位的隐患排查治理工作负责。

2.2.2 隐患排查要做到全面覆盖、责任到人，定期排查与日常管理相结合，专业排查与综合排查相结合，一般排查与重点排查相结合，确保横向到边、纵向到底、及时发现、不留死角。

2.2.3 隐患治理要做到方案科学、资金到位、治理及时、责任到人、限期完成。能立即整改的隐患必须立即整改，无法立即整改的隐患，治理前要研究制定防范措施，落实监控责任，防止隐患发展为事故。

2.2.4 技术力量不足或危险化学品安全生产管理经验欠缺的企业应聘请有经验的化工专家或注册安全工程师指导企业开展隐患排查治理工作。

2.2.5 涉及重点监管危险化工工艺、重点监管危险化学品和重大危险源（以下简称"两重点一重大"）的危险化学品生产、储存企业应定期开展危险与可操作性分析（HAZOP），用先进科学的管理方法系统排查事故隐患。

2.2.6 企业要建立健全隐患排查治理管理制度，包括隐患排查、隐患监控、隐患治理、隐患上报等内容。

隐患排查要按专业和部位，明确排查的责任人、排查内容、排查频次和登记上报的工作流程。

隐患监控要建立事故隐患信息档案，明确隐患的级别，按照"五定"（定整改方案、定资金来源、定项目负责人、定整改期限、定控制措施）的原则，落实隐患治理的各项措施，对隐患治理情况进行监控，保证隐患治理按期完成。

隐患治理要分类实施：能够立即整改的隐患，必须确定责任人组织立即整改，整改情况要安排专人进行确认；无法立即整改的隐患，要按照评估-治理方案论证-资金落实-限期治理-验收评估-销号的工作流程，明确每一工作节点的责任人，实行闭环管理；重大隐患治理工作结束后，企业应组织技术人员和专家对隐患治理情况进行验收，保证按期完成和治理效果。

隐患上报要按照安全监管部门的要求，建立与安全生产监督管理部门隐患排查治理信息管理系统联网的"隐患排查治理信息系统"，每个月将开展隐患排查治理情况和存在的重大事故隐患上报当地安全监管部门，发现无法立即整改的重大事故隐患，应当及时上报。

2.2.7 要借助企业的信息化系统对隐患排查、监控、治理、验收评估、上报情况实行建档登记，重大隐患要单独建档。

3 隐患排查方式及频次

3.1 隐患排查方式

3.1.1 隐患排查工作可与企业各专业的日常管理、专项检查和监督检查等工作相结合，科学整合下述方式进行：

（1）日常隐患排查；

（2）综合性隐患排查；

（3）专业性隐患排查；

（4）季节性隐患排查；

（5）重大活动及节假日前隐患排查；

（6）事故类比隐患排查。

3.1.2 日常隐患排查是指班组、岗位员工的交接班检查和班中巡回检查，以及基层单位领导和工艺、设备、电气、仪表、安全等专业技术人员的日常性检查。日常隐患排查要加强对关键装置、要害部位、关键环节、重大危险源的检查和巡查。

3.1.3 综合性隐患排查是指以保障安全生产为目的，以安全责任制、各项专业管理制度和安全生产管理制度落实情况为重点，各有关专业和部门共同参与的全面检查。

3.1.4 专业隐患排查主要是指对区域位置及总图布置、工艺、设备、电气、仪表、储运、消防和公用工程等系统分别进行的专业检查。

3.1.5 季节性隐患排查是指根据各季节特点开展的专项隐患检查，主要包括：

（1）春季以防雷、防静电、防解冻泄漏、防解冻坍塌为重点；

（2）夏季以防雷暴、防设备容器高温超压、防台风、防洪、防暑降温为重点；

（3）秋季以防雷暴、防火、防静电、防凝保温为重点；

（4）冬季以防火、防爆、防雪、防冻防凝、防滑、防静电为重点。

3.1.6 重大活动及节假日前隐患排查主要是指在重大活动和节假日前，对装置生产是否存在异常状况和隐患、备用设备状态、备品备件、生产及应急物资储备、保运力量安排、企业保卫、应急工作等进行的检查，特别是要对节日期间干部带班

值班、机电仪保运及紧急抢修力量安排、备件及各类物资储备和应急工作进行重点检查。

3.1.7 事故类比隐患排查是对企业内和同类企业发生事故后的举一反三的安全检查。

3.2 隐患排查频次确定

3.2.1 企业进行隐患排查的频次应满足：

（1）装置操作人员现场巡检间隔不得大于 2 小时，涉及"两重点一重大"的生产、储存装置和部位的操作人员现场巡检间隔不得大于 1 小时，宜采用不间断巡检方式进行现场巡检。

（2）基层车间（装置，下同）直接管理人员（主任、工艺设备技术人员）、电气、仪表人员每天至少两次对装置现场进行相关专业检查。

（3）基层车间应结合岗位责任制检查，至少每周组织一次隐患排查，并和日常交接班检查和班中巡回检查中发现的隐患一起进行汇总；基层单位（厂）应结合岗位责任制检查，至少每月组织一次隐患排查。

（4）企业应根据季节性特征及本单位的生产实际，每季度开展一次有针对性的季节性隐患排查；重大活动及节假日前必须进行一次隐患排查。

（5）企业至少每半年组织一次，基层单位至少每季度组织一次综合性隐患排查和专业隐患排查，两者可结合进行。

（6）当获知同类企业发生伤亡及泄漏、火灾爆炸等事故时，应举一反三，及时进行事故类比隐患专项排查。

（7）对于区域位置、工艺技术等不经常发生变化的，可依据实际变化情况确定排查周期，如果发生变化，应及时进行隐患排查。

3.2.2 当发生以下情形之一，企业应及时组织进行相关专业的隐患排查：

（1）颁布实施有关新的法律法规、标准规范或原有适用法律法规、标准规范重新修订的；

（2）组织机构和人员发生重大调整的；

（3）装置工艺、设备、电气、仪表、公用工程或操作参数发生重大改变的，应按变更管理要求进行风险评估；

（4）外部安全生产环境发生重大变化；

（5）发生事故或对事故、事件有新的认识；

（6）气候条件发生大的变化或预报可能发生重大自然灾害。

3.2.3 涉及"两重点一重大"的危险化学品生产、储存企业应每五年至少开展一次危险与可操作性分析（HAZOP）。

4 隐患排查内容

根据危险化学品企业的特点，隐患排查包括但不限于以下内容：

（1）安全基础管理；

（2）区域位置和总图布置；

（3）工艺；

（4）设备；

（5）电气系统；

（6）仪表系统；

（7）危险化学品管理；

（8）储运系统；

（9）公用工程；

（10）消防系统。

4.1 安全基础管理

4.1.1 安全生产管理机构建立健全情况、安全生产责任制和安全管理制度建立健全及落实情况。

4.1.2 安全投入保障情况，参加工伤保险、安全生产责任险的情况。

4.1.3 安全培训与教育情况，主要包括：

（1）企业主要负责人、安全管理人员的培训及持证上岗情况；

（2）特种作业人员的培训及持证上岗情况；

（3）从业人员安全教育和技能培训情况。

4.1.4 企业开展风险评价与隐患排查治理情况，主要包括：

（1）法律、法规和标准的识别和获取情况；

（2）定期和及时对作业活动和生产设施进行风险评价情况；

（3）风险评价结果的落实、宣传及培训情况；

（4）企业隐患排查治理制度是否满足安全生产需要。

4.1.5 事故管理、变更管理及承包商的管理情况。

4.1.6 危险作业和检维修的管理情况，主要包括：

（1）危险性作业活动作业前的危险有害因素识别与控制情况；

（2）动火作业、进入受限空间作业、破土作业、临时用电作业、高处作业、断路作业、吊装作业、设备检修作业和抽堵盲板作业等危险性作业的作业许可管理与过程监督情况。

（3）从业人员劳动防护用品和器具的配置、佩戴与使用情况；

4.1.7 危险化学品事故的应急管理情况。

4.2 区域位置和总图布置

4.2.1 危险化学品生产装置和重大危险源储存设施与《危险化学品安全管理条例》中规定的重要场所的安全距离。

4.2.2 可能造成水域环境污染的危险化学品危险源的防范情况。

4.2.3 企业周边或作业过程中存在的易由自然灾害引发事故灾难的危险点排查、防范和治理情况。

4.2.4 企业内部重要设施的平面布置以及安全距离，主要包括：

（1）控制室、变配电所、化验室、办公室、机柜间以及人员密集区或场所；

（2）消防站及消防泵房；

（3）空分装置、空压站；

（4）点火源（包括火炬）；

（5）危险化学品生产与储存设施等；

（6）其他重要设施及场所。

4.2.5 其他总图布置情况，主要包括：

（1）建构筑物的安全通道；

（2）厂区道路、消防道路、安全疏散通道和应急通道等重要道路（通道）的设计、建设与维护情况；

（3）安全警示标志的设置情况；

（4）其他与总图相关的安全隐患。

4.3 工艺管理

4.3.1 工艺的安全管理，主要包括：

（1）工艺安全信息的管理；

（2）工艺风险分析制度的建立和执行；

（3）操作规程的编制、审查、使用与控制；

（4）工艺安全培训程序、内容、频次及记录的管理。

4.3.2 工艺技术及工艺装置的安全控制，主要包括：

（1）装置可能引起火灾、爆炸等严重事故的部位是否设置超温、超压等检测仪表、声和/或光报警、泄压设施和安全联锁装置等设施；

（2）针对温度、压力、流量、液位等工艺参数设计的安全泄压系统以及安全泄压措施的完好性；

（3）危险物料的泄压排放或放空的安全性；

（4）按照《首批重点监管的危险化工工艺目录》和《首批重点监管的危险化工工艺安全控制要求、重点监控参数及推荐的控制方案》（安监总管三〔2009〕116号）的要求进行危险化工工艺的安全控制情况；

（5）火炬系统的安全性；

（6）其他工艺技术及工艺装置的安全控制方面的隐患。

4.3.3 现场工艺安全状况，主要包括：

（1）工艺卡片的管理，包括工艺卡片的建立和变更，以及工艺指标的现场控制；

（2）现场联锁的管理，包括联锁管理制度及现场联锁投用、摘除与恢复；

（3）工艺操作记录及交接班情况；

（4）剧毒品部位的巡检、取样、操作与检维修的现场管理。

4.4 设备管理

4.4.1 设备管理制度与管理体系的建立与执行情况，主要包括：

（1）按照国家相关法律法规制定修订本企业的设备管理制度；

（2）有健全的设备管理体系，设备管理人员按要求配备；

（3）建立健全安全设施管理制度及台账。

4.4.2 设备现场的安全运行状况，包括：

（1）大型机组、机泵、锅炉、加热炉等关键设备装置的联锁自保护及安全附件的设置、投用与完好状况；

（2）大型机组关键设备特级维护到位，备用设备处于完好备用状态；

（3）转动机器的润滑状况，设备润滑的"五定"、"三级过滤"；

（4）设备状态监测和故障诊断情况；

（5）设备的腐蚀防护状况，包括重点装置设备腐蚀的状况、设备腐蚀部位、工艺防腐措施，材料防腐措施等。

4.4.3 特种设备（包括压力容器及压力管道）的现场管理，主要包括：

（1）特种设备（包括压力容器、压力管道）的管理制度及台账；

（2）特种设备注册登记及定期检测检验情况；

（3）特种设备安全附件的管理维护。

4.5　电气系统

4.5.1　电气系统的安全管理，主要包括：

（1）电气特种作业人员资格管理；

（2）电气安全相关管理制度、规程的制定及执行情况。

4.5.2　供配电系统、电气设备及电气安全设施的设置，主要包括：

（1）用电设备的电力负荷等级与供电系统的匹配性；

（2）消防泵、关键装置、关键机组等特别重要负荷的供电；

（3）重要场所事故应急照明；

（4）电缆、变配电相关设施的防火防爆；

（5）爆炸危险区域内的防爆电气设备选型及安装；

（6）建构筑、工艺装置、作业场所等的防雷防静电。

4.5.3　电气设施、供配电线路及临时用电的现场安全状况。

4.6　仪表系统

4.6.1　仪表的综合管理，主要包括：

（1）仪表相关管理制度建立和执行情况；

（2）仪表系统的档案资料、台账管理；

（3）仪表调试、维护、检测、变更等记录；

（4）安全仪表系统的投用、摘除及变更管理等。

4.6.2　系统配置，主要包括：

（1）基本过程控制系统和安全仪表系统的设置满足安全稳定生产需要；

（2）现场检测仪表和执行元件的选型、安装情况；

（3）仪表供电、供气、接地与防护情况；

（4）可燃气体和有毒气体检测报警器的选型、布点及安装；

（5）安装在爆炸危险环境仪表满足要求等。

4.6.3　现场各类仪表完好有效，检验维护及现场标识情况，主要包括：

（1）仪表及控制系统的运行状况稳定可靠，满足危险化学品生产需求；

（2）按规定对仪表进行定期检定或校准；

（3）现场仪表位号标识是否清晰等。

4.7　危险化学品管理

4.7.1　危险化学品分类、登记与档案的管理，主要包括：

（1）按照标准对产品、所有中间产品进行危险性鉴别与分类，分类结果汇入危险化学品档案；

（2）按相关要求建立健全危险化学品档案；

（3）按照国家有关规定对危险化学品进行登记。

4.7.2　化学品安全信息的编制、宣传、培训和应急管理，主要包括：

（1）危险化学品安全技术说明书和安全标签的管理；

（2）危险化学品"一书一签"制度的执行情况；

（3）24h应急咨询服务或应急代理；

（4）危险化学品相关安全信息的宣传与培训。

4.8　储运系统

4.8.1　储运系统的安全管理情况，主要包括：

（1）储罐区、可燃液体、液化烃的装卸设施、危险化学品仓库储存管理制度以及操作、使用和维护规程制定及执行情况；

（2）储罐的日常和检维修管理。

4.8.2 储运系统的安全设计情况，主要包括：

（1）易燃、可燃液体及可燃气体的罐区，如罐组总容、罐组布置；防火堤及隔堤；消防道路、排水系统等；

（2）重大危险源罐区现场的安全监控装备是否符合《危险化学品重大危险源监督管理暂行规定》（国家安全监管总局令第 40 号）的要求；

（3）天然气凝液、液化石油气球罐或其他危险化学品压力或半冷冻低温储罐的安全控制及应急措施；

（4）可燃液体、液化烃和危险化学品的装卸设施；

（5）危险化学品仓库的安全储存。

4.8.3 储运系统罐区、储罐本体及其安全附件、铁路装卸区、汽车装卸区等设施的完好性。

4.9 消防系统

4.9.1 建设项目消防设施验收情况；企业消防安全机构、人员设置与制度的制定，消防人员培训、消防应急预案及相关制度的执行情况；消防系统运行检测情况。

4.9.2 消防设施与器材的设置情况，主要包括：

（1）消防站设置情况，如消防站、消防车、消防人员、移动式消防设备、通信等；

（2）消防水系统与泡沫系统，如消防水源、消防泵、泡沫液储罐、消防给水管道、消防管网的分区阀门、消火栓、泡沫栓，消防水炮、泡沫炮、固定式消防水喷淋等；

（3）油罐区、液化烃罐区、危险化学品罐区、装置区等设置的固定式和半固定式灭火系统；

（4）甲、乙类装置、罐区、控制室、配电室等重要场所的火灾报警系统；

（5）生产区、工艺装置区、建构筑物的灭火器材配置；

（6）其他消防器材。

4.9.3 固定式与移动式消防设施、器材和消防道路的现场状况

4.10 公用工程系统

4.10.1 给排水、循环水系统、污水处理系统的设置与能力能否满足各种状态下的需求。

4.10.2 供热站及供热管道设备设施、安全设施是否存在隐患。

4.10.3 空分装置、空压站位置的合理性及设备设施的安全隐患。

各部分具体排查内容详见附件。

5 隐患治理与上报

5.1 隐患级别

5.1.1 事故隐患可按照整改难易及可能造成的后果严重性，分为一般事故隐患和重大事故隐患。

5.1.2 一般事故隐患，是指能够及时整改，不足以造成人员伤亡、财产损失的隐患。对于一般事故隐患，可按照隐患治理的负责单位，分为班组级、基层车间级、基层单位（厂）级直至企业级。

5.1.3 重大事故隐患，是指无法立即整改且可能造成人员伤亡、较大财产损失的隐患。

5.2 隐患治理

5.2.1 企业应对排查出的各级隐患，做到"五定"，并将整改落实情况纳入日常管理进行监督，及时协调在隐患整改中存在的资金、技术、物资采购、施工等各方面问题。

5.2.2 对一般事故隐患，由企业（基层车间、基层单位〈厂〉）负责人或者有关人员立即组织整改。

5.2.3 对于重大事故隐患，企业要结合自身的生产经营实际情况，确定风险可接受标准，评估隐患的风险等级。评估风险的方法可参考附录 A。

5.2.4 重大事故隐患的治理应满足以下要求：

（1）当风险处于很高风险区域时，应立即采取充分的风险控制措施，防止事故发生，同时编制重大事故隐患治理方案，尽快进行隐患治理，必要时立即停产治理；

（2）当风险处于一般高风险区域时，企业应采取充分的风险控制措施，防止事故发生，并编制重大事故隐患治理方案，选择合适的时机进行隐患治理；

（3）对于处于中风险的重大事故隐患，应根据企业实际情况，进行成本-效益分析，编制重大事故隐患治理方案，选择合适的时机进行隐患治理，尽可能将其降低到低风险。

5.2.5　对于重大事故隐患，由企业主要负责人组织制定并实施事故隐患治理方案。重大事故隐患治理方案应包括：

（1）治理的目标和任务；

（2）采取的方法和措施；

（3）经费和物资的落实；

（4）负责治理的机构和人员；

（5）治理的时限和要求；

（6）防止整改期间发生事故的安全措施。

5.2.6　事故隐患治理方案、整改完成情况、验收报告等应及时归入事故隐患档案。隐患档案应包括以下信息：隐患名称、隐患内容、隐患编号、隐患所在单位、专业分类、归属职能部门、评估等级、整改期限、治理方案、整改完成情况、验收报告等。事故隐患排查、治理过程中形成的传真、会议纪要、正式文件等，也应归入事故隐患档案。

5.3　隐患上报

5.3.1　企业应当定期通过"隐患排查治理信息系统"向属地安全生产监督管理部门和相关部门上报隐患统计汇总及存在的重大隐患情况。

5.3.2　对于重大事故隐患，企业除依照前款规定报送外，应当及时向安全生产监督管理部门和有关部门报告。重大事故
隐患报告的内容应当包括：

（1）隐患的现状及其产生原因；

（2）隐患的危害程度和整改难易程度分析；

（3）隐患的治理方案。

附录 A

重大事故隐患风险评估方法

附表 1　事故隐患后果定性分级方法

很低后果	
人员	轻微伤害或没有受伤;不会损失工作时间
财产	损失很小
声誉	企业内部关注;形象没有受损
较低后果	
人员	人员轻微受伤,不严重;可能会损失工作时间
财产	损失较小
声誉	社区、邻居、合作伙伴影响
中等后果	
人员	3 人以上轻伤,1～2 人重伤
财产	损失较小
声誉	本地区内影响;政府管制,公众关注负面后果
高后果	
人员	1～2 人死亡或丧失劳动能力;3～9 人重伤
财产	损失较大
声誉	国内影响;政府管制,媒体和公众关注负面后果
非常高的后果	
人员	死亡 3 人以上
财产	损失很大
声誉	国际影响

附表 2　重大事故隐患风险评估矩阵

后果等级	5	低	中	中	高	高	很高	很高
	4	低	低	中	中	高	高	很高
	3	低	低	低	中	中	中	高
	2	低	低	低	低	中	中	中
	1	低	低	低	低	低	中	中
		$1E^{-6}\sim1E^{-7}$	$1E^{-5}\sim1E^{-6}$	$1E^{-4}\sim1E^{-5}$	$1E^{-3}\sim1E^{-4}$	$1E^{-2}\sim1E^{-3}$	$1E^{-1}\sim1E^{-2}$	$1\sim1E^{-1}$
		事故发生的可能性/a^{-1}						

附件

各专业隐患排查表

说明：

1. 表中排查频次为最小频次，企业自己安排频次不能少于表中规定频次。

2. 表中排查内容企业可以根据实际增加相关内容，但不能减少。

3. 发生较大以上事故、有关法律法规标准发生变化、企业内外部安全生产环境发生重大变化时及时进行隐患排查。

1　安全基础管理隐患排查表

序号	排查内容	依据	排查频次
	一、安全管理机构的建立、安全生产责任制、安全管理制度的健全和落实		
1	企业应当依法设置安全生产管理机构,配备专职安全生产管理人员。配备的专职安全生产管理人员必须能够满足安全生产的需要	《安全生产法》第19条 《危险化学品生产企业安全生产许可证实施办法》(国家安全监管总局令第41号)第12条	1次/年
2	建立、健全安全生产责任制度,包括单位主要负责人在内的各级人员岗位安全责任制度	《危险化学品安全管理条例》第4条 《危险化学品生产企业安全生产许可证实施办法》(国家安全监管总局令第41号)第13条	
3	企业应设置安委会,建立、健全从安委会到基层班组的安全生产管理网络	《危险化学品从业单位安全标准化通用规范》(AQ 3013—2008)	
4	企业应建立安全生产责任制考核机制,对各级管理部门、管理人员及从业人员安全职责的履行情况和安全生产责任制的实现情况进行定期考核,予以奖惩	《危险化学品从业单位安全标准化通用规范》(AQ 3013—2008)	1次/月
5	企业应当根据化工工艺、装置、设施等实际情况,制定完善下列主要安全生产规章制度: 1. 安全生产例会等安全生产会议制度; 2. 安全投入保障制度; 3. 安全生产奖惩制度; 4. 安全培训教育制度; 5. 领导干部轮流现场带班制度; 6. 特种作业人员管理制度; 7. 安全检查和隐患排查治理制度; 8. 重大危险源评估和安全管理制度; 9. 变更管理制度; 10. 应急管理制度; 11. 安全事故或者重大事件管理制度; 12. 防火、防爆、防中毒、防泄漏管理制度; 13. 工艺、设备、电气仪表、公用工程安全管理制度; 14. 动火、进入受限空间、吊装、高处、盲板抽堵、动土、断路、设备检维修等作业安全管理制度; 15. 危险化学品安全管理制度; 16. 职业健康相关管理制度; 17. 劳动防护用品使用维护管理制度; 18. 承包商管理制度; 19. 安全管理制度及操作规程定期修订制度	《安全生产法》第17条 《危险化学品生产企业安全生产许可证实施办法》(国家安全监管总局令第41号)第14条	1次/半年

序号	排查内容	依据	排查频次
	二、企业安全生产费用的提取、使用		
1	企业应当按照国家规定提取与安全生产有关的费用,并保证安全生产所必需的资金投入。危险品生产与储存企业以上年度实际营业收入为计提依据,采取超额累退方式按照以下标准平均逐月提取: 1. 营业收入不超过 1000 万元的,按照 4% 提取; 2. 营业收入超过 1000 万元至 1 亿元的部分,按照 2% 提取; 3. 营业收入超过 1 亿元至 10 亿元的部分,按照 0.5% 提取; 4. 营业收入超过 10 亿元的部分,按照 0.2% 提取	《安全生产法》第 18 条 《危险化学品生产企业安全生产许可证实施办法》(国家安全监管总局令第 41 号)第 17 条 《企业安全生产费用提取和使用管理办法》第 8 条	1 次/年
2	企业应按照规定的安全生产费用使用范围,合理使用安全生产费用,建立安全生产费用台账。 安全生产的费用应当按照以下范围使用: 1. 完善、改造和维护安全防护设施设备支出; 2. 配备、维护、保养应急救援器材、设备支出和应急演练支出; 3. 开展重大危险源和事故隐患评估、监控和整改支出; 4. 安全生产检查、评价(不包括新建、改建、扩建项目安全评价)、咨询和标准化建设支出; 5. 配备和更新现场作业人员安全防护用品支出; 6. 安全生产宣传、教育、培训支出; 7. 安全生产适用的新技术、新标准、新工艺、新装备的推广应用支出; 8. 安全设施及特种设备检测检验支出; 9. 其他与安全生产直接相关的支出	危险化学品从业单位安全标准化通用规范(AQ 3013—2008) 《企业安全生产费用提取和使用管理办法》第 20 条	
	三、安全培训教育管理		
1	企业应当对从业人员进行安全生产教育和培训,保证从业人员具备必要的安全生产知识,熟悉有关的安全生产规章制度和安全操作规程,掌握本岗位的安全操作技能。从业人员应当接受教育和培训,考核合格后上岗作业;对有资格要求的岗位,应当配备依法取得相应资格的人员	《安全生产法》第 21 条 《生产经营单位安全培训规定》第 4 条 《危险化学品安全管理条例》第 4 条	
2	企业采用新工艺、新技术、新材料或者使用新设备,必须了解、掌握其安全技术特性,采取有效的安全防护措施,并对从业人员进行专门的安全生产教育和培训	《安全生产法》第 22 条	1 次/半年
3	企业主要负责人和安全生产管理人员应接受专门的安全培训教育,经安全生产监管部门对其安全生产知识和管理能力考核合格,按照有关法律、行政法规规定,需要取得安全资格证书的,取得安全资格证书后方可任职。主要负责人和安全生产管理人员安全资格培训时间不得少于 48 学时;每年再培训时间不得少于 16 学时	《生产经营单位安全培训规定》第二章	
4	企业必须对新上岗的从业人员等进行强制性安全培训,保证其具备本岗位安全操作、自救互救以及应急处置所需的知识和技能后,方能安排上岗作业。新上岗的从业人员安全培训时间不得少于 72 学时,每年接受再培训的时间不得少于 20 学时。 从业人员在本企业内调整工作岗位或离岗一年以上重新上岗时,应当重新接受车间(工段、区、队)和班组级的安全培训	《生产经营单位安全培训规定》第三章	

续表

序号	排查内容	依据	排查频次
	三、安全培训教育管理		
5	企业特种作业人员应按有关规定参加安全培训教育,取得特种作业操作证,方可上岗作业,并定期复审	《安全生产法》第23条 《特种作业人员安全技术培训考核管理规定》	
6	企业应当将安全培训工作纳入本单位年度工作计划。保证本单位安全培训工作所需资金。企业应建立健全从业人员安全培训档案,详细、准确记录培训考核情况	《生产经营单位安全培训规定》第23条、第24条	
7	企业管理部门、班组应按照月度安全活动计划开展安全活动和基本功训练。班组安全活动每月不少于2次,每次活动时间不少于1学时。班组安全活动应有负责人、有计划、有内容、有记录。企业负责人应每月至少参加1次班组安全活动,基层单位负责人及其管理人员应每月至少参加2次班组安全活动	危险化学品从业单位安全标准化通用规范 (AQ 3013—2008)	1次/月
	四、风险评价与隐患控制		
1	法律、法规和标准的识别和获取方面: 1. 企业应建立识别和获取适用的安全生产法律法规、标准及其他要求的管理制度,明确责任部门,确定获取渠道、方式和时机,及时识别和获取,并定期进行更新。 2. 企业应将适用的安全生产法律、法规、标准及其他要求及时传达给相关方	危险化学品从业单位安全标准化通用规范 (AQ 3013—2008)	1次/年
2	企业应依据风险评价准则,选定合适的评价方法,定期和及时对作业活动和设备设施进行危险、有害因素识别和风险评价,并满足以下要求: 1. 企业各级管理人员应参与风险评价工作,鼓励从业人员积极参与风险评价和风险控制。 2. 企业应根据风险评价结果及经营运行情况等,确定不可接受的风险,制定并落实控制措施,将风险尤其是重大风险控制在可以接受的程度。 3. 企业应将风险评价的结果及所采取的控制措施对从业人员进行宣传、培训,使其熟悉工作岗位和作业环境中存在的危险、有害因素,掌握、落实应采取的控制措施。 4. 企业应定期评审或检查风险评价结果和风险控制效果。 5. 企业应在下列情形发生时及时进行风险评价: (1)新的或变更的法律法规或其他要求; (2)操作条件变化或工艺改变; (3)技术改造项目; (4)有对事件、事故或其他信息的新认识; (5)组织机构发生大的调整	危险化学品从业单位安全标准化通用规范 (AQ 3013—2008)	1次/季度 或根据实际情况随时检查
3	在隐患治理方面,应满足: 1. 企业应对风险评价出的隐患项目,下达隐患治理通知,限期治理,做到定治理措施、定负责人、定资金来源、定治理期限。企业应建立隐患治理台账。 2. 企业应对确定的重大隐患项目建立档案,档案内容应包括: (1)评价报告与技术结论; (2)评审意见; (3)隐患治理方案,包括资金预算情况等; (4)治理时间表和责任人; (5)竣工验收报告; (6)备案文件。 3. 企业无力解决的重大事故隐患,除应书面向企业直接主管部门和当地政府报告外,应采取有效防范措施。 4. 企业对不具备整改条件的重大事故隐患,必须采取防范措施,并纳入计划,限期解决或停产	危险化学品从业单位安全标准化通用规范 (AQ 3013—2008)	1次/季度

序号	排查内容	依据	排查频次
五、事故管理、变更管理与承包商管理			
1	生产经营单位不得以任何形式与从业人员订立协议,免除或者减轻其对从业人员因生产安全事故伤亡依法应承担的责任	《安全生产法》第44条	1次/半年
2	生产经营单位发生生产安全事故后,事故现场有关人员应当立即报告本单位负责人。单位负责人接到事故报告后,应当迅速采取有效措施,组织抢救并在接到报告后1小时内向事故发生地县级以上人民政府安全生产监督管理部门和负有安全生产监督管理职责的有关部门报告	《安全生产法》第70条《生产安全事故报告和调查处理条例》第9条	1次/半年
3	事故调查处理应当按照实事求是、尊重科学的原则,及时、准确地查清事故原因,查明事故性质和责任,提出整改措施,并对事故责任者提出处理意见	《安全生产法》第73条	
4	企业应落实事故整改和预防措施,防止事故再次发生。整改和预防措施应包括:1. 工程技术措施;2. 培训教育措施;3. 管理措施。企业应建立事故档案和事故管理台账	《危险化学品从业单位安全生产标准化通用规范》(AQ 3013—2008)	
5	企业应严格执行变更管理,并满足:1. 建立变更管理制度,履行下列变更程序:(1)变更申请:按要求填写变更申请表,由专人进行管理;(2)变更审批:变更申请表应逐级上报主管部门,并按管理权限报主管领导审批;(3)变更实施:变更批准后,由主管部门负责实施。不经过审查和批准,任何临时性的变更都不得超过原批准范围和期限;(4)变更验收:变更实施结束后,变更主管部门应对变更的实施情况进行验收,形成报告,并及时将变更结果通知相关部门和有关人员。2. 企业应对变更过程产生的风险进行分析和控制	危险化学品从业单位安全标准化通用规范(AQ 3013—2008)	1次/季度或根据情况随时检查
6	在承包商管理方面,企业应满足:1. 企业应严格执行承包商管理制度,对承包商资格预审、选择、开工前准备、作业过程监督、表现评价、续用等过程进行管理,建立合格承包商名录和档案。企业应与选用的承包商签订安全协议书。2. 企业应对承包商的作业人员进行入厂安全培训教育,经考核合格发放入厂证,保存安全培训教育记录。进入作业现场前,作业现场所在基层单位应对施工单位的作业人员进行进入现场前安全培训教育,保存安全培训教育记录	危险化学品从业单位安全标准化通用规范(AQ 3013—2008)	1次/季度
六、作业管理			
1	企业应根据接触毒物的种类、浓度和作业性质、劳动强度,为从业人员提供符合国家标准或者行业标准的劳动防护用品和器具,并监督、教育从业人员按照使用规则佩戴、使用	《安全生产法》第37条、第39条	1次/天或根据现场作业情况随时检查

续表

序号	排查内容	依据	排查频次
六、作业管理			
2	企业为从业人员提供的劳动防护用品,不得超过使用期限。企业应当督促、教育从业人员正确佩戴和使用劳动防护用品。从业人员在作业过程中,必须按照安全生产规章制度和劳动防护用品使用规则,正确佩戴和使用劳动防护用品;未按规定佩戴和使用劳动防护用品的,不得上岗作业	《劳动防护用品监督管理规定》第16条、第19条	1次/天或根据现场作业情况随时检查
3	企业应在危险性作业活动作业前进行危险、有害因素识别,制定控制措施。在作业现场配备相应的安全防护用品(具)及消防设施与器材,规范现场人员作业行为	危险化学品从业单位安全标准化通用规范(AQ 3013—2008)	
4	企业作业活动的负责人应严格按照规定要求科学指挥;作业人员应严格执行操作规程,不违章作业,不违反劳动纪律		
5	企业作业人员在进行作业活动时,应持相应的作业许可证作业		
6	企业作业活动监护人员应具备基本救护技能和作业现场的应急处理能力,持相应作业许可证进行监护作业,作业过程中不得离开监护岗位		
7	对动火作业、进入受限空间作业、破土作业、临时用电作业、高处作业、断路作业、吊装作业、设备检修作业和抽堵盲板作业等危险性作业实施作业许可管理,严格履行审批手续;并严格按照相关作业安全规程的要求执行	化学品生产单位吊装作业安全规范(AQ 3021—2008) 化学品生产单位动火作业安全规范(AQ 3022—2008) 化学品生产单位动土作业安全规范(AQ 3023—2008) 化学品生产单位断路作业安全规范(AQ 3024—2008) 化学品生产单位高处作业安全规范(AQ 3025—2008) 化学品生产单位设备检修作业安全规范(AQ 3026—2008) 化学品生产单位盲板抽堵作业安全规范(AQ 3027—2008) 化学品生产单位受限空间作业安全规范(AQ 3028—2008)	
七、应急管理			
1	危险物品的生产、经营、储存单位应建立应急救援组织;生产经营规模较小,可以不建立应急救援组织的,应当指定兼职的应急救援人员。 企业应建立应急指挥系统,实行厂级、车间级分级管理,建立应急救援队伍;明确各级应急指挥系统和救援队的职责	《安全生产法》第69条《危险化学品从业单位安全生产标准化通用规范》(AQ 3013—2008)	1次/半年
2	企业制定并实施本单位的生产安全事故应急救援预案;是否按照国家有关要求,针对不同情况,制定了综合应急预案、专项应急预案和现场处置方案	《安全生产法》第17条《生产安全事故应急预案管理办法》(国家安全监管总局令第17号)《生产经营单位安全生产事故应急预案编制导则》(AQ/T 9002—2006)	
3	企业综合应急预案和专项应急预案是否按照规定报政府有关部门备案;是否组织专家对本单位编制的应急预案进行了评审,应急预案经评审后,是否由企业主要负责人签署公布	《生产安全事故应急预案管理办法》(国家安全监管总局令第17号)	

序号	排查内容	依据	排查频次
	七、应急管理		
4	危险物品的生产、经营、储存单位应备必要的应急救援器材、设备,并进行经常性维护、保养并记录,保证其处于完好状态	《安全生产法》第69条《危险化学品从业单位安全生产标准化通用规范》(AQ 3013—2008)	1次/月
5	企业应对从业人员进行应急救援预案的培训;企业是否制定了本单位的应急预案演练计划,并且每年至少组织一次综合应急预案演练或者专项应急预案演练,每半年至少组织一次现场处置方案演练。应急预案演练结束后,应急预案演练组织单位是否对应急预案演练效果进行评估,并撰写应急预案演练评估报告	《生产安全事故应急预案管理办法》(国家安全监管总局令第17号)	1次/半年
6	企业制定的应急预案应当至少每三年修订一次,预案修订情况应有记录并归档。 有下列情形之一的,应急预案应当及时修订: 1. 生产经营单位因兼并、重组、转制等导致隶属关系、经营方式、法定代表人发生变化的; 2. 生产经营单位生产工艺和技术发生变化的; 3. 周围环境发生变化,形成新的重大危险源的; 4. 应急组织指挥体系或者职责已经调整的; 5. 依据的法律、法规、规章和标准发生变化的; 6. 应急预案演练评估报告要求修订的; 7. 应急预案管理部门要求修订的	《生产安全事故应急预案管理办法》(国家安全监管总局令第17号)	1次/年或根据情况随时检查

2　区域位置及总图布置隐患排查表

序号	排查内容	排查依据	排查频次
	一、区域位置		
1	危险化学品生产装置和储存危险化学品数量构成重大危险源的储存设施,与下列场所、区域的距离是否符合国家相关法律、法规、规章和标准的规定: 1. 居民区、商业中心、公园等人口密集区域; 2. 学校、医院、影剧院、体育场(馆)等公共设施; 3. 供水水源、水厂及水源保护区; 4. 车站、码头(按照国家规定,经批准专门从事危险化学品装卸作业的除外)、机场以及公路、铁路、水路交通干线、地铁风亭及出入口; 5. 基本农田保护区、畜牧区、渔业水域和种子、种畜、水产苗种生产基地; 6. 河流、湖泊、风景名胜区和自然保护区; 7. 军事禁区、军事管理区; 8. 法律、行政法规规定予以保护的其他区域	《危险化学品安全管理条例》第10条、《危险化学品生产企业安全生产许可证实施办法》(国家安全监管总局令第41号)第12条	1次/年
2	石油化工装置(设施)与居住区之间的卫生防护距离,应按《石油化工企业卫生防护距离》SH 3093—1999中表2.0.1确定,表中未列出的装置(设施)与居住区之间的卫生防护距离一般不应小于150m。卫生防护距离范围内不应设置居住性建筑物,并宜绿化	《石油化工企业卫生防护距离》SH 3093—1999	
3	严重产生有毒有害气体、恶臭、粉尘、噪声且目前尚无有效控制技术的工业企业,不得在居住区、学校、医院及其他人口密集的被保护区域内建设	《工业企业卫生设计标准》GB Z1—2002第4.1.1条	
4	危险化学品企业与相邻工厂或设施,同类企业及油库的防火间距是否满足GB 50016、GB 50160、GB 50074、GB 50183等相关规范的要求		

续表

序号	排查内容	排查依据	排查频次
一、区域位置				
5	邻近江河、湖、海岸布置的危险化学品装置和罐区,是否采取防止泄漏的危险化学品液体和受污染的消防水进入水域的措施	《石油化工企业设计防火规范》GB 50160—2008第4.1.5条	1次/年
6	当区域排洪沟通过厂区时: 1. 不宜通过生产区; 2. 应采取防止泄漏的可燃液体和受污染的消防水流入区域排洪沟的措施	GB 50160—2008第4.1.7条	
7	危险化学品企业对下列自然灾害因素是否采取了有效的防范措施。抗震、抗洪、抗地质灾害等设计标准是否符合要求: 1. 破坏性地震; 2. 洪汛灾害(江河洪水、渍涝灾害、山洪灾害、风暴潮灾害); 3. 气象灾害(强热带风暴、飓风、暴雨、冰雪、海啸、海冰等); 4. 由于地震、洪汛、气象灾害而引发的其他灾害		1次/半年
二、总图布置				
1	可能散发可燃气体的工艺装置、罐组、装卸区或全厂性污水处理场等设施,宜布置在人员集中场所,及明火或散发火花地点的全年最小频率风向的上风侧	GB 50160—2008第4.2.2条	
2	危险化学品生产装置与下列场所防火安全间距是否符合规范要求: 1. 控制室; 2. 变配电室; 3. 点火源(包括火炬); 4. 办公楼; 5. 厂房; 6. 消防站及消防泵房; 7. 空分空压站; 8. 危险化学品生产与储存设施; 9. 其他重要设施及场所		1次/半年
3	液化烃罐组或可燃液体罐组不应毗邻布置在高于工艺装置、全厂性重要设施或人员集中场所的阶梯上。如受条件限制或者工艺要求,可燃液体原料储罐毗邻布置在高于工艺装置的阶梯上时是否采取了防止泄漏的可燃液体流入工艺装置、全厂性重要设施或人员集中场所的措施	GB 50160—2008第4.2.3条	
4	空分站应布置在空气清洁地段,并宜位于散发乙炔及其他可燃气体、粉尘等场所的全年最小频率风向的下风侧	GB 50160—2008第4.2.5条	
5	汽车装卸设施、液化烃灌装站及各类物品仓库等机动车辆频繁进出的设施应布置在厂区边缘或厂区外,并宜设围墙独立成区	GB 50160—2008第3.2.7条	
6	下列设施应满足: 1. 公路和地区架空电力线不应穿越生产区; 2. 地区输油(输气)管道不应穿越厂区; 3. 采用架空电力线路进出厂区的总变电所,应布置在厂区边缘	GB 50160—2008第4.1.6条 第4.1.8条 第4.2.9条	

序号	排查内容	排查依据	排查频次
二、总图布置			
7	在布置产生剧毒物质、高温以及强放射性装置的车间时,同时考虑相应事故防范和应急、救援设施和设备的配套并留有应急通道	GBZ 1—2002 第4.2.1.6条	
8	严禁将泡沫站设置在防火堤内、围堰内、泡沫灭火系统保护区或其他火灾及爆炸危险区内;当泡沫站靠近防火堤设置时,其与各甲、乙、丙类液体储罐罐壁之间的间距应大于20m,且应具备远程控制功能;当泡沫站设置在室内时,其建筑的耐火等级不应低于二级		1次/半年
三、道路、建构筑物			
1	装置区、罐区、仓库区、可燃物料装卸区四周是否有环形消防车道;转弯半径、净空高度是否满足规范要求	GB 50160—2008 GB 50016—2006	
2	原料及产品运输道路与生产设施的防火间距是否符合规范要求	GB 50160—2008 GB 50016—2006	
3	石油化工企业的主要出入口不应少于两个,并宜位于不同方位;石油库通向公路的车辆出入口(公路装卸区的单独出入口除外),一、二、三级石油库不宜少于2处;其他厂区面积大于50000m² 的化工企业应有两个以上的出入口,人流和货运应明确分开,大宗危险货物运须有单独路线,不与人流及其他货流混行或平交		1次/半年
4	当大型石油化工装置的设备、建筑物区占地面积大于10000m² 小于20000m² 时,在设备、建筑物区四周应设环形道路,道路路面宽度不应小于6m,设备、建筑物区的宽度不应大于120m,相邻两设备、建筑物区的防火间距不应小于15m	GB 50160—2008 第5.2.11条	
5	两条或两条以上的工厂主要出入口的道路,应避免与同一条铁路平交;若必须平交时,其中至少有两条道路的间距不应小于所通过的最长列车的长度;若小于所通过的最长列车的长度,应另设消防车道	GB 50160—2008 第4.3.2条	
6	建、构筑物安全设施是否符合规范要求: 1. 安全通道; 2. 安全出口; 3. 耐火等级	GB 50016—2006	
7	建、构筑物抗震设计是否满足 GB 50223、GB 50011、GB 50453 等规范要求		
8	建、构筑物防雷(感应雷、直击雷)措施是否符合规范要求	《建筑物防雷设计规范》GB 50057—2010	1次/半年
9	大型机组(压缩机、泵等)、散发油气的生产设备宜采用敞开式或半敞开式厂房。有爆炸危险的甲、乙类厂房泄压设施是否满足规定	GB 50016—2006	
10	生产、储存危险化学品的车间、仓库不得与员工宿舍在同一座建筑物内,且与员工宿舍保持符合规定的安全距离	《安全生产法》第34条	
11	贮存化学危险品的建筑物应满足: 1. 不得有地下室或其他地下建筑。甲、乙类仓库不应设置在地下或半地下。 2. 仓库内容严禁设置员工宿舍。甲乙类仓库内严禁设置办公室、休息室	GB 50016—2006 第3.3.7条 3.3.15条	

续表

序号	排查内容	排查依据	排查频次
四、安全警示标志			
1	企业应在易燃、易爆、有毒有害等危险场所的醒目位置设置符合 GB 2894 规定的安全标志	《危险化学品从业单位安全标准化通用规范》AQ 3013—2008 第 5.2.1 条	根据现场情况随时检查
2	企业应在重大危险源现场设置明显的安全警示标志	AQ 3013—2008 第 5.2.2 条	
3	企业应按有关规定,在厂内道路设置限速、限高、禁行等标志	AQ 3013—2008 第 5.2.3 条	
4	企业应在检维修、施工、吊装等作业现场设置警戒区域和安全标志,在检修现场的坑、井、洼、沟、陡坡等场所设置围栏和警示灯	AQ 3013—2008 第 5.2.4 条	
5	企业应在可能产生严重职业危害作业岗位的醒目位置,按照 GBZ 158 设置职业危害警示标识,同时设置告知牌,告知产生职业危害的种类、后果、预防及应急救治措施、作业场所职业危害因素检测结果等	AQ 3013—2008 第 5.2.5 条	1 次/季度
6	企业应按有关规定在生产区域设置风向标	AQ 3013—2008 第 5.2.6 条	

3 工艺隐患排查表

序号	排查内容	排查依据	排查频次
一、工艺的安全管理			
1	企业应进行工艺安全信息管理,工艺安全信息文件应纳入企业文件控制系统予以管理,保持最新版本。工艺安全信息包括: 1. 危险品危害信息; 2. 工艺技术信息; 3. 工艺设备信息; 4. 工艺安全信息	《化工企业工艺安全管理实施导则》AQ/T 3034—2010 第 4.1 条	
2	企业应建立风险管理制度,积极组织开展危害辨识、风险分析工作。应定期开展系统的工艺过程风险分析。 企业应在工艺装置建期间进行一次工艺危害分析,识别、评估和控制工艺系统相关的危害,所选择的方法要与工艺系统的复杂性相适应。企业应每三年对以前完成的工艺危害分析重新进行确认和更新,涉及剧毒化学品的工艺可结合法规对现役装置评价要求频次进行	《危险化学品从业单位安全生产标准化通用规范》(AQ 3013—2008)AQ/T 3034—2010 第 4.2.3 条	
3	大型和采用危险化工工艺的装置在初步设计完成后要进行 HAZOP 分析。国内首次采用的化工工艺,要通过省级有关部门组织专家组进行安全论证	安监总管三〔2010〕186 号	
4	企业应编制并实施书面的操作规程,规程应与工艺安全信息保持一致。企业应鼓励员工参与操作规程的编制,并组织进行相关培训。操作规程应至少包括以下内容: 1. 初始开车、正常操作、临时操作、应急操作、正常停车、紧急停车等各个操作阶段的操作步骤。 2. 正常工况控制范围、偏离正常工况的后果;纠正或防止偏离正常工况的步骤。 3. 安全、健康和环境相关的事项。如危险化学品的特性与危害、防止暴露的必要措施、发生身体接触或暴露后的处理措施、安全系统及其功能(联锁、监测和抑制系统)等	AQ/T 3034—2010 第 4.3.1 条	

序号	排查内容	排查依据	排查频次
	一、工艺的安全管理		
5	操作规程的审查、发布等应满足： 　　1. 企业应根据需要经常对操作规程进行审核，确保反映当前的操作状况，包括化学品、工艺技术设备和设施的变更。企业应每年确认操作规程的适应性和有效性。 　　2. 企业应确保操作人员可以获得书面的操作规程。通过培训，帮助他们掌握如何正确使用操作规程，并且使他们意识到操作规程是强制性的。 　　3. 企业应明确操作规程编写、审查、批准、分发、修改以及废止的程序和职责，确保使用最新版本的操作规程	AQ/T 3034—2010 第 4.3.2 条	
6	工艺的安全培训应包括： 　　1. 应建立并实施工艺安全培训管理程序。根据岗位特点和应具备的技能，明确制订各个岗位的具体培训要求，编制落实相应的培训计划，并定期对培训计划进行审查和演练。 　　2. 培训管理程序应包含培训反馈评估方法和再培训规定。对培训内容、培训方式、培训人员、教师的表现以及培训效果进行评估，并作为改进和优化培训方案的依据；再培训至少每三年举办一次，根据需要可适当增加频次。当工艺技术、工艺设备发生变更时，需要按照变更管理程序的要求，就变更的内容和要求告知或培训操作人员及其他相关人员。 　　3. 应保存好员工的培训记录。包括员工的姓名、培训时间和培训效果等都要以记录形式保存	AQ/T 3034—2010 第 4.4 条	1 次/季度
	二、工艺技术及工艺装置的安全控制		
1	生产经营单位不得使用国家明令淘汰、禁止使用的危及生产安全的工艺、设备	《安全生产法》第 31 条	
2	危险化工工艺的安全控制应按照《首批重点监管的危险化工工艺目录》和《首批重点监管的危险化工工艺安全控制要求、重点监控参数及推荐的控制方案》的要求进行设置	安监总管三〔2009〕116 号	
3	大型和高度危险化工装置要按照《首批重点监管的危险化工工艺目录》和《首批重点监管的危险化工工艺安全控制要求、重点监控参数及推荐的控制方案》推荐的控制方案装备紧急停车系统	安监总管三〔2009〕116 号	
4	装置可能引起火灾、爆炸等严重事故的部位应设置超温、超压等检测仪表、声和/或光报警、泄压设施和安全联锁装置等设施	AQ 3013—2008 第 5.5.2.2 条	1 次/半年
5	在非正常条件下，下列可能超压的设备或管道是否设置可靠的安全泄压措施以及安全泄压措施的完好性： 　　1. 顶部最高操作压力大于等于 0.1MPa 的压力容器； 　　2. 顶部最高操作压力大于 0.03MPa 的蒸馏塔、蒸发塔和汽提塔(汽提塔顶蒸汽通入另一蒸馏塔者除外)； 　　3. 往复式压缩机各段出口或电动往复泵、齿轮泵、螺杆泵等容积式泵的出口(设备本身已有安全阀者除外)； 　　4. 凡与鼓风机、离心式压缩机、离心泵或蒸汽往复泵出口连接的设备不能承受其最高压力时，鼓风机、离心式压缩机、离心泵或蒸汽往复泵的出口； 　　5. 可燃气体或液体受热膨胀，可能超过设计压力的设备顶部最高操作压力为 0.03～0.1MPa 的设备应根据工艺要求设置； 　　6. 两端阀门关闭且因外界影响可能造成介质压力升高的液化烃、甲 B、乙 A 类液体管道	《石油化工设计防火规范》GB 50160—2008 第 5.5.1 条 《石油天然气工程设计防火规范》GB 50183—2004 第 6.8.1 条	

续表

序号	排查内容	排查依据	排查频次
二、工艺技术及工艺装置的安全控制			
6	因物料爆聚、分解造成超温、超压,可能引起火灾、爆炸的反应设备应设报警信号和泄压排放设施,以及自动或手动遥控的紧急切断进料设施	GB 50160—2008 第 5.5.13 条	1次/半年
7	安全阀、防爆膜、防爆门的设置应满足安全生产要求,如: 1. 突然超压或发生瞬时分解爆炸危险物料的反应设备,如设安全阀不能满足要求时,应装爆破片或爆破片和导爆管,导爆管口必须朝向无火源的安全方向;必要时应采取防止二次爆炸、火灾的措施。 2. 有可能被物料堵塞或腐蚀的安全阀,在安全阀前应设爆破片或在其他出入口管道上采取吹扫、加热或保温等措施。 3. 较高浓度环氧乙烷设备的安全阀前应设爆破片。爆破片入口管道应设氮封,且安全阀的出口管道应充氮	GB 50160—2008 第 5.5.9 条第 5.5.12 条	
8	危险物的泄压排放或放空的安全性,主要包括: 1. 可燃气体、可燃液体设备的安全阀出口应连接至适宜的设施或系统; 2. 对液化烃或可燃液体设备紧急排放时,液化烃或可燃液体应排至安全地点,剩余的液化烃应排入火炬; 3. 对可燃气体设备,应能将设备内的可燃气体排入火炬或安全放空系统 4. 氢的安全阀排放气应经处理后放空	GB 50160—2008 第 5.5.7 条第 5.5.10 条	
9	无法排入火炬或装置处理排放系统的可燃气体,当通过排气筒、放空管直接向大气排放时,排气筒、放空管的高度应满足 GB 50160、GB 50183 等规范的要求	GB 50160—2008 第 5.5.11 条 GB 50183 第 6.8.8 条	
10	火炬系统的安全性是否满足以下要求: 1. 火炬系统的能力是否满足装置事故状态下的安全泄放; 2. 火炬系统是否设置了足够的长明灯,并有可靠的点火系统及燃料气源; 3. 火炬系统是否设置了可靠的防回火设施; 4. 火炬气的分液、排凝是否符合要求	GB 50160—2008 SH 3009—2001	
三、现场工艺安全			
1	企业应严格执行工艺卡片管理,并符合以下要求: 1. 操作室要有工艺卡片,并定期修订; 2. 现场装置的工艺指标应按工艺卡片严格控制; 3. 工艺卡片变更必须按规定履行变更审批手续		1次/月
2	企业应建立联锁管理制度,严格执行,并符合以下要求: 1. 现场联锁装置必须投用,完好; 2. 摘除联锁有审批手续,有安全措施。 3. 恢复联锁按规定程序进行		
3	企业应建立操作记录和交接班管理制度,并符合以下要求: 1. 岗位职工严格遵守操作规程;岗位职工严格遵守操作规程,按照工艺卡片参数平稳操作,巡回检查有检查标志。 2. 定时进行巡回检查,要有操作记录;操作记录真实、及时、齐全,字迹工整、清晰、无涂改。 3. 严格执行交接班制度。日志内容完整、真实		
4	剧毒品部位的巡检、取样、操作、检维修加强监护,有监护制度,符合 GB/T 3723—1999 的要求	《工业用化学品采样安全通则》GB/T 3723—1999	

4 设备隐患排查表

序号	排查内容	依据	排查频次
一、设备管理制度及管理体系			
1	按国家相关法规制定和及时修订本企业的设备管理制度		1次/半年
2	依据设备管理制度制定检查和考评办法,定期召开设备工作例会,按要求执行并追踪落实整改结果		
3	有健全的设备管理体系,设备专业管理人员配备齐全		
4	生产及检维修单位巡回检查制度健全,巡检时间、路线、内容、标识、记录准确、规范,设备缺陷及隐患及时上报处理		
5	企业应严格执行安全设施管理制度,建立安全设施管理台账	AQ 3013—2008 第5.5.2.1条	
6	企业的各种安全设施应有专人负责管理,定期检查和维护保养	AQ 3013—2008 第5.5.2.3条	
7	安全设施应编入设备检维修计划,定期检维修。安全设施不得随意拆除、挪用或弃置不用,因检维修拆除的,检维修完毕后应立即复原	AQ 3013—2008 第5.5.2.4条	
8	企业应对监视和测量设备进行规范管理,建立监视和测量设备台账,定期进行校准和维护,并保存校准和维护活动的记录	AQ 3013—2008 第5.5.2.5条	
9	生产经营单位不得使用国家明令淘汰、禁止使用的危及生产安全的设备	《安全生产法》31条	
二、大型机组、机泵的管理和运行状况			
1	各企业应建立健全大型机组的管理体系及制度并严格执行		1次/半年
2	大型机组联锁保护系统应正常投用,变更、解除时要办理相关手续,并制订相应的防范措施		1次/季度
3	大型机组润滑油应定期分析,其机组油质按要求定期分析,有分析指标,分析不合格有措施并得到落实		
4	大型机组的运行管理应符合以下要求: 1. 机组运行参数应符合工艺规程要求; 2. 机组轴(承)振动、温度、转子轴位移小于报警值; 3. 机组轴封系统参数、泄漏等在规定范围内; 4. 机组润滑油、密封油、控制油系统工艺参数等正常; 5. 机组辅机(件)齐全完好; 6. 机组现场整洁、规范	《石油化工企业设备完好标准》	1次/每班
5	机泵的运行管理应满足以下要求: 1. 机泵运行参数应符合工艺操作规程; 2. 有联锁、报警装置的机泵,报警和联锁系统应投入使用,完好; 3. 机泵运行平稳,振动、温度、泄漏符合要求; 4. 机泵现场整洁、规范; 5. 机泵辅件要求完好; 6. 建立备用设备相关管理制度并得到落实,备用机泵完好; 7. 重要机泵检修要有针对性的检修规程(方案)要求,机泵技术档案资料齐全符合要求	《石油化工企业设备完好标准》	
6	机泵电器接线符合电气安全技术要求,有接地线		1次/半年
7	易燃介质的泵密封的泄漏量不应大于设计的规定值	《压缩机、风机、泵安装工程施工及验收规范》GB 50275—98	

序号	排查内容	依据	排查频次
二、大型机组、机泵的管理和运行状况			
8	转动设备应有可靠的安全防护装置并符合有关标准要求	《生产过程安全卫生要求总则》GB 12801—91	
9	可燃气体压缩机、液化烃、可燃液体泵不得使用皮带传动;在爆炸危险区范围内的其他传动设备若必须使用皮带传动时,应采用防静电皮带	GB 50160—2008 第5.7.8条	
10	可燃气体压缩机的吸入管道应有防止产生负压的设施	GB 50160—2008 第7.2.10条	
11	离心式可燃气体压缩机和可燃液体泵应在其出口管道上安装止回阀	GB 50160—2008 第7.2.11条	
12	单个安全阀的起跳压力不应大于设备的设计压力。当一台设备安装多个安全阀时,其中一个安全阀的起跳压力不应大于设备的设计压力;其他安全阀的起跳压力可以提高,但不应大于设备设计压力的1.05倍	GB 50160—2008 第5.5.1条	
13	可燃气体、可燃液体设备的安全阀出口应连接至适宜的设施或系统	GB 50160—2008 第5.5.4条	
三、加热炉/工业炉的管理与运行状况			
1	企业应制定加热炉管理规定,建立健全加热炉基础档案资料和运行记录,并照国家标准和当地环保部门规定的指标定期对加热炉的烟气排放进行环保监测		1次/半年
2	加热炉现场运行管理,应满足: 1. 加热炉应在设计允许的范围内运行,严禁超温、超压、超负荷运行。 2. 加热炉膛内燃烧状况良好,不存在火焰偏烧、燃烧器结焦等。 3. 燃料油(气)线无泄漏,燃烧器无堵塞、漏油、漏气、结焦,长明灯正常点燃,油枪、瓦斯枪定期清洗、保养和及时更换,备用的燃烧器已将风门、汽门关闭。 4. 灭火蒸汽系统处于完好备用状态。 5. 炉体及附件的隔热、密封状况,检查看火窗、看火孔、点火孔、防爆门、人孔门、弯头箱门是否严密,有无漏风;炉体钢架和炉体钢板是否完好严密。 6. 辐射炉管有无局部超温、结焦、过热、鼓包、弯曲等异常现象。 7. 炉内壁衬无脱落,炉内构件无异常。 8. 有吹灰器的加热炉,吹灰器应正常投用。 9. 加热炉的炉用控制仪表以及检测仪表应正常投用,无故障。并定期对所有氧含量分析仪进行校验	《石油化工企业设备完好标准》企业标准	1次/每班
3	加热炉基础外观不得有裂纹、蜂窝、露筋、疏松等缺陷	《石油化工工艺装置布置设计通则》SH 3011—2000 第2.21.4条	
4	钢结构安装立柱不得向同一方向倾斜	《管式炉安装工程施工及验收规范》SH 3506—2000	
5	人孔门、观察孔和防爆门安装位置的偏差应小于8mm。人孔门与门框、观察孔与孔盖应接触严密,转动灵活	SH 3506—2000	1次/每班
6	烟、风道挡板和烟囱挡板的调节系统应进行试验,检查其启闭是否准确,转动是否灵活,开关位置应与标记一致	SH 3506—2000 第5.0.3条	
7	加热炉的烟道和封闭炉膛均应设置爆破门,加热炉机械鼓风的主风管道应设置爆破膜	《石油化工企业安全卫生设计规范》SH 3047—93 第2.2.11条	1次/半年
8	对加热炉有失控可能的工艺过程,应根据不同情况采取停止加入物料、通入惰性气体等应急措施	SH 3047—93 第2.2.11条	
9	加热炉保护层必须采用不燃材料	GB 50264—97	

序号	排查内容	依据	排查频次
三、加热炉/工业炉的管理与运行状况			
10	设备的外表面温度在 50～850℃时,除工艺有散热要求外,均应设置绝热层	《工业设备及管道绝热工程设计规范》GB 50264—97 第 5.2.1 条	
11	绝热结构外层应设置保护层,保护层结构应严密和牢固	GB 50264—97 第 5.4.1 条	
12	明火加热炉附属的燃料气分液罐、燃料气加热器等与炉体的防火间距,不应小于 6m	GB 50160—2008	
13	烧燃料气的加热炉应设长明灯,并宜设置火焰检测器	GB 50160—2008 第 5.7.8 条	
14	加热炉燃料气调节阀前的管道压力等于或小于 0.4MPa,且无低压自动保护仪表时,应在每个燃料气调节阀与加热炉之间设阻火器	GB 50160—2008 第 7.2.12 条	
15	加热炉燃料气管道上的分液罐的凝液不应敞开排放	GB 50160—2008 第 7.2.13 条	
四、防腐蚀			
1	腐蚀、易磨损的容器及管道,应定期测厚和进行状态分析,有监测记录		1 次/季度
2	大型、关键容器(如液化气球罐等)中的腐蚀性介质含量的监控措施,如进行定期分析,有无 H_2S 含量超标的情况存在等		
3	重点容器、管道腐蚀状况监测工作的开展情况。如对重点容器和管道是否进行在线的定期、定点测厚或采用腐蚀探针等方法进行监测,以及这些措施的实际效果等		
4	报告等,以及这方面工作实际开展的情况及效果		
五、压力容器			
按照《压力容器安全技术监察规程》(质技监局锅发〔1999〕154 号)开展隐患排查			
六、压力管道			
按照《压力管道安全技术监察规程》(TSG D0001—2009)开展隐患排查			
七、其他特种设备			
按照《特种设备安全监察条例》(国务院令 第 549 号)开展隐患排查			
八、安全附件管理与运行状况			
按照《压力容器安全技术监察规程》(质技监局锅发〔1999〕154 号)开展隐患排查			

5 电气系统隐患排查表

序号	排查内容	排查依据	排查频次
一、电气安全管理			
1	企业应建立、健全电气安全管理制度和台账。 三图:系统模拟图、二次线路图、电缆走向图; 三票:工作票、操作票、临时用电票; 三定:定期检修、定期试验、定期清理; 五规程:检修规程、运行规程、试验规程、安全作业规程、事故处理规程; 五记录:检修记录、运行记录、试验记录、事故记录、设备缺陷记录	《电力生产安全工作规定》;《变配电室安全管理规范》DB11/ 527—2008	1 次/月
2	"三票"填写清楚,不得涂改、缺项,执行完毕划√或盖已执行章		
3	从事电气作业中的特种作业人员应经专门的安全作业培训,在取得相应特种作业操作资格证书后,方可上岗	《用电安全导则》第 10.4 条	
4	临时用电应经有关主管部门审查批准,并有专人负责管理,限期拆除	《用电安全导则》第 10.6 条	

序号	排查内容	排查依据	排查频次
	二、供配电系统设置及电气设备设施		
1	企业的供电电源应满足不同负荷等级的供电要求： 1. 一级负荷应由双重电源供电,当一电源发生故障时,另一电源不应同时受到损坏。 2. 一级负荷中特别重要的负荷供电,应符合下列要求：除应由双重电源供电外,尚应增设应急电源,并严禁将其他负荷接入应急供电系统；设备的供电电源的切换时间,应满足设备允许中断供电的要求。 3. 二级负荷的供电系统,宜由两回线路供电。在负荷较小或地区供电条件困难时,二级负荷可由一回 6kV 及以上专用的架空线路供电	供配电系统设计规范 GB 50052—2009	1次/半年
2	消防泵、关键装置、关键机组等重点部位以及负荷中的特别重要负荷的供电应满足《供配电系统设计规范》GB 50052 所规定的一级负荷供电要求	《供配电系统设计规范》GB 50052	
3	企业供配电系统设计应按照负荷性质、用电容量、工程特点等条件进行设计。满足相关标准规范的规定： 《供配电系统设计规范》GB 50052—2009 《10kV 及以下变电所设计规范》GB 50053 《低压配电设计规范》GB 50054 《35kV～110kV 变电所设计规范》GB 50059 《3～110kV 高压配电装置设计规范》GB 50060		
4	企业供配电系统设计应采用符合国家现行有关标准的高效节能、环保、安全、性能先进的电气产品。不应使用国家已经明令淘汰的电气设备设施	《供配电系统设计规范》GB 50052—2009	
5	企业变配电室设备设施、配电线路应满足相关标准规范的规定。如： 1. 变配电室的地面应采用防滑、不起尘、不发火的耐火材料。变配电室变压器、高压开关柜、低压开关柜操作面地面应铺设绝缘胶垫。 2. 用电产品的电气线路须具有足够的绝缘强度、机械强度和导电能力并定期检查。 3. 变配电室应设置防止雨、雪和小动物从采光窗、通风窗、门、电缆沟等进入室内的设施。变配电室的电缆夹层、电缆沟和电缆室应采取防水、排水措施。 4. 通往室外的门应向外开。设备间与附属房间之间的门应向附属房间方向开。高压间与低压间之间的门,应向低压间方向开。配电装置室的中间门应采用双向开启门。 5. 变配电室出入口应设置高度不低于 400mm 的挡板。 6. 变配电室应设置有明显的临时接地点,接地点应采用铜制或钢制镀锌蝶形螺栓。 7. 变配电室内应设有等电位联结板。 8. 变配电室应急照明灯具和疏散指示标志灯的备用充电电源的放电时间不低于 20min	《变配电室安全管理规范》DB 11/527—2008 《低压配电设计规范》GB 50054—2011 《用电安全导则》GB/T 13869—2008 6.7	1次/月
6	爆炸危险区域内的防爆电气设备应符合 AQ 3009—2007《危险场所电气防爆安全规范》的要求	《危险场所电气防爆安全规范》AQ 3009—2007	1次/半年

序号	排查内容	排查依据	排查频次
	二、供配电系统设置及电气设备设施		
7	电气设备的安全性能,应满足相关标准规范的规定。如: 设备的金属外壳应采取防漏电保护接地; PE线若明设时,应选用不小于4mm²的铜芯线,不得使用铝芯线; PE线若随穿线管接入设备本体时,应选用不小于2.5mm²的铜芯线或不小于4mm²的铝芯线; PE线不得搭接或串接,接线规范,接触可靠; 明设的应沿管道或设备外壳敷设,暗设的在接线处外部应有接地标志; PE线接线间不得涂漆或加绝缘垫	《国家电气设备安全技术规范》GB 19517—2009	1次/月
8	电缆必须有阻燃措施。电缆桥架符合相关设计规范。如《电力工程电缆设计规范》(GB 50217—2007)		1次/半年
9	隔离开关与相应的断路器和接地刀闸之间,应装设闭锁装置。屋内的配电装置,应装设防止误入带电间隔的设施	《35kV～110kV变电站设计规范》GB 50059—92 3.5.3	
10	重要作业场所如消防泵房及其配电室、控制室、变配电室、需人工操作的泡沫站等场所应设置有事故应急照明	《石油化工企业设计防火规范》GB 50160—2008	
	三、防雷防静电设施		
1	工艺装置内露天布置的塔、容器等,当顶板厚度等于或大于4mm时,可不设避雷针保护,但必须设防雷接地	GB 50160—2008 9.2.2	1次/季度
2	可燃气体、液化烃、可燃液体的钢罐,必须设防雷接地,并应符合下列规定: 1. 甲B、乙类可燃液体地上固定顶罐,当顶板厚度小于4mm时应设避雷针、线,其保护范围应包括整个储罐; 2. 丙类液体储罐,可不设避雷针、线,但必须设防感应雷接地; 3. 浮顶罐(含内浮顶罐)可不设避雷针、线,但应将浮顶与罐体用两根截面不小于25mm²的软铜线作电气连接; 4、压力储罐不设避雷针、线,但应作接地	GB 50160—2008 9.2.3	
3	可燃液体储罐的温度、液位等测量装置,应采用铠装电缆或钢管配线,电缆外皮或配线钢管与罐体应作电气连接	GB 50160—2008 9.2.4	
4	宜按照SH 0397—2000在输送易燃物料的设备、管道安装防静电设施	AQ 3013—2008 第5.5.2条	
5	在聚烯烃树脂处理系统、输送系统和料仓区应设置静电接地系统,不得出现不接地的孤立导体	GB 50160—2008 第9.3.2条	1次/季度
6	可燃气体、液化烃、可燃液体、可燃固体的管道在下列部位应设静电接地设施: 1. 进出装置或设施处; 2. 爆炸危险场所的边界; 3. 管道泵及泵入口永久过滤器、缓冲器等	GB 50160—2008 第9.3.3条	
7	汽车罐车、铁路罐车和装卸场所,应设防静电专用接地线	GB 50160—2008 第9.3.5条	
8	可燃液体、液化烃的装卸栈台和码头的管道、设备、建筑物、构筑物的金属构件和铁路钢轨等(作阴极保护者除外),均应作电气连接并接地	GB 50160—2008 第9.3.4条	
	四、现场安全		
1	企业变配电设备设施、电气设备、电气线路及工作接地、保护接地、防雷击、防静电接地系统等应完好有效,功能正常		1次/月

续表

序号	排查内容	排查依据	排查频次
	四、现场安全		
2	主控室有模拟系统图,与实际相符。高压室钥匙按要求配备,严格管理		
3	用电设备和电气线路的周围应留有足够的安全通道和工作空间。且不应堆放易燃、易爆和腐蚀性物品	《用电安全导则》第6.5条	
4	电缆必须有阻燃措施。电缆沟防窜油汽、防腐蚀、防水措施落实;电缆隧道防火、防沉陷措施落实	企业管理制度	
5	临时电源、手持式电动工具、施工电源、插座回路均应采用TN-S供电方式,并采用剩余电流动作保护装置	《变配电室安全管理规范》DB11/527—2008	
6	暂设电源线路,应采用绝缘良好、完整无损的橡皮线,室内沿墙敷设,其高度不得低于2.5m,室外跨过道路时,不得低于4.5m,不允许借用暖气、水管及其他气体管道架设导线,沿地面敷设时,必须加可靠的保护装置和明显标志	《电气安全工作规程》	
7	在爆炸性气体环境内钢管配线的电气线路是否做好隔离密封	《爆炸和火灾危险环境电力装置设计规范》GB 50058—92 第2.5.12条	
8	防雷防静电接地装置的电阻应符合《石油库设计规范》GB 50074、GB 50057、GB 50183等相关规范的要求		

6 仪表隐患排查表

序号	排查内容	排查依据	排查频次
	一、仪表安全管理		
1	企业应建立、健全仪表管理制度和台账。包括检查、维护、使用、检定等制度及各类仪表台账		1次/季度
2	仪表调试、维护及检测记录齐全,主要包括: 1. 仪表定期校验、回路调试记录; 2. 检测仪表和控制系统检维护记录等齐全		
3	控制系统管理满足以下要求: 1. 控制方案变更应办理审批手续; 2. 控制系统故障处理、检修及组态修改记录应齐全; 3. 控制系统建立有事故应急预案		
4	可燃气体、有毒气体检测报警器管理应满足以下要求: 1. 有可燃、有毒气体检测器检测点布置图; 2. 可燃、有毒气体报警按规定周期进行校准和检定,检定人有效资质证书		
5	联锁保护系统的管理应满足: 1. 联锁逻辑图、定期维修校验记录、临时停用记录等技术资料齐全; 2. 工艺和设备联锁回路调试记录; 3. 联锁保护系统(设定值、联锁程序、联锁方式、取消)变更应办理审批手续; 4. 联锁摘除和恢复应办理工作票,有部门会签和领导签批手续; 5. 摘除联锁保护系统应有防范措施及整改方案		
	二、仪表系统设置		
1	危险化工工艺的安全仪表控制应按照《首批重点监管的危险化工工艺目录》和《首批重点监管的危险化工工艺安全控制要求、重点监控参数及推荐的控制方案》(安监总管三〔2009〕116号)的要求进行设置	《国家安全监管总局关于公布首批重点监管的危险化工工艺目录的通知》(安监总管三〔2009〕116号)	1次/半年

序号	排查内容	排查依据	排查频次
	二、仪表系统设置		
2	危险化学品生产企业应按照相关规范的要求设置过程控制、安全仪表及联锁系统,并满足《石油化工安全仪表系统设计规范》SH/T 3018—2003要求,重点排查内容: 　1. 安全仪表系统配置:安全仪表系统独立于过程控制系统,独立完成安全保护功能。 　2. 过程接口:输入输出卡相连接的传感器和最终执行元件应设计成故障安全型;不应采取现场总线通信方式;若采用三取二过程信号应分别接到三个不同的输入卡; 　3. 逻辑控制器:安全仪表系统宜采用经权威机构认证的可编程逻辑控制器; 　4. 传感器与执行元件:安全仪表系统的传感器、最终执行元件宜单独设置; 　5. 检定与测试:传感器与执行元件应进行定期检定,检定周期随装置检修;回路投用前应进行测试并做好相关记录	《石油化工安全仪表系统设计规范》SH/T 3018—2003	
3	下列情况仪表电源宜采用不间断电源: 　1. 大、中型石化生产装置、重要公用工程系统及辅助生产装置; 　2. 高温高压、有爆炸危险的生产装置; 　3. 设置较多、较复杂信号联锁系统的生产装置; 　4. 重要的在线分析仪表(如参与控制、安全联锁); 　5. 大型压缩机、泵的监控系统。 　6. 可燃气体和有毒气体检测系统,应采用UPS供电	《石油化工仪表供电设计规范》SH/T 3082—2003	1次/月
4	仪表气源应满足: 　1. 应采用清洁、干燥的空气,备用气源也可用干燥的氮气; 　2. 为了保证仪表气源装置的安全供气,应设置备用气源。备用气源可采用备用压缩机组、贮气罐或第二气源	《石油化工仪表供气设计规范》SH 3020—2001第3.0.1条第4.3.1条	
5	安装DCS、PLC、SIS等设备的控制室、机柜室、过程控制计算机的机房,应考虑防静电接地。这些室内的导静电地面、活动地板、工作台等应进行防静电接地	《石油化工仪表接地设计规范》SH/T 3081—2003第2.4.1条	
6	可燃气体和有毒气体检测器设置应满足《石油化工可燃气体和有毒气体检测报警设计规范》GB 50493—2009。 排查重点: 　1. 检测点的设置:应符合《石油化工可燃气体和有毒气体检测报警设计规范》GB 50493—2009第4章,第4.1条至第4.4条; 　2. 检(探)器的安装:应符合GB 50493—2009第6.1条; 　3. 检(探)器的选用:应符合GB 50493—2009第5.2条; 　4. 指示报警设备的选用:应符合GB 50493—2009第5.3.1条和第5.3.2条; 　5. 报警点的设置:应符合GB 50493—2009第5.3.3条; 　6. 检测报警器的定期检定:检定周期一般不超过一年	《石油化工可燃气体和有毒气体检测报警设计规范》GB 50493—2009《可燃气体检测报警器》JJG 693—2011第5.5条	
7	爆炸危险场所的仪表、仪表线路的防爆等级应满足区域的防爆要求。且应具有国家授权的机构发给的产品防爆合格证	《爆炸和火灾危险环境电力装置设计规范》GB 50058—92	1次/月

序号	排查内容	排查依据	排查频次
	二、仪表系统设置		
8	保护管与检测元件或现场仪表之间应采取相应的防水措施。防爆场合,应采取相应防爆级别的密封措施	《石油化工仪表配管、配线设计规范》SH/T 3019—2003	
	三、仪表现场安全		
1	机房防小动物、防静电、防尘及电缆进出口防水措施完好		1次/月
2	联锁系统设备、开关、端子排的标识齐全准确清晰。紧急停车按钮是否有可靠防护措施		
3	可燃气体检测报警器、有毒气体报警器传感器探头完好,无腐蚀、无灰尘;手动试验声光报警正常,故障报警完好		
4	仪表系统维护、防冻、防凝、防水措施落实,仪表完好有效		
5	SIS的现场检测元件,执行元件应有联锁标志警示牌,防止误操作引起停车		
6	放射性仪表现场有明显的警示标志,安装使用符合国家规范		

7 危险化学品管理隐患排查表

序号	排查内容	排查依据	排查频次
1	企业应对所有危险化学品,包括产品、原料和中间产品进行普查,建立危险化学品档案,包括: 1. 名称,包括别名、英文名等 2. 存放、生产、使用地点; 3. 数量; 4. 危险性分类、危规号、包装类别、登记号; 5. 安全技术说明书与安全标签	《危险化学品从业单位安全生产标准化通用规范》(AQ 3013—2008)	1次/半年
2	企业应按照国家有关规定对其产品、所有中间产品进行分类,将分类结果汇入危险化学品档案	《危险化学品从业单位安全生产标准化通用规范》(AQ 3013—2008)	
3	危险化学品生产企业应当提供与其生产的危险化学品相符的化学品安全技术说明书,并在危险化学品包装(包括外包装件)上粘贴或者拴挂与包装内危险化学品相符的化学品安全标签。化学品安全技术说明书和化学品安全标签所载明的内容应当符合国家标准的要求。 危险化学品生产企业发现其生产的危险化学品有新的危险特性的,应当立即公告,并及时修订其化学品安全技术说明书和化学品安全标签	《危险化学品安全管理条例》第15条	
4	生产企业的产品属危险化学品时,应按 GB 16483 和 GB 15258 编制产品安全技术说明书和安全标签,并提供给用户	GB 16483—2008 化学品安全技术说明书内容和项目顺序 GB 15258—2009 化学品安全标签编写规定	
5	企业采购危险化学品时,应索取危险化学品安全技术说明书和安全标签,不得采购无安全技术说明书和安全标签的危险化学品	《危险化学品从业单位安全生产标准化通用规范》(AQ 3013—2008)	
6	生产企业应设立 24h 应急咨询服务固定电话,有专业人员值班并负责相关应急咨询。没有条件设立应急咨询服务电话的,应委托危险化学品专业应急机构作为应急咨询服务代理	《危险化学品从业单位安全生产标准化通用规范》(AQ 3013—2008)	
7	企业应按照国家有关规定对危险化学品进行登记,取得危险化学品登记证书	《危险化学品从业单位安全生产标准化通用规范》(AQ 3013—2008)	

序号	排查内容	排查依据	排查频次
8	对生产过程中危险化学品的危险特性、活性危害、禁配物等,以及采取的预防及应急处理措施,企业应对从业人员及相关方进行了宣传、培训	《危险化学品从业单位安全生产标准化通用规范》(AQ 3013—2008)	
9	生产、储存剧毒化学品或者国务院公安部门规定的可用于制造爆炸物品的危险化学品(以下简称易制爆危险化学品)的单位,应当如实记录其生产、储存的剧毒化学品、易制爆危险化学品的数量、流向,并采取必要的安全防范措施,防止剧毒化学品、易制爆危险化学品丢失或者被盗;发现剧毒化学品、易制爆危险化学品丢失或者被盗的,应当立即向当地公安机关报告。 生产、储存剧毒化学品、易制爆危险化学品的单位,应当设置治安保卫机构,配备专职治安保卫人员	《危险化学品安全管理条例》第23条	1次/月
10	危险化学品应当储存在专用仓库、专用场地或者专用储存室(以下统称专用仓库)内,并由专人负责管理;剧毒化学品以及储存数量构成重大危险源的其他危险化学品,应当在专用仓库内单独存放,并实行双人收发、双人保管制度。 危险化学品的储存方式、方法以及储存数量应当符合国家标准或者国家有关规定	《危险化学品安全管理条例》第24条	
11	储存危险化学品的单位应当建立危险化学品出入库核查、登记制度。 对剧毒化学品以及储存数量构成重大危险源的其他危险化学品,储存单位应当将其储存数量、储存地点以及管理人员的情况,报所在地县级人民政府安全生产监督管理部门(在港区内储存的,报港口行政管理部门)和公安机关备案	《危险化学品安全管理条例》第25条	
12	危险化学品专用仓库应当符合国家标准、行业标准的要求,并设置明显的标志。储存剧毒化学品、易制爆危险化学品的专用仓库,应当按照国家有关规定设置相应的技术防范设施。 储存危险化学品的单位应当对其危险化学品专用仓库的安全设施、设备定期进行检测、检验	《危险化学品安全管理条例》第26条	
13	企业应严格执行危险化学品运输、装卸安全管理制度,规范运输、装卸人员行为	《危险化学品从业单位安全生产标准化通用规范》(AQ 3013—2008)	

8　储运系统隐患排查表

类别	排查内容	排查依据	排查频次
	一、储运系统的安全管理制度及执行情况		
1	储运系统的管理制度: 1. 制定了储罐、可燃液体、液化烃的装卸设施、危险化学品仓库储存管理制度; 2. 储运系统基础资料和技术档案齐全; 3. 当储运介质或运行条件发生变化应有审批手续并及时修订操作规程		1次/半年
2	严格执行储罐的外部检查: 1. 定期进行外部检查; 2. 检查罐顶和罐壁变形、腐蚀情况,有记录、有测厚数据; 3. 检查罐底边缘板及外角焊缝腐蚀情况,有记录、有测厚数据; 4. 检查阀门、人孔、清扫孔等处的紧固件,有记录; 5. 检查罐体外部防腐涂层保温层及防水檐; 6. 检查储罐基础及防火堤,有记录		1次/月

类别	排查内容	排查依据	排查频次
一、储运系统的安全管理制度及执行情况			
3	执行储罐的全面检查和压力储罐的法定检测;严格按要求定期进行储罐全面检查;.腐蚀严重的储罐已确定合理的全面检查周期。特殊情况无法按期检查的储罐有延期手续并有监控措施		1次/半年
4	储罐的日常和检维修管理应满足: 1. 有储罐年度检测、修理、防腐计划; 2. 认真按规定的时间、路线和内容进行巡回检查,记录齐全; 3. 对储罐呼吸阀、阻火器、量油孔、泡沫发生器、转动扶梯、自动脱水器、高低液位报警器、人孔、透光孔、排污阀、液压安全阀、通气管、浮顶罐密封装置、罐壁通气孔、液面计等附件定期检查或检测,有储罐附件检查维护记录; 4. 定期进行储罐防雷防静电接地电阻测试,有测试记录		1次/月
二、储罐区的安全设计			
1	易燃、可燃液体及可燃气体罐区下列方面应符合《石油和天然气工程设计防火规范》(GB 50183)、《石油化工企业设计防火规范》(GB 50160)及《石油库设计规范》(GB 50074)等相关规范要求: 1. 防火间距; 2. 罐组总容、罐组布置; 3. 防火堤及隔堤; 4. 放空或转移; 5. 液位报警、快速切断; 6. 安全附件(如呼吸阀、阻火器、安全阀等); 7. 水封井、排水闸阀		1次/半年
2	危险化学品重大危险源罐区下列安全监控装备应满足《危险化学品重大危险源罐区现场安全监控装备设置规范》AQ 3036 的规定: 1. 储罐运行参数的监控与重要运行参数的联锁; 2. 储罐区可燃气体或有毒气体监测报警和泄漏控制设备的设置; 3. 罐区气象监测、防雷和防静电装备的设置; 4. 罐区火灾监控装置的设置; 5. 音频视频监控装备的设置		1次/季度
3	防火堤应《防火堤设计规范》GB 50351—2005规范的相关要求: 1. 防火堤的材质、耐火性能以及伸缩缝配置应满足规范要求; 2. 防火堤容积应满足规范要求,并能承受所容纳油品的静压力且不渗漏; 3. 防火堤内不得种植作物或树木,不得有超过0.15m高的草坪; 4. 液化烃罐区防火堤内严禁绿化		
4	当防火堤容积不能满足"清净下水"的收容要求时,按要求设置事故存液池	安监总危化字〔2006〕10号	

类别	排查内容	排查依据	排查频次
二、储罐区的安全设计			
5	储存、收发甲、乙 A 类易燃、可燃液体的储罐区、泵房、装卸作业等场所可燃气体报警器的设置应满足《石油化工企业可燃气体和有毒气体检测报警设计规范》（GB 50493）的要求。 　　对于液化烃、甲 B、乙 A 类液体等产生可燃气体的液体储罐的防火堤内,应设检(探)测器,并符合下列规定: 　　1. 当检(探)测点位于释放源的全年最小频率风向的上风侧时,可燃气体检(探)测点与释放源的距离不宜大于15m,有毒气体检(探)测点与释放源的距离不宜大于 2m; 　　2. 当检(探)测点位于释放源的全年最小频率风向的下风侧时,可燃气体检(探)测点与释放源的距离不宜大于5m,有毒气体检(探)测点与释放源的距离不宜大于 1m		
6	易燃、可燃液体及可燃气体罐区消防系统应符合《石油和天然气工程设计防火规范》（GB 50183）、《石油化工企业设计防火规范》（GB 50160）及《石油库设计规范》（GB 50074）等规范要求: 　　1. 消防设施配置(火灾报警装置、灭火器材、消防车等); 　　2. 消防水源、水质、补水情况; 　　3. 消防冷却系统配置情况; 　　4. 泡沫灭火系统(包括泡沫消防水系统及泡沫系统)配置情况; 　　5. 消防道路; 　　6. 其他消防设施	《石油和天然气工程设计防火规范》（GB 50183）、《石油化工企业设计防火规范》（GB 50160）及《石油库设计规范》（GB 50074）	
7	靠山修建的石油库、覆土隐蔽库应修筑了防止山火侵袭的防火沟、防火墙或防火带等设施		1 次/季度
8	储罐区、装卸作业区、泵房、消防泵房、锅炉房、配电室等重点部分安全标志和警示牌齐全,安全标志的使用应符合《安全标志使用导则》GB 2894 的规定	《安全标志使用导则》GB 2894—2008	
9	外浮顶罐浮顶与罐壁之间的环向间隙应安装有效的密封装置	《立式圆筒形钢制焊接油罐设计规范》GB 50341—2003	
10	3 万及以上大型浮顶储罐浮盘的密封圈处应设置火灾自动检测报警设施,检测报警设施宜为无电检测系统		
11	石油天然气工程的天然气凝液及液化石油气罐区内可燃气体检测报警装置设置应满足《石油天然气工程可燃气体检测报警系统安全技术规范》SY 6053 的要求,其他天然气凝液及液化石油气罐区内可燃气体检测报警装置应满足《石油化工企业可燃气体和有毒气体检测报警设计规范》GB 50493 的要求		
12	天然气凝液储罐及液化石油气储罐应设置适应存储介质的液位计、温度计、压力表、安全阀,以及高液位报警装置或高液位自动联锁切断进料措施。对于全冷冻式液化烃储罐还应设真空泄放设施和高、低温温度检测,并与自动控制系统相连	《石油化工企业设计防火规范》GB 50160 第6.3.11 条	
13	天然气凝液储罐及液化石油气储罐的安全阀出口管应接至火炬系统,确有困难而采取就地放空时,其排气管口高度应高出 8m 范围内储罐罐顶平台 3m 以上	《石油化工企业设计防火规范》GB 50160 第6.3.13 条	
14	全压力式液化烃球罐应采取防止液化烃泄漏的注水措施	《石油化工企业设计防火规范》GB 501608 第6.3.16 条	

类别	排查内容	排查依据	排查频次
	二、储罐区的安全设计		
15	全压力式液化烃储罐宜采用有防冻措施的二次脱水系统,储罐根部宜设紧急切断阀	《石油化工企业设计防火规范》GB 50160 第6.3.14条	
16	全压力式天然气凝液储罐及液化石油气储罐进、出口阀门及管件的压力等级不应低于 2.5MPa,其垫片应采用缠绕式垫片。阀门压盖的密封材料应采用难燃材料	《石油化工企业设计防火规范》GB 50160 第6.3.16条	
	三、可燃液体、液化烃的装卸设施		
1	可燃液体的铁路装卸设施应符合下列规定: 1. 装卸栈台两端和沿栈台每隔 60m 左右应设梯子; 2. 甲 B、乙、丙 A 类的液体严禁采用沟槽罐车系统; 3. 顶部敞口装车的甲 B、乙、丙 A 类的液体应采用液下装车鹤管; 4. 在距装车栈台边缘 10m 以外的可燃液体(润滑油除外)输入管道上应设便于操作的紧急切断阀; 5. 丙 B 类液体装卸栈台宜单独设置; 6. 零位罐至罐车装车线不应小于 6m; 7. 甲 B、乙 A 类液体装卸鹤管与集中布置的泵的距离不应小于 8m; 8. 同一铁路装卸线一侧两个装卸栈台相邻鹤位之间的距离不应小于 24m	《石油化工企业设计防火规范》GB 50160 第6.4.1条	1次/季度
2	可燃液体的汽车装卸站应符合下列规定: 1. 装卸站的进、出口宜分开设置;当进、出口合用时,站内应设回车场。 2. 装卸车场应采用现浇混凝土地面。 3. 装卸车鹤位与缓冲罐之间的距离不应小于 5m,高架罐之间的距离不应小于 0.6m。 4. 甲 B、乙 A 类液体装卸车鹤位与集中布置的泵的距离不应小于 8m。 5. 站内无缓冲罐时,在距装卸车鹤位 10m 以外的装卸管道上应设便于操作的紧急切断阀。 6. 甲 B、乙、丙 A 类液体的装卸车应采用液下装卸车鹤管。 7. 甲 B、乙、丙 A 类液体与其他类液体的两个装卸车栈台相邻鹤位之间的距离不应小于 8m。 8. 装卸车鹤位之间的距离不应小于 4m;双侧装卸车栈台相邻鹤位之间或同一鹤位相邻鹤管之间的距离应满足鹤管正常操作和检修的要求	《石油化工企业设计防火规范》GB 50160 第6.4.2条	
3	液化烃铁路和汽车的装卸设施应符合下列规定: 1. 液化烃严禁就地排放。 2. 低温液化烃装卸鹤位应单独设置。 3. 铁路装卸栈台宜单独设置,当不同时作业时,可与可燃液体铁路装卸共台设置。 4. 同一铁路装卸线一侧两个装卸栈台相邻鹤位之间的距离不应小于 24m。 5. 铁路装卸栈台两端和沿栈台每隔 60m 左右应设梯子。 6. 汽车装卸车鹤位之间的距离不应小于 4m;双侧装卸车栈台相邻鹤位之间或同一鹤位相邻鹤管之间的距离应满足鹤管正常操作和检修的要求,液化烃汽车装卸栈台与可燃液体汽车装卸栈台相邻鹤位之间的距离不应小于 8m。	《石油化工企业设计防火规范》GB50160 第6.4.3条	

续表

类别		排查内容	排查依据	排查频次
三、可燃液体、液化烃的装卸设施				
3		7. 在距装卸车鹤位 10m 以外的装卸管道上应设便于操作的紧急切断阀。 8. 汽车装卸车场应采用现浇混凝土地面。 9. 装卸车鹤位与集中布置的泵的距离不应小于 10m	《石油化工企业设计防火规范》GB 50160 第6.4.3 条	
4		液化石油气的灌装站应符合下列规定： 1. 液化石油气的灌瓶间和储瓶库宜为敞开式或半敞开式建筑物，半敞开式建筑物下部应采取防止油气积聚的措施。 2. 液化石油气的残液应密闭回收，严禁就地排放。 3. 灌装站应设不燃烧材料隔离墙。如采用实体围墙，其下部应设通风口。 4. 灌瓶间和储瓶库的室内应采用不发生火花的地面，室内地面应高于室外地坪，其高差不应小于 0.6m。 5. 液化石油气缓冲罐与灌瓶间的距离不应小于 10m。 6. 灌装站内应设有宽度不小于 4m 的环形消防车道，车道内缘转弯半径不宜小于 6m	《石油化工企业设计防火规范》GB 50160 第6.4.4 条	
四、危险化学品仓库				
1		化学品和危险品库区的防火间距应满足国家相关标准规范要求		1 次/季度
2		仓库的安全出口设置应满足《建筑设计防火规范》GB 50016 的有关规定		
3		有爆炸危险的甲、乙类库房泄压设施应满足 GB 50016 的规定		
4		仓库内严禁设置员工宿舍。甲、乙类仓库内严禁设置办公室、休息室等，并不应贴邻建造。在丙、丁类仓库内设置的办公室、休息室，应采用耐火极限不低于 2.50h 的不燃烧隔墙和不低于 1.00h 的楼板与库房隔开，并应设置独立的安全出口。如隔墙需开设相互连通的门时，应采用乙级防火门	《石油化工企业设计防火规范》GB50160 第3.3.15 条	
5		危险化学品应按化学物理特性分类储存，当物料性质不允许相互接触时，应用实体墙隔开，并各设出入口。各种危险化学品储存应满足《常用化学危险品贮存通则》GB 15603 的规定		
6		压缩气体和液化气体必须与爆炸物品、氧化剂、易燃物品、自燃物品、腐蚀性物品隔离贮存。易燃气体不得与助燃气体、剧毒气体同贮；氧气不得与油脂混合贮存	《常用化学危险品贮存通则》GB 15603—1995 第6.6 条	
7		易燃液体、遇湿易燃物品、易燃固体不得与氧化剂混合贮存，具有还原性氧化剂应单独存放	《常用化学危险品贮存通则》GB 15603—1995 第6.6 条	
8		有毒物品应贮存在阴凉、通风、干燥的场所，不要露天存放，不要接近酸类物质	《常用化学危险品贮存通则》GB 15603—1995 第6.8 条	
9		低、中闪点液体、一级易燃固体、自燃物品、压缩气体和液化气体类宜储藏于一级耐火建筑的库房内。遇湿易燃物品、氧化剂和有机过氧化物可储藏于一、二级耐火建筑的库房内。二级易燃固体、高闪点液体可储藏于耐火等级不低于三级的库房内	《易燃易爆性商品储藏养护技术条件》GB 17914—1999 第3.2.1 条	
10		易燃气体、不燃气体和有毒气体分别专库储藏。易燃液体均可同库储藏；但甲醇、乙醇、丙酮等应专库贮存。遇湿易燃物品专库储藏	《易燃易爆性商品储藏养护技术条件》GB 17914—1999 第3.3.2 条	
11		剧毒品应专库贮存或存放在彼此间隔的单间内，需安装防盗报警器，库门装双锁	《毒害性商品储藏养护技术条件》GB 17916—1999 第3.2.4 条	

续表

类别	排查内容	排查依据	排查频次
四、危险化学品仓库			
12	氯气生产、使用、贮存等厂房结构,应充分利用自然通风条件换气,在环境、气候条件允许下,可采用半敞开式结构;不能采用自然通风的场所,应采用机械通风,但不宜使用循环风	《氯气安全规程》GB 11984—89 第 4.7 条	1次/季度
13	生产、使用和储存氯气的作业场所,是否采取了以下安全措施: 1. 设有醒目的警示标志和警示说明; 2. 场所内是否按 GB 11984 的要求配备足够的防毒面具、正压式空气呼吸器和防化服等专用防护用品,同时配置自救、急救药品等; 3. 配置洗眼、冲淋等个体防护设备; 4. 装置高处显眼位置设置风向标; 5. 液氯钢瓶存放处,应设中和吸收装置,真空吸收等事故处理的设施和工具		
14	甲、乙、丙类液体仓库应设置防止液体流散的设施。遇湿会发生燃烧爆炸的物品仓库应设置防止水浸渍的措施	《建筑设计防火规范》GB 50016—2006 第 3.6.11 条	
15	化工企业合成纤维、合成树脂及塑料等产品的高架仓库是否满足下列规定: 1. 仓库的耐火等级不应低于二级; 2. 货架应采用不燃烧材料	《石油化工企业设计防火规范》GB 50160—2008 第 6.6.3 条	
16	化工企业袋装硝酸铵仓库是否满足下列规定: 1. 仓库的耐火等级不应低于二级; 2. 仓库内严禁存放其他物品	《石油化工企业设计防火规范》GB 50160—2008 第 6.6.5 条	
五、储运系统的安全运行状况			
1	储罐附件如呼吸阀、安全阀、阻火器等齐全完好;		1次/月
	通风管、加热盘管不堵不漏;升降管灵活;排污阀畅通;扶梯牢固;静电消除、接地装置有效;储罐进出口阀门和人孔无渗漏;浮盘、浮梯运行正常,无卡阻;浮盘,浮仓无渗漏;浮盘无积油、排水管畅通		1次/班
2	储罐按规范要求设置防腐措施。 罐体无严重变形,无渗漏,无严重腐蚀	《钢质石油储罐防腐蚀工程技术规范》GB 50393—2008	
3	罐区环境应满足: 1. 罐区无脏、乱、差、锈、漏,无杂草等易燃物; 2. 消防道路畅通无阻,消防设施齐全完好; 3. 水封井及排水闸完好可靠; 4. 照明设施齐全,符合安全防爆规定; 5. 喷淋冷却设施齐全好用,切水系统可靠好用; 6. 有氮封系统的,氮封系统正常投用、完好; 7. 防雷、防静电设施外观良好		
六、汽车、铁路装卸设施			
1	可燃液体、液化烃装卸设施: 1. 流速应符合防静电规范要求; 2. 甲类、乙 A 类液体为密闭装车; 3. 汽车、火车和船装卸应有静电接地安全装置; 4. 装车时采用液下装车		1次/半年
2	铁路装卸站台应满足: 1. 装卸栈台的金属管架接地装置必须完好、牢固,装卸车线路及整个调车作业区采用轨道绝缘线路。	《石油化工液体物料铁路装卸车设施设计规范》SH/T 3107—2000	1次/月

续表

类别	排查内容	排查依据	排查频次
	六、汽车、铁路装卸设施		
2	2. 栈桥照明灯具、导线、信号联络装置等完好,无断落、破损和短路现象。配电要符合防爆要求。 3. 装油鹤管、管道槽罐必须跨接或接地。 4. 消防设施齐全,消防器材的配置符合规定。 5. 安全护栏和防滑设施良好。 6. 轻油罐车进出栈桥加隔离车。 7. 劳保着装、工具等符合安全规定	《石油化工液体物料铁路装卸车设施设计规范》SH/T 3107—2000	1次/月
3	汽车装卸站应满足: 1. 汽车装卸栈台场地分设出、入口,并设置停车场。 2. 液化气装车栈台与灌瓶站分开。 3. 装卸栈台与汽车槽罐静电接地良好。 4. 装运危险品的汽车必须"三证"(驾驶证、危险品准运证、危险品押运证)齐全。 5. 汽车安装阻火器。 6. 液化气槽车定位后必须熄火。充装完毕,确认管线与接头断开后,方能开车。 7. 消防设施齐全。 8. 劳保着装、工具符合安全要求	《汽车危险货物运输、装卸作业规程》JT 618—2004	
4	液化石油气、液氨或液氯等的实瓶不应露天堆放	《石油化工企业设计防火规范》GB 50160—2008 第6.5.5条	

9 公用工程隐患排查表

序号	排查内容	排查依据	排查频次
	一、一般规定		
1	公用工程管道与可燃气体、液化烃和可燃液体的管道或设备连接时应符合下列规定: 1. 连续使用的公用工程管道上应设止回阀,并在其根部设切断阀; 2. 在间歇使用的公用工程管道上应设止回阀和一道切断阀或设两道切断阀,并在两切断阀间设检查阀; 3. 仅在设备停用时使用的公用工程管道应设盲板或断开	《石油化工企业设计防火规范》GB 50160—2008 第7.2.7条	1次/季度
2	新鲜水、蒸汽、压缩空气、药剂、污油等输送管道进(出)口应设置流量、压力和温度等测量仪表	《石油化工污水处理设计规范》SH 3095—2000 第7.5.2条	
	二、给排水		
1	企业供水水源、循环水系统的能力必须满足企业需求,并留有一定余量。输水系统、循环水系统的设置应满足相关标准规范的规定。如《石油化工企业给水排水系统设计规范》SH 3015—2003 《石油化工企业循环水场设计规范》SH 3016—90 1. 循环水场不应靠近加热炉、焦炭塔等热源体和空压站吸入口,不得设在污水处理场、化学品堆场、散货库以及煤焦、灰渣、粉尘等的露天堆场附近。 2. 机械通风冷却塔与生产装置边界线或独立的明火设备的净距不应小于30m。 3. 加氯间和氯瓶应与其他工作间隔开,氯瓶间必须设直接通向室外的外开门;氯瓶和加氯机不应靠近采暖设备;应设每小时换气8～12次的通风设备。通风孔应设在外墙下方。		1次/半年

续表

序号	排查内容	排查依据	排查频次
	二、给排水		
1	4. 室内建筑装修、电气设备、仪表及灯具应防腐,照明和通风设备的开关应设在室外;应在加氯间附近设防毒面具、抢救器材和工具箱		1次/半年
2	污水系统按照环保部门的法律法规开展隐患排查		
	三、供热		
1	供热系统的锅炉。压力容器、压力管道按照《压力管道安全技术监察规程》(TSG D0001—2009)、《特种设备安全监察条例》(国务院令 第549号)开展隐患排查		
2	高温蒸汽管道及低温管线应采取防护措施,可防止人员烫伤或冻伤;防护材料应为绝热材料		1次/季度
3	寒冷地区是否采用防冻、防凝措施,如: 1. 所有水线、蒸汽线死角加导淋,保持微开长流水、长冒汽。 2. 水线、蒸汽、凝结水保持微开长流水、长冒汽,所有水线阀门必须保温。 3. 水泵加伴热蒸汽,细小管线加伴热导线		
	四、空压站、空分装置		
	空压站、空分装置按照《特种设备安全监察条例》、《压缩空气站设计规范》(GB 50029—2003)、《氧气站设计规范》(GB 50030—200(7)及《氧气及相关气体安全技术规程》(GB 16912—9(7)等相关规定开展隐患排查		1次/季度
	五、泄压排放和火炬系统		
1	全厂性高架火炬的布置,应符合下列要求: 1. 宜位于生产区、全厂性重要设施全年最小频率风向的上风侧,并应符合环保要求; 2. 在符合人身与生产安全要求的前提下宜靠近火炬气的主要排放源; 3. 火炬的防护距离应符合 GB 50160 和 SH 3009 的规定。火炬的辐射热不应影响人身及设备的安全	《石油化工企业厂区总平面布置设计规范》SH/T 3053—2002 《石油化工企业燃料气系统和可燃性气体排放系统设计规范》SH 3009—2001	1次/半年
2	火炬系统设计应符合相关标准规范的规定。如《石油化工企业燃料气系统和可燃性气体排放系统设计规范》(SH 3009—2001)、《石油化工企业设计防火规范》(GB 50160—2008)。 1. 液体、低热值可燃气体、含氧气或卤元素及其化合物的可燃气体、毒性为极度和高度危害的可燃气体、惰性气体、酸性气体及其他腐蚀性气体(如氨、环氧乙烷、硫化氢等)不得排入全厂性火炬系统,应设独立的排放系统或处理排放系统。 2. 可燃气体放空管道在接入火炬前,应设置分液和阻火等设备。严禁排入火炬的可燃气体携带可燃液体。 3. 可燃气体放空管道内的凝结液应密闭回收,不得随地排放		
3	受工艺条件或介质特性所限,无法排入火炬或装置处理排放系统的可燃气体,当通过排气筒、放空管直接向大气排放时,排气筒、放空管的高度应满足《石油化工企业设计防火规范》(GB 50160—2008)的要求		
4	火炬应设长明灯和可靠的点火系统	《石油化工企业设计防火规范》GB 50160—2008第5.5.20条	1次/周

10　消防系统隐患排查表

序号	排查内容	排查依据	排查频次
	消防系统按照消防部门的法律法规开展隐患排查		

12. 关于加强化工过程安全管理的指导意见

（国家安全监管总局，安监总管三〔2013〕88号，2013年7月29日）

各省、自治区、直辖市及新疆生产建设兵团安全生产监督管理局，有关中央企业：

化工过程（chemical process）伴随易燃易爆、有毒有害等物料和产品，涉及工艺、设备、仪表、电气等多个专业和复杂的公用工程系统。加强化工过程安全管理，是国际先进的重大工业事故预防和控制方法，是企业及时消除安全隐患、预防事故、构建安全生产长效机制的重要基础性工作。为深入贯彻落实《国务院关于进一步加强企业安全生产工作的通知》（国发〔2010〕23号）和《国务院关于坚持科学发展安全发展促进安全生产形势持续稳定好转的意见》（国发〔2011〕40号）精神，加强化工企业安全生产基础工作，全面提升化工过程安全管理水平，现提出以下指导意见：

一、化工过程安全管理的主要内容和任务

（一）化工过程安全管理的主要内容和任务包括：收集和利用化工过程安全生产信息；风险辨识和控制；不断完善并严格执行操作规程；通过规范管理，确保装置安全运行；开展安全教育和操作技能培训；严格新装置试车和试生产的安全管理；保持设备设施完好性；作业安全管理；承包商安全管理；变更管理；应急管理；事故和事件管理；化工过程安全管理的持续改进等。

二、安全生产信息管理

（二）全面收集安全生产信息。企业要明确责任部门，按照《化工企业工艺安全管理实施导则》（AQ/T 3034）的要求，全面收集生产过程涉及的化学品危险性、工艺和设备等方面的全部安全生产信息，并将其文件化。

（三）充分利用安全生产信息。企业要综合分析收集到的各类信息，明确提出生产过程安全要求和注意事项。通过建立安全管理制度、制定操作规程、制定应急救援预案、制作工艺卡片、编制培训手册和技术手册、编制化学品间的安全相容矩阵表等措施，将各项安全要求和注意事项纳入自身的安全管理中。

（四）建立安全生产信息管理制度。企业要建立安全生产信息管理制度，及时更新信息文件。企业要保证生产管理、过程危害分析、事故调查、符合性审核、安全监督检查、应急救援等方面的相关人员能够及时获取最新安全生产信息。

三、风险管理

（五）建立风险管理制度。企业要制定化工过程风险管理制度，明确风险辨识范围、方法、频次和责任人，规定风险分析结果应用和改进措施落实的要求，对生产全过程进行风险辨识分析。

对涉及重点监管危险化学品、重点监管危险化工工艺和危险化学品重大危险源（以下统称"两重点一重大"）的生产储存装置进行风险辨识分析，要采用危险与可操作性分析（HAZOP）技术，一般每3年进行一次。对其他生产储存装置的风险辨识分析，针对装置不同的复杂程度，选用安全检查表、工作危害分析、预危险性分析、故障类型和影响分析（FMEA）、HAZOP技术等方法或多种方法组合，可每5年进行一次。企业管理机构、人员构成、生产装置等发生重大变化或发生生产安全事故时，要及时进行风险辨识分析。企业要组织所有人员参与风险辨识分析，力求风险辨识分析全覆盖。

（六）确定风险辨识分析内容。化工过程风险分析应包括：工艺技术的本质安全性及风险程度；工艺系统可能存在的风险；对严重事件的安全审查情况；控制风险的技术、管理措施及其失效可能引起的后果；现场设施失控和人为失误可能对安全造成的影响。在役装置的风险辨识分析还要包括发生的变更是否存在风险，吸取本企业和其他同类企业事故及事件教训的措施等。

（七）制定可接受的风险标准。企业要按照《危险化学品重大危险源监督管理暂行规定》（国家安全监管总局令第40号）的要求，根据国家有关规定或参照国际相关标准，确定本企业可接受的风险标准。对辨识分析发现的不可接受风险，企业要及时制定并落实消除、减小或控制风险的措施，将风险控制在可接受的范围。

四、装置运行安全管理

（八）操作规程管理。企业要制定操作规程管理制度，规范操作规程内容，明确操作规程编写、审查、批准、分发、使用、控制、修改及废止的程序和职责。操作规程的内容应至少包括：开车、正常操作、临时操作、应急操作、正常停车和紧急停车的操作步骤与安全要求；工艺参数的正常控制范围，偏离正常工况的后果，防止和纠正偏离正常工况的方法和步骤；操作过程的人身安全保障、职业健康注意事项等。

操作规程应及时反映安全生产信息、安全要求和注意事项的变化。企业每年要对操作规程的适应性和有效性进行确认，至少每3年要对操作规程进行审核修订；当工艺技术、设备发生重大变更时，要及时审核修订操作规程。

企业要确保作业现场始终存有最新版本的操作规程文本，以方便现场操作人员随时查用；定期开展操作规程培训和考核，建立培训记录和考核成绩档案；鼓励从业人员分享安全操作经验，参与操作规程的编制、修订和审核。

（九）异常工况监测预警。企业要装备自动化控制系统，对重要工艺参数进行实时监控预警；要采用在线安全监控、自动检测或人工分析数据等手段，及时判断发生异常工况的根源，评估可能产生的后果，制定安全处置方案，避免因处理不当造成事故。

（十）开停车安全管理。企业要制定开停车安全条件检查确认制度。在正常开停车、紧急停车后的开车前，都要进行安全条件检查确认。开停车前，企业要进行风险辨识分析，制定开停车方案，编制安全措施和开停车步骤确认表，经生产和安全管理部门审查同意后，要严格执行并将相关资料存档备查。

企业要落实开停车安全管理责任，严格执行开停车方案，建立重要作业责任人签字确认制度。开车过程中装置依次进行吹扫、清洗、气密试验时，要制定有效的安全措施；引进蒸汽、氮气、易燃易爆介质前，要指定有经验的专业人员进行流程确认；引进物料时，要随时监测物料流量、温度、压力、液位等参数变化情况，确认流程是否正确。要严格控制进退料顺序和速率，现场安排专人不间断巡检，监控有无泄漏等异常现象。

停车过程中的设备、管线低点的排放要按照顺序缓慢进行，并做好个人防护；设备、管线吹扫处理完毕后，要用盲板切断与其他系统的联系。抽堵盲板作业应在编号、挂牌、登记后按规定的顺序进行，并安排专人逐一进行现场确认。

五、岗位安全教育和操作技能培训

（十一）建立并执行安全教育培训制度。企业要建立厂、车间、班组三级安全教育培训体系，制定安全教育培训制度，明确教育培训的具体要求，建立教育培训档案；要制定并落实教育培训计划，定期评估教育培训内容、方式和效果。从业人员应经考核合格后方可上岗，特种作业人员必须持证上岗。

（十二）从业人员安全教育培训。企业要按照国家和企业要求，定期开展从业人员安全培训，使从业人员掌握安全生产基本常识及本岗位操作要点、操作规程、危险因素和控制措施，掌握异常工况识别判定、应急处置、避险避灾、自救互救等技能与方法，熟练使用个体防护用品。当工艺技术、设备设施等发生改变时，要及时对操作人员进行再培训。要重视开展从业人员安全教育，使从业人员不断强化安全意识，充分认识化工安全生产的特殊性和极端重要性，自觉遵守企业安全管理规定和操作规程。企业要采取有效的监督检查评估措施，保证安全教育培训工作质量和效果。

（十三）新装置投用前的安全操作培训。新建企业应规定从业人员文化素质要求，变招工为招生，加强从业人员专业技能培养。工厂开工建设后，企业就应招录操作人员，使操作人员在上岗前先接受规范的基础知识和专业理论培训。装置试生产前，企业要完成全体管理人员和操作人员岗位技能培训，确保全体管理人员和操作人员考核合格后参加全过程的生产准备。

六、试生产安全管理

（十四）明确试生产安全管理职责。企业要明确试生产安全管理范围，合理界定项目建设单位、总承包商、设计单位、监理单位、施工单位等相关方的安全管理范围与职责。

项目建设单位或总承包商负责编制总体试生产方案、明确试生产条件，设计、施工、监理单位要对试生产方案及试生产条件提出审查意见。对采用专利技术的装置，试生产方案经设计、施工、监理单位审查同意后，还要经专利供应商现场人员书面确认。

项目建设单位或总承包商负责编制联动试车方案、投料试车方案、异常工况处置方案等。试生产前，项目建设单位或总承包商要完成工艺流程图、操作规程、工艺卡片、工艺和安全技术规程、事故处理预案、化验分析规程、主要设备运行规程、电气运行规程、仪表及计算机运行规程、联锁整定值等生产技术资料、岗位记录表和技术台账的编制工作。

（十五）试生产前各环节的安全管理。建设项目试生产前，建设单位或总承包商要及时组织设计、施工、监理、生产等单位的工程技术人员开展"三查四定"（三查：查设计漏项、查工程质量、查工程隐患；四定：整改工作定任务、定人员、定时间、定措施），确保施工质量符合有关标准和设计要求，确认工艺危害分析报告中的改进措施和安全保障措施已经落实。

系统吹扫冲洗安全管理。在系统吹扫冲洗前，要在排放口设置警戒区，拆除易被吹扫冲洗损坏的所有部件，确认吹扫冲洗流程、介质及压力。蒸汽吹扫时，要落实防止人员烫伤的防护措施。

气密试验安全管理。要确保气密试验方案全覆盖、无遗漏，明确各系统气密的最高压力等级。高压系统气密试验前，要分成若干等级压力，逐级进行气密试验。真空系统进行真空试验前，要先完成气密试验。要用盲板将气密试验系统与其他系统隔离，严禁超压。气密试验时，要安排专人监控，发现问题，及时处理；做好气密检查记录，签字备查。

单机试车安全管理。企业要建立单机试车安全管理程序。单机试车前，要编制试车方案、操作规程，并经各专业确认。单机试车过程中，应安排专人操作、监护、记录，发现异常立即处理。单机试车结束后，建设单位要组织设计、施工、监理及制造商等方面人员签字确认并填写试车记录。

联动试车安全管理。联动试车应具备下列条件：所有操作人员考核合格并已取得上岗资格；公用工程系统已稳定运行；试车方案和相关操作规程、经审查批准的仪表报警和联锁值已整定完毕；各类生产记录、报表已印发到岗位；负责统一指挥的协调人员已经确定。引入燃料或窒息性气体后，企业必须建立并执行每日安全调度例会制度，统筹协调全部试车的安全管理工作。

投料安全管理。投料前，要全面检查工艺、设备、电气、仪表、公用工程和应急准备等情况，具备条件后方可进行投料。投料及试生产过程中，管理人员要现场指挥，操作人员要持续进行现场巡查，设备、电气、仪表等专业人员要加强现场巡检，发现问题及时报告和处理。投料试生产过程中，要严格控制现场人数，严禁无关人员进入现场。

七、设备完好性（完整性）

（十六）建立并不断完善设备管理制度。

建立设备台账管理制度。企业要对所有设备进行编号，建立设备台账、技术档案和备品配件管理制度，编制设备操作和维护规程。设备操作、维修人员要进行专门的培训和资格考核，培训考核情况要记录存档。

建立装置泄漏监（检）测管理制度。企业要统计和分析可能出现泄漏的部位、物料种类和最大量。定期监（检）测生产装置动静密封点，发现问题及时处理。定期标定各类泄漏检测报警仪器，确保准确有效。要加强防腐蚀管理，确定检查部位，定期检测，建立检测数据库。对重点部位要加大检测检查频次，及时发现和处理管道、设备壁厚减薄情况；定期评估防腐效果和核算设备剩余使用寿命，及时发现并更新更换存在安全隐患的设备。

建立电气安全管理制度。企业要编制电气设备设施操作、维护、检修等管理制度。定期开展企业电源系统安全可靠性分析和风险评估。要制定防爆电气设备、线路检查和维护管理制度。

建立仪表自动化控制系统安全管理制度。新（改、扩）建装置和大修装置的仪表自动化控制系统投用前、长期停用的仪表自动化控制系统再次启用前，必须进行检查确认。要建立健全仪表自动化控制系统日常维护保养制度，建立安全联锁保护系统停运、变更专业会签和技术负责人审批制度。

（十七）设备安全运行管理。

开展设备预防性维修。关键设备要装备在线监测系统。要定期监（检）测检查关键设备、连续监（检）测检查仪表，及时消除静设备密封件、动设备易损件的安全隐患。定期检查压力管道阀门、螺栓等附件的安全状态，及早发现和消除设备缺陷。

加强动设备管理。企业要编制动设备操作规程，确保动设备始终具备规定的工况条件。自动监测大机组和重点动设备的转速、振动、位移、温度、压力、腐蚀性介质含量等运行参数，及时评估设备运行状况。加强动设备润滑管理，确保动设备运行可靠。

开展安全仪表系统安全完整性等级评估。企业要在风险分析的基础上，确定安全仪表功能（SIF）及其相应的功能安全要求或安全完整性等级（SIL）。企业要按照《过程工业领域安全仪表系统的功能安全》（GB/T 21109）和《石油化工安全仪表系统设计规范》的要求，设计、安装、管理和维护安全仪表系统。

八、作业安全管理

（十八）建立危险作业许可制度。企业要建立并不断完善危险作业许可制度，规范动火、进入受限空间、动土、临时用电、高处作业、断路、吊装、抽堵盲板等特殊作业安全条件和审批程序。实施特殊作业前，必须办理审批手续。

（十九）落实危险作业安全管理责任。实施危险作业前，必须进行风险分析、确认安全条件，确保作业人员了解作业风险和掌握风险控制措施、作业环境符合安全要求、预防和控制风险措施得到落实。危险作业审批人员要在现场检查确认后签发作业许可证。现场监护人员要熟悉作业范围内的工艺、设备和物料状态，具备应急救援和处置能力。作业过程中，管理人员要加强现场监督检查，严禁监护人员擅离现场。

九、承包商管理

（二十）严格承包商管理制度。企业要建立承包商安全管理制度，将承包商在本企业发生的事故纳入企业事故管理。企业选择承包商时，要严格审查承包商有关资质，定期评估承包商安全生产业绩，及时淘汰业绩差的承包商。企业要对承包商作业人员进行严格的入厂安全培训教育，经考核合格的方可凭证入厂，禁止未经安全培训教育的承包商作业人员入厂。企业要妥善保存承包商作业人员安全培训教育记录。

（二十一）落实安全管理责任。承包商进入作业现场前，企业要与承包商作业人员进行现场安全交底，审查承包商编制的施工方案和作业安全措施，与承包商签订安全管理协议，明确双方安全管理范围与责任。现场安全交底的内容包括：作业过程中可能出现的泄漏、火灾、爆炸、中毒窒息、触电、坠落、物体打击和机械伤害等方面的危害信息。承包商要确保作业人员接受了相关的安全培训，掌握与作业相关的所有危害信息和应急预案。企业要对承包商作业进行全程安全监督。

十、变更管理

（二十二）建立变更管理制度。企业在工艺、设备、仪表、电气、公用工程、备件、材料、化学品、生产组织方式和人员等方面发生的所有变化，都要纳入变更管理。变更管理制度至少包含以下内容：变更的事项、起始时间，变更的技术基础、可能带来的安全风险，消除和控制安全风险的措施，是否修改操作规程，变更审批权限，变更实施后的安全验收等。实施变更前，企业要组织专业人员进行检查，确保变更具备安全条件；明确受变更影响的本企业人员和承包商作业人员，并对其进行相应的培训。变更完成后，企业要及时更新相应的安全生产信息，建立变更管理档案。

（二十三）严格变更管理。

工艺技术变更。主要包括生产能力，原辅材料（包括助剂、添加剂、催化剂等）和介质（包括成分比例的变化），工艺路线、流程及操作条件，工艺操作规程或操作方法，工艺控制参数，仪表控制系统（包括安全报警和联锁整定值的改变），水、电、汽、风等公用工程方面的改变等。

设备设施变更。主要包括设备设施的更新改造、非同类型替换（包括型号、材质、安全设施的变更）、布局改变，备件、材料的改变，监控、测量仪表的变更，计算机及软件的变更，电气设备的变更，增加临时的电气设备等。

管理变更。主要包括人员、供应商和承包商、管理机构、管理职责、管理制度和标准发生变化等。

（二十四）变更管理程序。

申请。按要求填写变更申请表，由专人进行管理。

审批。变更申请表应逐级上报企业主管部门，并按管理权限报主管负责人审批。

实施。变更批准后，由企业主管部门负责实施。没有经过审查和批准，任何临时性变更都不得超过原批准范围和期限。

验收。变更结束后，企业主管部门应对变更实施情况进行验收并形成报告，及时通知相关部门和有关人员。相关部门收到变更验收报告后，要及时更新安全生产信息，载入变更管理档案。

十一、应急管理

（二十五）编制应急预案并定期演练完善。企业要建立完整的应急预案体系，包括综合应急预案、专项应急预案、现场处置方案等。要定期开展各类应急预案的培训和演练，评估预案演练效果并及时完善预案。企业制定的预案要与周边社区、周边企业和地方政府的预案相互衔接，并按规定报当地政府备案。企业要与当地应急体系形成联动机制。

（二十六）提高应急响应能力。企业要建立应急响应系统，明确组成人员（必要时可吸收企外人员参加），并明确每位成员的职责。要建立应急救援专家库，对应急处置提供技术支持。发生紧急情况后，应急处置人员要在规定时间内到达各自岗位，按照应急预案的要求进行处置。要授权应急处置人员在紧急情况下组织装置紧急停车和相关人员撤离。企业要建立应急物资储备制度，加强应急物资储备和动态管理，定期核查并及时补充和更新。

十二、事故和事件管理

（二十七）未遂事故等安全事件的管理。企业要制定安全事件管理制度，加强未遂事故等安全事件（包括生产事故征兆、非计划停车、异常工况、泄漏、轻伤等）的管理。要建立未遂事故和事件报告激励机制。要深入调查分析安全事件，找出事件的根本原因，及时消除人的不安全行为和物的不安全状态。

（二十八）吸取事故（事件）教训。企业完成事故（事件）调查后，要及时落实防范措施，组织开展内部分析交流，吸取事故（事件）教训。要重视外部事故信息收集工作，认真吸取同类企业、装置的事故教训，提高安全意识和防范事故能力。

十三、持续改进化工过程安全管理工作

（二十九）企业要成立化工过程安全管理工作领导机构，由主要负责人负责，组织开展本企业化工过程安全管理工作。

（三十）企业要把化工过程安全管理纳入绩效考核。要组成由生产负责人或技术负责人负责，工艺、设备、电气、仪表、公用工程、安全、人力资源和绩效考核等方面的人员参加的考核小组，定期评估本企业化工过程安全管理的功效，分析查找薄弱环节，及时采取措施，限期整改，并核查整改情况，持续改进。要编制功效评估和整改结果评估报告，并建立评估工作记录。

化工企业要结合本企业实际，认真学习贯彻落实相关法律法规和本指导意见，完善安全生产责任制和安全生产规章制度，开展全员、全过程、全方位、全天候化工过程安全管理。

13. 关于印发企业安全生产标准化
评审工作管理办法（试行）的通知

（国家安全监管总局，安监总办〔2014〕49号，2014年6月3日）

企业安全生产标准化评审工作管理办法
（试行）

一、总则

（一）根据《安全生产法》、《国务院关于进一步加强企业安全生产工作的通知》（国发〔2010〕23号），为有效实施《企业安全生产标准化基本规范》（AQ/T 9006—2010），规范和加强企业安全生产标准化评审工作，推动和指导企业落实安全生产主体责任，制定本办法。

（二）企业应通过安全生产标准化建设，建立以安全生产标准化为基础的企业安全生产管理体系，保持有效运行，及时发现和解决安全生产问题，持续改进，不断提高安全生产水平。

（三）本办法适用于非煤矿山、危险化学品、化工、医药、烟花爆竹、冶金、有色、建材、机械、轻工、纺织、烟草、商贸企业（以下统称企业）安全生产标准化评审管理工作。

（四）企业安全生产标准化评定标准由国家安全监管总局按照行业制定，企业依照相关行业评定标准进行创建。

（五）企业安全生产标准化达标等级分为一级企业、二级企业、三级企业，其中一级为最高。

达标等级具体要求由国家安全监管总局按照行业分别确定。

（六）安全生产标准化一级企业由国家安全监管总局公告，证书、牌匾由其确定的评审组织单位发放；二级企业的公告和证书、牌匾的发放，由省级安全监管部门确定；三级企业由地市级安全监管部门确定，经省级安全监管部门同意，也可以授权县级安全监管部门确定。

海洋石油天然气安全生产标准化达标企业由国家安全监管总局公告，证书、牌匾由其确定的评审组织单位发放。

（七）工贸行业小微企业可按照《冶金等工贸行业小微企业安全生产标准化评定标准》（安监总管四〔2014〕17号）开展创建，其公告和证书、牌匾的发放（证书样式见附件5，牌匾式样见附件6），也可由省级安全监管部门制定办法，开展创建。鼓励地方根据实际，制定小微企业创建的相关标准。

（八）企业安全生产标准化建设以企业自主创建为主，程序包括自评、申请、评审、公告、颁发证书和牌匾。企业在完成自评后，实行自愿申请评审。

（九）企业应通过国家安全监管总局企业安全生产标准化信息管理系统（http://aqbzh.chinasafety.gov.cn）完成网上注册、提交自评报告（样式见附件1）等工作。

二、企业自评

（一）企业应自主开展安全生产标准化建设工作，成立由其主要负责人任组长的自评工作组，对照相应评定标准开展自评，形成自评报告并网上提交。

（二）企业应每年进行1次自评，形成自评报告并网上提交。

（三）每年自评报告应在企业内部进行公示。

三、评审程序

（一）申请。

1. 企业自愿申请的原则。申请取得安全生产标准化等级证书的企业，在上报自评报告的同时，提出评审申请。

2. 申请安全生产标准化评审的企业应具备以下条件：

（1）设立有安全生产行政许可的，已依法取得国家规定的相应安全生产行政许可。

（2）申请评审之日的前1年内，无生产安全死亡事故。

行业评定标准要求高于本条款的，按照行业评定标准执行；低于本条款要求的，按照本条款执行。

3. 申请安全生产标准化一级企业还应符合以下条件：

（1）在本行业内处于领先位置，原则上控制在本行业企业总数的1%以内；

（2）建立并有效运行安全生产隐患排查治理体系，实施自查自改自报，达到一类水平；

（3）建立并有效运行安全生产预测预控体系；

（4）建立并有效运行国际通行的生产安全事故和职业健康事故调查统计分析方法；

（5）相关行业规定的其他要求；

（6）省级安全监管部门推荐意见。

（二）评审。

1. 评审组织单位收到企业评审申请后，应在10个工作日内完成申请材料审查工作。经审查符合条件的，通知相应的评审单位进行评审；不符合申请要求的，书面通知申请企业，并说明理由。

2. 评审单位收到评审通知后，应按照有关评定标准的要求进行评审。评审完成后，将符合要求的评审报告（样式见附件2），报评审组织单位审核。

3. 评审结果未达到企业申请等级的，申请企业可在进一步整改完善后重新申请评审，或根据评审实际达到的等级重新提出申请。

4. 评审工作应在收到评审通知之日起3个月内完成（不含企业整改时间）。

（三）公告。

1. 评审组织单位接到评审单位提交的评审报告后应当及时进行审查，并形成书面报告，报相应的安全监管部门；不符合要求的评审报告，评审组织单位应退回评审单位并说明理由。

2. 相应安全监管部门同意后，对符合要求的企业予以公告，同时抄送同级工业和信息化主管部门、人力资源社会保障部门、国资委、工商行政管理部门、质量技术监督部门、银监局；不符合要求的企业，书面通知评审组织单位，并说明理由。

（四）证书和牌匾。

1. 经公告的企业，由相应的评审组织单位颁发相应等级的安全生产标准化证书和牌匾，有效期为3年。

2. 证书和牌匾由国家安全监管总局统一监制，统一编号（证书样式见附件3，牌匾式样见附件4）。

（五）撤销。

1. 取得安全生产标准化证书的企业，在证书有效期内发生下列行为之一的，由原公告单位公告撤销其安全生产标准化企业等级：

（1）在评审过程中弄虚作假、申请材料不真实的；

（2）迟报、漏报、谎报、瞒报生产安全事故的；

（3）企业发生生产安全死亡事故的。

2. 被撤销安全生产标准化等级的企业，自撤销之日起满1年后，方可重新申请评审。

3. 被撤销安全生产标准化等级的企业，应向原发证单位交回证书、牌匾。

（六）期满复评。

1. 取得安全生产标准化证书的企业，3年有效期届满后，可自愿申请复评，换发证书、牌匾。

2. 满足以下条件，期满后可直接换发安全生产标准化证书、牌匾：

（1）按照规定每年提交自评报告并在企业内部公示。

（2）建立并运行安全生产隐患排查治理体系。一级企业应达到一类水平，二级企业应达到二类及以上水平，三级企业应达到三类及以上水平，实施自查自改自报。

（3）未发生生产安全死亡事故。

（4）安全监管部门在周期性安全生产标准化检查工作中，未发现企业安全管理存在突出问题或者重大隐患。

（5）未改建、扩建或者迁移生产经营、储存场所，未扩大生产经营许可范围。

3. 一、二级企业申请期满复评时，如果安全生产标准化评定标准已经修订，应重新申请评审。

4. 安全生产标准化达标企业提升达到高等级标准化企业要求的，可以自愿向相应等级评审组织单位提出申请评审。

四、监督管理

（一）评审机构和人员。

1. 安全生产标准化工作机构一般应包括评审组织单位和评审单位，由一定数量的评审人员参与日常工作。

2. 评审组织单位应具有固定工作场所和办公设施，设有专职工作人员。负责对评审单位的日常管理工作和对评审单位的现场评审工作进行抽查；承担评审人员培训、考核与管理等工作。应定期开展对评审人员的继续教育培训，不断提高评审能力和水平。

评审组织单位不得向企业收取任何费用；应参照当地物价部门制定的类似业务收费标准规范评审单位评审收费。

3. 评审单位是指由安全监管部门考核确定、具体承担企业安全生产标准化评审工作的第三方机构。应配备满足各评定标准评审工作需要的评审人员，保证评审结果的科学性、先进性和准确性。

4. 评审人员包括评审单位的评审员和聘请的评审专家，按评定标准参加相关专业领域的评审工作，对其作出的文件审查和现场评审结论负责。

5. 评审组织单位、评审单位、评审人员要按照"服务企业、公正自律、确保质量、力求实效"的原则开展工作。

6. 一级企业的评审组织单位、评审单位和评审人员基本条件由国家安全监管总局按照行业分别确定；二级企业的评审组织单位、评审单位和评审人员基本条件由省级安全监管部门负责确定；三级企业的评审组织单位、评审单位和评审人员基本条件由市级安全监管部门负责确定。

海洋石油天然气企业安全生产标准化的评审组织单位、评审单位和评审人员基本条件由国家安全监管总局确定。

（二）监督管理部门。

1. 各级安全监管部门要指导监督企业将着力点放在建立企业安全生产管理体系，运用安全生产标准化规范企业安全管理和提高安全管理能力上，注重实效，严防走过场、走形式。

2. 各级安全监管部门要将企业安全生产标准化建设和隐患排查治理体系建设的效果，作为实施分级分类监管的重要依据，实施差异化的管理，将未达到安全生产标准化等级要求的企业作为安全监管重点，加大执法检查力度，督促企业提高安全管理水平。

3. 各级安全监管部门在企业安全生产标准化建设工作中不得收取任何费用。

4. 各级安全监管部门要规范对评审组织单位、评审单位的管理，强化监督检查，督促其做好安全生产标准化评审相关工作；对于在评审工作中弄虚作假、牟取不正当利益等行为的评审单位，一律取消评审单位资格；对于出现违法违规行为的评审单位法人和评审人员，依法依规严肃查处，并追究责任。

五、附则

本办法自印发之日起施行。国家安全监管总局印发的《非煤矿山安全生产标准化评审工作管理办法》（安监总管一〔2011〕190号）、《危险化学品从业单位安全生产标准化评审工作管理办法》（安监总管三〔2011〕145号）、《国家安全监管总局关于全面开展烟花爆竹企业安全生产标准化工作的通知》（安监总管三〔2011〕151号）和《全国冶金等工贸企业安全生产标准化考评办法》（安监总管四〔2011〕84号）同时废止。

附件：

1. 企业安全生产标准化自评报告

2. 企业安全生产标准化评审报告

3. 企业安全生产标准化证书样式

4. 企业安全生产标准化牌匾式样

5. 小微企业安全生产标准化证书样式

6. 小微企业安全生产标准化牌匾式样

附件1

企 业 安 全 生 产 标 准 化

自 评 报 告

企业名称：

所属行业： 专业：

自评得分： 自评等级：

自评日期： 年 月 日

是否在企业内部公示： □是 □否

是否申请评审： □是 □否

国家安全生产监督管理总局制

一、基本情况表

企业名称					
地　　址					
企业性质	□国有　□集体　□民营　□私营　□合资　□独资　□其他				
安全管理机构					
员工总数	人	专职安全管理人员	人	特种作业人员	人
固定资产		万元	主营业务收入		万元
倒班情况	□有　□没有		倒班人数及方式		
法定代表人		电话		传真	
联系人		电话		传真	
		手机		电子信箱	
自评等级	□一级　　□二级　　□三级　　□小微企业				

本次自评前本专业曾经取得的标准化等级:□一级 □二级 □三级 □小微企业 □无

如果企业是某企业集团的成员单位,请注明企业集团名称:

如果已取得职业健康安全管理体系认证证书,请注明证书名称和发证机构:

本企业安全生产标准化自评小组主要成员		姓名	所在部门 职务/职称	电话	备注
	组长				
	成员				

二、企业自评总结

1. 企业概况。
2. 近三年企业安全生产事故和职业病的发生情况。
3. 企业安全生产标准化创建过程及取得成效。

三、评审申请表

1. 企业是否同意遵守评审要求,并能提供评审所必需的真实信息? □是　□否
2. 企业在提交申请书时,应附以下文件资料: 　　◇安全生产许可证复印件(未实施安全生产行政许可的行业不需提供) 　　◇自评扣分项目汇总表
3. 企业自评得分:
4. 企业自评结论: 法定代表人(签名):　　　　　　　　　　　　　　　　　　　(申请企业盖章) 　　　　　　　　　　　　　　　　　　　　　　　　　　　年　　月　　日
5. 上级主管单位意见: 负责人(签名):　　　　　　　　　　　　　　　　　　　　(主管单位盖章) 　　　　　　　　　　　　　　　　　　　　　　　　　　　年　　月　　日
6. 安全生产监督管理部门意见: 负责人(签名):　　　　　　　　　　　　　　　　　　　　(安监部门盖章) 　　　　　　　　　　　　　　　　　　　　　　　　　　　年　　月　　日

自评报告填报说明

1. "企业名称"填写企业名称并加盖申请企业章。

2. "所属行业"主要类别有非煤矿山、危险化学品、化工、医药、烟花爆竹、冶金、有色、建材、机械、轻工、纺织、烟草、商贸等行业。"专业"按行业所属专业填写，有专业安全生产标准化标准的，按标准确定的专业填写，如"冶金"行业中的"炼钢"、"轧钢"专业，"建材"行业中的"水泥"专业，"有色"行业中的"电解铝"、"氧化铝"专业等。

3. "企业概况"包括主营业务所属行业，经营范围，企业规模（包括职工人数、年产值、伤亡人数等），发展过程，组织机构，主营业务产业概况、本企业规模（产量和业务收入），在行业中所处地位，安全生产工作特点等。

4. 企业自愿申请评审时，应填写"评审申请表"，表格中"上级主管单位意见"栏内，如无上级主管单位，应填写"无"。

5. "评审申请表"中"安全生产监督管理部门意见"，主要是安全监管部门对申请企业的生产安全事故情况进行核实。申请一级企业的应由省级安全监管部门出具意见；申请二、三级企业的按照省级安全监管部门要求由相应的安全监管部门出具意见。

申请海洋石油天然气安全生产标准化企业的应由相应的海洋石油作业安全办公室分部出具意见。

附件 2

企 业 安 全 生 产 标 准 化

评 审 报 告

申请企业：

评审单位：

评审行业：　　　　　　　　　专业：

评审性质：　　　　　　　　　级别：

评审日期：＿＿＿年＿月＿日至＿＿＿年＿月＿日

国家安全生产监督管理总局制

评审报告表

评审单位情况						
评审单位						
单位地址						
主要负责人		电话		手机		
联系人		电话		传真		
		手机		电子信箱		

评审小组成员		姓名	单位/职务/职称	电话	备注（证书编号）
	组长				
	成员				

申请企业情况						
申请企业						
法定代表人		电话		手机		
联系人		电话		传真		
		手机		电子信箱		

评审结果	
评审等级：□一级　□二级　□三级　□小微企业	评审得分：

评审组长签字：

评审单位负责人签字：

（评审单位盖章）

年　　月　　日

评审组织单位意见：

（评审组织单位盖章）

年　　月　　日

制度文件评审综述：

现场评审综述：

评审扣分项及整改要求（另附表提供）：

建议：

评审组长：

年　月　日

审批人/日期：

评审单位盖章

评审报告首页评审单位填写名称并盖章。

附件 **3**

企业安全生产标准化证书样式

证书印制：中国安全生产协会。印制编号：XXXXXXXXX

1. 证书编号规则为：地区简称＋字母"AQB"＋行业代号＋级别＋发证年度＋顺序号。一级企业及海洋石油天然气二级、三级企业无地区简称，二、三级企业的地区简称为省、自治区、直辖市简称；级别代号一、二、三级分别为罗马字"I"、"Ⅱ"、"Ⅲ"；顺序号为 5 位数字，从 00001 开始顺序编号；行业代号如下表：

序号	行业	代号	序号	行业	代号
1	金属非金属矿山矿山	KS	10	冶金	YJ
2	石油天然气	SY	11	有色	YS
3	选矿厂	XK	12	建材	JC
4	采掘施工单位	CJ	13	机械	JX
5	地质勘查单位	DZ	14	轻工	QG
6	危险化学品	WH	15	纺织	FZ
7	化工	HG	16	烟草	YC
8	医药	YY	17	商贸	SM
9	烟花爆竹	YH			

例：（1）2014 年机械制造安全生产标准化一级企业：AQBJXⅠ201400001。

（2）2014 年北京市机械制造安全生产标准化二级企业：京 AQBJXⅡ201400001。

（3）2014 年北京市机械制造安全生产标准化三级企业：京 AQBJXⅢ201400001。

2. "×级企业"中的"×"为"一"、"二"或"三"。

3. "（×××××）"中的"×××××"为行业和专业，如"冶金炼钢"或"冶金铁合金"等。

4. 有效期为阿拉伯数字的年和月，如"2017 年 3 月"。

5. 证书颁发时间为阿拉伯数字的年、月、日，如"2014 年 3 月 10 日"。

6. 二维条码图形为证书颁发单位名称和证书印制编号，由国家安全监管总局企业安全生产标准化信息管理系统自动生成。

7. 证书印制编号为 9 位数字编号和 1 位数字检验码。

附件 4

企业安全生产标准化牌匾式样

安全生产标准化

×级企业（　　）

编号：

发证单位名称

年月（有效期三年）

国家安全生产监督管理总局监制

说明：

1. ×为级别，大写数字"一"、"二"、"三"；括号中为行业。

2. 牌匾编号与证书编号一致。

3. 发证时间与证书颁发时间中的年、月一致。

附件 5

小微企业安全生产标准化证书样式

证书印制编号：XXXXXXXXX

　　证书编号规则为：地区简称＋字母"AQB"＋"XW"＋发证年度＋顺序号。顺序号为 6 位数字，从 000001 开始顺序编号。

　　例：2014 年的北京市小微企业安全生产标准化达标企业：京 AQB XW 2014000001。

附件 6

小微企业安全生产标准化牌匾式样

安全生产标准化

小微企业

编号：

发证单位名称

年月（有效期三年）

国家安全生产监督管理总局监制

说明：

1. 牌匾编号与证书编号一致。
2. 发证时间与证书颁发时间中的年、月一致。

14. 关于加强化工企业泄漏管理的指导意见

（国家安全监管总局，安监总管三〔2014〕94 号，2014 年 8 月 29 日）

各省、自治区、直辖市及新疆生产建设兵团安全生产监督管理局，有关中央企业：

为进一步加强化工企业安全生产基础工作，推动企业落实安全生产主体责任，有效预防和控制泄漏，防止和减少由泄漏引起的事故，提升企业本质安全水平，现提出以下意见：

一、充分认识加强泄漏管理的意义

（一）加强泄漏管理是确保化工企业安全生产的必然要求。化工企业生产工艺过程复杂，工艺条件苛刻，设备管道种类和数量多，工艺波动、违规操作、使用不当、设备失效、缺乏正确维护等情况均可造成易燃易爆、有毒有害介质泄漏，从而导致事故发生。

（二）加强泄漏管理是预防事故发生的有效措施。泄漏是引起化工企业火灾、爆炸、中毒事故的主要原因，要树立"泄漏就是事故"的理念，从源头上预防和控制泄漏，减少作业人员接触有毒有害物质，提升化工企业本质安全水平。

二、化工企业泄漏表现形式和管理的主要内容

（三）化工企业泄漏的表现形式。化工生产过程中的泄漏主要包括易挥发物料的逸散性泄漏和各种物料

的源设备泄漏两种形式。逸散性泄漏主要是易挥发物料从装置的阀门、法兰、机泵、人孔、压力管道焊接处等密闭系统密封处发生非预期或隐蔽泄漏；源设备泄漏主要是物料非计划、不受控制地以泼溅、渗漏、溢出等形式从储罐、管道、容器、槽车及其他用于转移物料的设备进入周围空间，产生无组织形式排放（设备失效泄漏是源设备泄漏的主要表现形式）。

（四）化工企业泄漏管理的主要内容。化工泄漏管理主要包括泄漏检测与维修和源设备泄漏管理两个方面。要通过预防性、周期性的泄漏检测发现早期泄漏并及时处理，避免泄漏发展为事故。泄漏检测与维修管理工作包括：配备监测仪器、培训监测人员、建立泄漏检测目录、编制泄漏检测与维修计划、验证维修效果等。源设备泄漏管理工作包括：泄漏原因的调查和处理、泄漏事件的评定和上报、泄漏率统计、泄漏绩效考核等。泄漏检测维修工作要实行 PDCA 循环（戴明环）管理方式。对所有的泄漏事件都要参照事故调查要求严格管理。

三、优化装置设计，从源头全面提升防泄漏水平

（五）优化设计以预防和控制泄漏。在设计阶段，要全面识别和评估泄漏风险，从源头采取措施控制泄漏危害。要尽可能选用先进的工艺路线，减少设备密封、管道连接等易泄漏点，降低操作压力、温度等工艺条件。在设备和管线的排放口、采样口等排放阀设计时，要通过加装盲板、丝堵、管帽、双阀等措施，减少泄漏的可能性，对存在剧毒及高毒类物质的工艺环节要采用密闭取样系统设计，有毒、可燃气体的安全泄压排放要采取密闭措施设计。

（六）优化设备选型。企业要严格按照规范标准进行设备选型，属于重点监控范围的工艺以及重点部位要按照最高标准规范要求选择。设计要考虑必要的操作裕度和弹性，以适应加工负荷变化的需要。要根据物料特性选用符合要求的优质垫片，以减少管道、设备密封泄漏。

新建和改扩建装置的管道、法兰、垫片、紧固件选型，必须符合安全规范和国家强制性标准的要求；压力容器与压力管道要严格按照国家标准要求进行检验。选型不符合现行安全规范和强制性标准要求的已建成装置，泄漏率符合规定的，企业要加强泄漏检测，监护运行；泄漏率不符合要求的，企业要限期整改。

（七）科学选择密封配件及介质。动设备选择密封介质和密封件时，要充分兼顾润滑、散热。使用水作为密封介质时，要加强水质和流速的检测。输送有毒、强腐蚀介质时，要选用密封油作为密封介质，同时要充分考虑针对密封介质侧大量高温热油泄漏时的收集、降温等防护措施，对于易汽化介质要采用双端面或串联干气密封。

（八）完善自动化控制系统。涉及重点监管危险化工工艺和危险化学品的生产装置，要按安全控制要求设置自动化控制系统、安全联锁或紧急停车系统和可燃及有毒气体泄漏检测报警系统。紧急停车系统、安全联锁保护系统要符合功能安全等级要求。危险化学品储存装置要采取相应的安全技术措施，如高、低液位报警和高高、低低液位联锁以及紧急切断装置等。

四、系统识别泄漏风险，规范工艺操作行为

（九）全面开展泄漏危险源辨识与风险评估。企业要依据有关标准、规范，组织工程技术和管理人员或委托具有相应资质的设计、评价等中介机构对可能存在的泄漏风险进行辨识与评估，结合企业实际设备失效数据或历史泄漏数据分析，对风险分析结果、设备失效数据或历史泄漏数据进行分析，辨识出可能发生泄漏的部位，结合设备类型、物料危险性、泄漏量对泄漏部位进行分级管理，提出具体防范措施。当工艺系统发生变更时，要及时分析变更可能导致的泄漏风险并采取相应措施。

（十）全面开展化工设备逸散性泄漏检测及维修。企业要根据逸散性泄漏检测的有关标准、规范，定期对易发生逸散性泄漏的部位（如管道、设备、机泵等密封点）进行泄漏检测，排查出发生泄漏的设备要及时维修或更换。企业要实施泄漏检测与维修全过程管理，对维修后的密封进行验证，达到减少或消除泄漏的目的。

（十一）加强化工装置源设备泄漏管理，提升泄漏防护等级。企业要根据物料危险性和泄漏量对源

设备泄漏进行分级管理、记录统计。对于发生的源设备泄漏事件要及时采取消除、收集、限制范围等措施，对于可能发生严重泄漏的设备，要采取第一时间能切断泄漏源的技术手段和防护性措施。企业要实施源设备泄漏事件处置的全过程管理，加强对生产现场的泄漏检查，努力降低各类泄漏事件发生率。

（十二）规范工艺操作行为，降低泄漏概率。操作人员要严格按操作规程进行操作，避免工艺参数大的波动。装置开车过程中，对高温设备要严格按升温曲线要求控制温升速度，按操作规程要求对法兰、封头等部件的螺栓进行逐级热紧；对低温设备要严格按降温曲线要求控制降温速度，按操作规程要求对法兰、封头等部件的螺栓进行逐级冷紧。要加强开停车和设备检修过程中泄漏检测监控工作。

（十三）加强泄漏管理培训。企业要开展涵盖全员的泄漏管理培训，不断增强员工的泄漏管理意识，掌握泄漏辨识和预防处置方法。新员工要接受泄漏管理培训后方能上岗。当工艺、设备发生变更时，要对相关人员及时培训。对负责设备泄漏检测和设备维修的员工进行泄漏管理专项培训。

五、建立健全泄漏管理制度

（十四）建立泄漏常态化管理机制。要根据企业实际情况制定泄漏管理的工作目标，制定工作计划，责任落实到人，保证资金投入，统筹安排、严格考核，将泄漏管理与工艺、设备、检修、隐患排查等管理相结合，并在岗位安全操作规程中体现查漏、消漏、动静密封点泄漏率控制等要求。

（十五）建立和完善泄漏管理责任制。建立健全并严格执行以企业主要负责人为第一责任人、分管负责人为责任人、相关部门及人员责任明确的泄漏管理责任制。

（十六）建立和不断完善泄漏检测、报告、处理、消除等闭环管理制度。建立定期检测、报告制度，对于装置中存在泄漏风险的部位，尤其是受冲刷或腐蚀容易减薄的物料管线，要根据泄漏风险程度制定相应的周期性测厚和泄漏检测计划，并定期将检测记录的统计结果上报给企业的生产、设备和安全管理部门，所有记录数据要真实、完整、准确。企业发现泄漏要立即处置、及时登记、尽快消除，不能立即处置的要采取相应的防范措施并建立设备泄漏台账，限期整改。加强对有关管理规定、操作规程、作业指导书和记录文件以及采用的检测和评估技术标准等泄漏管理文件的管理。

（十七）建立激励机制。企业要鼓励员工积极参与泄漏隐患排查、报告和治理工作，充分调动全体员工的积极性，实现全员参与。

六、全面加强泄漏应急处置能力

（十八）建立和完善化工装置泄漏报警系统。企业要按照《石油化工可燃气体和有毒气体检测报警设计规范》（GB 50493）和《工作场所有毒气体检测报警装置设置规范》（GBZ/T 223）等标准要求，在生产装置、储运、公用工程和其他可能发生有毒有害、易燃易爆物料泄漏的场所安装相关气体监测报警系统，重点场所还要安装视频监控设备。要将法定检验与企业自检相结合，现场检测报警装置要设置声光报警，保证报警系统的准确、可靠性。

（十九）建立规范、统一的报警信息记录和处理程序。操作人员接到报警信号后，要立即通过工艺条件和控制仪表变化判别泄漏情况，评估泄漏程度，并根据泄漏级别启动相应的应急处置预案。操作人员和管理人员要对报警及处理情况做好记录，并定期对所发生的各种报警和处理情况进行分析。

（二十）建立泄漏事故应急处置程序，有效控制泄漏后果。企业要充分辨识安全风险，完善应急预案，对于可能发生泄漏的密闭空间，应当编制专项应急预案并组织进行预案演练，完善事故处置物资储备。要设置符合国家标准规定的泄漏物料收集装置，对泄漏物料要妥善处置，如采取带压堵漏、快速封堵等安全技术措施。对于高风险、不能及时消除的泄漏，要果断停车处置。处置过程中要做好检测、防火防爆、隔离、警戒、疏散等相关工作。

七、强化考核

（二十一）加强泄漏管理内部审核。企业要对泄漏台账、目标责任书、作业文件、现场检测或检查记录等泄漏管理文件定期进行审核，对作业现场进行抽检抽查，核实检测或检查记录的可靠性，对泄漏管理系统进行内部审计。

（二十二）加强对泄漏管理的检查考核。企业要加强对泄漏管理过程、结果的检查考核，确保泄漏管理实现持续改进。企业要按泄漏控制目标的量化要求，对各部门和岗位的泄漏管理状况进行绩效考核。

化工企业要依据本指导意见，进一步落实安全生产主体责任，结合自身生产实际建立和完善泄漏管理制度，将泄漏管理与安全生产标准化和隐患排查治理工作相结合，积极开展泄漏预防与控制，提高泄漏管理水平。

地方各级安全监管部门要结合本地区实际，指导和推动化工企业贯彻落实本指导意见，促进化工企业安全生产。

15. 关于加强化工安全仪表系统管理的指导意见

（国家安全监管总局，安监总管三〔2014〕116 号，2014 年 11 月 13 日）

各省、自治区、直辖市及新疆生产建设兵团安全生产监督管理局，有关中央企业：

为加强化工安全仪表系统管理，防止和减少危险化学品事故发生，现提出以下指导意见：

一、充分认识加强化工安全仪表系统管理工作的重要性

（一）化工安全仪表系统（SIS）包括安全联锁系统、紧急停车系统和有毒有害、可燃气体及火灾检测保护系统等。安全仪表系统独立于过程控制系统（例如分散控制系统等），生产正常时处于休眠或静止状态，一旦生产装置或设施出现可能导致安全事故的情况时，能够瞬间准确动作，使生产过程安全停止运行或自动导入预定的安全状态，必须有很高的可靠性（即功能安全）和规范的维护管理，如果安全仪表系统失效，往往会导致严重的安全事故，近年来发达国家发生的重大化工（危险化学品）事故大都与安全仪表失效或设置不当有关。根据安全仪表功能失效产生的后果及风险，将安全仪表功能划分为不同的安全完整性等级（SIL1-4，最高为 4 级）。不同等级安全仪表回路在设计、制造、安装调试和操作维护方面技术要求不同。

目前，我国安全仪表系统及其相关安全保护措施在设计、安装、操作和维护管理等生命周期各阶段，还存在危险与风险分析不足、设计选型不当、冗余容错结构不合理、缺乏明确的检验测试周期、预防性维护策略针对性不强等问题，规范安全仪表系统管理工作亟待加强。随着我国化工装置、危险化学品储存设施规模大型化、生产过程自动化水平逐步提高，同步加强和规范安全仪表系统管理，十分紧迫和必要。

二、加强化工安全仪表系统管理的基础工作

（二）加快安全仪表系统功能安全相关技术和管理人才的培养。化工设计、施工单位和危险化学品生产、储存单位要组织对相关负责人、工艺和仪表等工程技术人员开展安全仪表专业培训，普及功能安全相关知识，学习有关标准规范。要针对安全仪表系统全生命周期不同的环节，分别对设计、安装调试和操作维护管理人员进行具有针对性的培训，使相关人员熟练掌握安全仪表系统、风险分析和控制、风险降低等相关专业技术。各化工设计单位要利用一年左右的时间，培养一支胜任安全仪表系统功能安全设计的技术骨干队伍。涉及"两重点一重大"（即重点监管危险化学品、重点监管危险化工工艺和危险化学品重大危险源）在役生产装置的化工企业和危险化学品储存单位要加快人才培养工作，培养一批具备专业技术能力、掌握相关标准规范的工程技术人员，满足开展和加强化工安全仪表系统功能安全管理工作

的需要。

（三）进一步完善化工安全仪表系统技术标准和认证体系。加快制修订化工安全仪表系统技术标准体系。要组织研究、规划我国化工功能安全技术标准体系，有关部门和单位要制定工作计划，组织制定符合我国化工行业企业安全发展现状的功能安全相关技术标准及应用指南。推动形成并完善符合中国国情的功能安全认证体制机制。依据《电气\电子\可编程电子安全相关系统的功能安全》（GB/T 20438）和《过程工业领域安全仪表系统的功能安全》（GB/T 21109），逐步建立相关人员、产品以及组织机构功能安全认证服务体系。

三、进一步加强安全仪表系统全生命周期的管理

（四）设计安全仪表系统之前要明确安全仪表系统过程安全要求、设计意图和依据。要通过过程危险分析，充分辨识危险与危险事件，科学确定必要的安全仪表功能，并根据国家法律法规和标准规范对安全风险进行评估，确定必要的风险降低要求。根据所有安全仪表功能的功能性和完整性要求，编制安全仪表系统安全要求技术文件。

（五）规范化工安全仪表系统的设计。严格按照安全仪表系统安全要求技术文件设计与实现安全仪表功能。通过仪表设备合理选择、结构约束（冗余容错）、检验测试周期以及诊断技术等手段，优化安全仪表功能设计，确保实现风险降低要求。要合理确定安全仪表功能（或子系统）检验测试周期，需要在线测试时，必须设计在线测试手段与相关措施。详细设计阶段要明确每个安全仪表功能（或子系统）的检验测试周期和测试方法等要求。

（六）严格安全仪表系统的安装调试和联合确认。应制定完善的安装调试与联合确认计划并保证有效实施，详细记录调试（单台仪表调试与回路调试）、确认的过程和结果，并建立管理档案。施工单位按照设计文件安装调试完成后，企业在投运前应依据国家法律法规、标准规范、行业和企业安全管理规定以及安全要求技术文件，组织对安全仪表系统进行审查和联合确认，确保安全仪表功能具备既定的功能和满足完整性要求，具备安全投用条件。

（七）加强化工企业安全仪表系统操作和维护管理。化工企业要编制安全仪表系统操作维护计划和规程，保证安全仪表系统能够可靠执行所有安全仪表功能，实现功能安全。

要按照符合安全完整性要求的检验测试周期，对安全仪表功能进行定期全面检验测试，并详细记录测试过程和结果。要加强安全仪表系统相关设备故障管理（包括设备失效、联锁动作、误动作情况等）和分析处理，逐步建立相关设备失效数据库。要规范安全仪表系统相关设备选用，建立安全仪表设备准入和评审制度以及变更审批制度，并根据企业应用和设备失效情况不断修订完善。

（八）逐步完善安全仪表系统管理制度和内部规范。企业要制定和完善安全仪表系统相关管理制度或企业内部技术规范，把功能安全管理融入企业安全管理体系，不断提升过程安全管理水平。

四、高度重视其他相关仪表保护措施管理

（九）加强过程报警管理，制定企业报警管理制度并严格执行。与安全仪表功能安全完整性要求相关的报警可以参照安全仪表功能进行管理和检验测试。

（十）加强基本过程控制系统的管理，与安全完整性要求相关的控制回路，参照安全仪表功能进行管理和检验测试，并保证自动控制回路的投用率。

（十一）严格按照相关标准设计和实施有毒有害和可燃气体检测保护系统，为确保其功能可靠，相关系统应独立于基本过程控制系统。

五、从源头加快规范新建项目安全仪表系统管理工作

（十二）从2016年1月1日起，大型和外商独资合资等具备条件的化工企业新建涉及"两重点一重大"的化工装置和危险化学品储存设施，要按照本指导意见的要求设计符合相关标准规定的安全仪表系统。

（十三）从 2018 年 1 月 1 日起，所有新建涉及"两重点一重大"的化工装置和危险化学品储存设施要设计符合要求的安全仪表系统。其他新建化工装置、危险化学品储存设施安全仪表系统，从 2020 年 1 月 1 日起，应执行功能安全相关标准要求，设计符合要求的安全仪表系统。

六、积极推进在役安全仪表系统评估工作

（十四）涉及"两重点一重大"在役生产装置或设施的化工企业和危险化学品储存单位，要在全面开展过程危险分析（如危险与可操作性分析）基础上，通过风险分析确定安全仪表功能及其风险降低要求，并尽快评估现有安全仪表功能是否满足风险降低要求。

（十五）企业应在评估基础上，制定安全仪表系统管理方案和定期检验测试计划。对于不满足要求的安全仪表功能，要制定相关维护方案和整改计划，2019 年底前完成安全仪表系统评估和完善工作。其他化工装置、危险化学品储存设施，要参照本意见要求实施。

七、工作要求

（十六）各有关企业和单位要按照相关法律法规、标准规范及本指导意见的要求，完善企业安全仪表系统管理制度和体系，加大资金投入，保障新建装置安全仪表系统达到功能安全标准的要求。对在役装置安全仪表系统不满足功能安全要求的，要列入整改计划限期整改，努力消除潜在的事故隐患，降低事故风险，遏制事故发生，切实提升企业本质安全水平。

（十七）地方各级安全监管部门要尽快开展调查研究，制定工作目标，确定试点单位，明确进度要求，指导和督促企业加强化工过程安全仪表系统及其相关安全保护措施的管理。要将安全仪表系统功能安全评估、安全仪表系统管理制度落实、人员培训开展等情况纳入安全监督检查内容。省级安全监管局要每年汇总相关检查情况，并于每年 2 月底前报送国家安全监管总局监管三司。

请各省级安全监管局及时将本指导意见精神传达至本辖区各级安全监管部门及有关企业和设计单位。

16. 关于印发《化工（危险化学品）企业安全检查重点指导目录》的通知

（国家安全监管总局，安监总管三〔2015〕113 号，2015 年 12 月 14 日）

各省、自治区、直辖市及新疆生产建设兵团安全生产监督管理局，有关中央企业：

为进一步规范化工（危险化学品）企业安全生产管理，指导和强化地方政府安全监管工作，更好地推动化工（危险化学品）生产、经营企业安全生产主体责任落实，国家安全监管总局组织制定了《化工（危险化学品）企业安全检查重点指导目录》（以下简称《目录》）。现印发给你们，请遵照执行，并就有关事项通知如下：

一、《目录》适用于化工企业和危险化学品生产、经营（带仓储设施）企业，作为安全监管部门组织安全督查及企业开展隐患排查的重点内容。

二、各省级安全监管部门要结合实际，在《目录》基础上完善本地区化工（危险化学品）生产、经营企业安全检查重点指导目录及具体的行政处罚自由裁量标准，并报送安全监管总局备案。

三、有关企业要参照《目录》，制定安全检查重点内容，并开展全面的自查自改；地方各级安全监管部门要组织做好宣贯工作，将本通知下发到有关企业，并认真开展安全监督执法检查，发现存在《目录》中有关问题的，一律依法予以处理。

附件：《化工（危险化学品）企业安全检查重点指导目录》

化工（危险化学品）企业安全检查重点指导目录

序号	检查重点内容	违反条文	处罚依据
		人员和资质管理	
1	企业安全生产行政许可手续不齐全或不在有效期内的	《危险化学品安全管理条例》第十四条、第二十九条、第三十三条	《危险化学品安全管理条例》第七十七条：未依法取得危险化学品安全生产许可证从事危险化学品生产的，依照《安全生产许可证条例》的规定处罚。 违反本条例规定，化工企业未取得危险化学品安全使用许可证，使用危险化学品从事生产的，由安全生产监督管理部门责令限期改正，处10万元以上20万元以下的罚款；逾期不改正，责令停产整顿。 违反本条例规定，未取得危险化学品经营许可证从事危险化学品经营的，由安全生产监督管理部门责令停止经营活动，没收违法经营的危险化学品以及违法所得，并处10万元以上20万元以下的罚款；构成犯罪的，依法追究刑事责任。 《安全生产许可证条例》第十九条：违反本条例规定，未取得安全生产许可证擅自进行生产的，责令停止生产，没收违法所得，并处10万元以上50万元以下的罚款；造成重大事故或者其他严重后果，构成犯罪的，依法追究刑事责任。 第二十条：违反本条例规定，安全生产许可证有效期满未办理延期手续，继续进行生产的，责令停止生产，限期补办延期手续，没收违法所得，并处5万元以上10万元以下的罚款；逾期仍不办理延期手续，继续进行生产的，依照本条例第十九条的规定处罚
2	企业未依法明确主要负责人、分管负责人安全生产职责或主要负责人、分管负责人未依法履行其安全生产职责的	《安全生产法》第十九条	《安全生产法》第九十一条：生产经营单位的主要负责人未履行本法规定的安全生产管理职责的，责令限期改正；逾期未改正的，处二万元以上五万元以下的罚款，责令生产经营单位停产停业整顿
3	企业未设置安全生产管理机构或配备专职安全生产管理人员的	《安全生产法》第二十一条	《安全生产法》第九十四条：生产经营单位有下列行为之一的，责令限期改正，可以处五万元以下的罚款；逾期未改正的，责令停产停业整顿，并处五万元以上十万元以下的罚款，对其直接负责的主管人员和其他直接责任人员处一万元以上二万元以下的罚款： （一）未按照规定设置安全生产管理机构或者配备安全生产管理人员的
4	企业的主要负责人、安全负责人及其他安全生产管理人员未按照规定经考核合格的	《安全生产法》第二十四条	《安全生产法》第九十四条：生产经营单位有下列行为之一的，责令限期改正，可以处五万元以下的罚款；逾期未改正的，责令停产停业整顿，并处五万元以上十万元以下的罚款，对其直接负责的主管人员和其他直接责任人员处一万元以上二万元以下的罚款： （二）危险物品的生产、经营、储存单位以及矿山、金属冶炼、建筑施工、道路运输单位的主要负责人和安全生产管理人员未按照规定经考核合格的
5	企业未对从业人员进行安全生产教育培训或者安排未经安全生产教育和培训合格的从业人员上岗作业的	《安全生产法》第二十五条	《安全生产法》第九十四条：生产经营单位有下列行为之一的，责令限期改正，可以处五万元以下的罚款；逾期未改正的，责令停产停业整顿，并处五万元以上十万元以下的罚款，对其直接负责的主管人员和其他直接责任人员处一万元以上二万元以下的罚款： （三）未按照规定对从业人员、被派遣劳动者、实习学生进行安全生产教育和培训，或者未按照规定如实告知有关的安全生产事项的
6	从业人员对本岗位涉及的危险化学品危险特性不熟悉的	《安全生产法》第二十五条	《安全生产法》第九十四条：生产经营单位有下列行为之一的，责令限期改正，可以处五万元以下的罚款；逾期未改正的，责令停产停业整顿，并处五万元以上十万元以下的罚款，对其直接负责的主管人员和其他直接责任人员处一万元以上二万元以下的罚款： （三）未按照规定对从业人员、被派遣劳动者、实习学生进行安全生产教育和培训，或者未按照规定如实告知有关的安全生产事项的

序号	检查重点内容	违反条文	处罚依据
		人员和资质管理	
7	特种作业人员未按照国家有关规定经专门的安全作业培训并取得相应资格上岗作业的	《安全生产法》第二十七条	《安全生产法》第九十四条:生产经营单位有下列行为之一的,责令限期改正,可以处五万元以下的罚款;逾期未改正的,责令停产停业整顿,并处五万元以上十万元以下的罚款,对其直接负责的主管人员和其他直接责任人员处一万元以上二万元以下的罚款: (七)特种作业人员未按照规定经专门的安全作业培训并取得相应资格,上岗作业的
8	选用不符合资质的承包商或未对承包商的安全生产工作统一协调、管理的	《安全生产法》第四十六条	《安全生产法》第一百条:生产经营单位将生产经营项目、场所、设备发包或者出租给不具备安全生产条件或者相应资质的单位或者个人,责令限期改正,没收违法所得;违法所得十万元以上的,并处违法所得二倍以上五倍以下的罚款;没有违法所得或者违法所得不足十万元的,单处或者处十万元以上二十万元以下的罚款;对其直接负责的主管人员和其他直接责任人员处一万元以上二万元以下的罚款;导致发生生产安全事故给他人造成损害的,与承包方、承租方承担连带赔偿责任。 生产经营单位未与承包单位、承租单位签订专门的安全生产管理协议或者未在承包合同、租赁合同中明确各自的安全生产管理职责,或者未对承包单位、承租单位的安全生产统一协调、管理的,责令限期改正,可以处五万元以下的罚款,对其直接负责的主管人员和其他直接责任人员可以处一万元以下的罚款;逾期未改正的,责令停产停业整顿
9	将火种带入易燃易爆场所或存在脱岗、睡岗、酒后上岗行为的的	《安全生产法》第五十四条	《安全生产法》第九十九条:生产经营单位未采取措施消除事故隐患的,责令立即消除或者限期消除;生产经营单位拒不执行的,责令停产停业整顿,并处十万元以上五十万元以下的罚款,对其直接负责的主管人员和其他直接责任人员处二万元以上五万元以下的罚款。 《安全生产法》第一百零四条:生产经营单位的从业人员不服从管理,违反安全生产规章制度或者操作规程的,由生产经营单位给予批评教育,依照有关规章制度给予处分;构成犯罪的,依照刑法有关规定追究刑事责任
		工艺管理	
10	在役化工装置未经正规设计且未进行安全设计诊断的	《安全生产法》第三十八条	《安全生产法》第九十九条:生产经营单位未采取措施消除事故隐患的,责令立即消除或者限期消除;生产经营单位拒不执行的,责令停产停业整顿,并处十万元以上五十万元以下的罚款,对其直接负责的主管人员和其他直接责任人员处二万元以上五万元以下的罚款
11	新开发的危险化学品生产工艺未经逐级放大试验到工业化生产或首次使用的化工工艺未经省级人民政府有关部门组织安全可靠性论证的	《危险化学品生产企业安全生产许可证实施办法》(国家安全监管总局令第41号)	《安全生产法》第九十九条:生产经营单位未采取措施消除事故隐患的,责令立即消除或者限期消除;生产经营单位拒不执行的,责令停产停业整顿,并处十万元以上五十万元以下的罚款,对其直接负责的主管人员和其他直接责任人员处二万元以上五万元以下的罚款
12	未按规定制定操作规程和工艺控制指标的	《安全生产法》第十八条	《安全生产法》第九十一条:生产经营单位的主要负责人未履行本法规定的安全生产管理职责,责令限期改正;逾期未改正的,处二万元以上五万元以下的罚款,责令生产经营单位停产停业整顿
13	生产、储存装置及设施超温、超压、超液位运行的	《安全生产法》第三十八条	《安全生产法》第九十九条:生产经营单位未采取措施消除事故隐患的,责令立即消除或者限期消除;生产经营单位拒不执行的,责令停产停业整顿,并处十万元以上五十万元以下的罚款,对其直接负责的主管人员和其他直接责任人员处二万元以上五万元以下的罚款

序号	检查重点内容	违反条文	处罚依据
		工艺管理	
14	在厂房、围堤、窖井等场所内设置有毒有害气体排放口且未采取有效防范措施的	《安全生产法》第三十八条、《工业企业设计卫生标准》(GBZ 1)第6.1.5.1条	《安全生产法》第九十九条:生产经营单位未采取措施消除事故隐患的,责令立即消除或者限期消除;生产经营单位拒不执行的,责令停产停业整顿,并处十万元以上五十万元以下的罚款,对其直接负责的主管人员和其他直接责任人员处二万元以上五万元以下的罚款
15	涉及液化烃、液氨、液氯、硫化氢等易燃爆及有毒介质的安全阀及其他泄放设施直排大气的(环氧乙烷的排放应采取安全措施)	《安全生产法》第三十三条、《固定式压力容器安全技术监察规程》(TSG R0004—2009)第8.2(3)条	《安全生产法》第九十六条:生产经营单位有下列行为之一的,责令限期改正,可以处五万元以下的罚款;逾期未改正的,处五万元以上二十万元以下的罚款,对其直接负责的主管人员和其他直接责任人员处一万元以上二万元以下的罚款;情节严重的,责令停产停业整顿;构成犯罪的,依照刑法有关规定追究刑事责任: (二)安全设备的安装、使用、检测、改造和报废不符合国家标准或者行业标准的
16	液化烃、液氨、液氯等易燃爆、有毒有害液化气体的充装未使用万向节管道充装系统的	《安全生产法》第三十八条	《安全生产法》第九十九条:生产经营单位未采取措施消除事故隐患的,责令立即消除或者限期消除;生产经营单位拒不执行的,责令停产停业整顿,并处十万元以上五十万元以下的罚款,对其直接负责的主管人员和其他直接责任人员处二万元以上五万元以下的罚款
17	浮顶储罐运行中浮盘落底的	《安全生产法》第三十八条	《安全生产法》第九十九条:生产经营单位未采取措施消除事故隐患的,责令立即消除或者限期消除;生产经营单位拒不执行的,责令停产停业整顿,并处十万元以上五十万元以下的罚款,对其直接负责的主管人员和其他直接责任人员处二万元以上五万元以下的罚款
		设备设施管理	
18	安全设备的安装、使用、检测、维修、改造和报废不符合国家标准或行业标准;或使用国家明令淘汰的危及生产安全的工艺、设备的	《安全生产法》第三十三条、第三十五条	《安全生产法》第九十六条:生产经营单位有下列行为之一的,责令限期改正,可以处五万元以下的罚款;逾期未改正的,处五万元以上二十万元以下的罚款,对其直接负责的主管人员和其他直接责任人员处一万元以上二万元以下的罚款;情节严重的,责令停产停业整顿;构成犯罪的,依照刑法有关规定追究刑事责任: (二)安全设备的安装、使用、检测、改造和报废不符合国家标准或者行业标准的; (六)使用应当淘汰的危及生产安全的工艺、设备的
19	油气储罐未按规定达到以下要求的: (1)液化烃的储罐应设液位计、温度计、压力表、安全阀,以及高液位报警和高高液位自动联锁切断进料措施;全冷冻式液化烃储罐还应设真空泄放设施和高、低温度检测,并应与自动控制系统相连; (2)气柜应设上、下限位报警装置,并宜设进出管道自动联锁切断装置; (3)液化石油气球形储罐液相进出口应设置紧急切断阀,其位置宜靠近球形储罐; (4)丙烯、丙烷、混合C_4及抽余C_4及液化石油气的球形储罐应设置注水措施	《安全生产法》第三十三条;《石油化工企业设计防火规范》(GB 50160)第6.3.11条、第6.3.12条;《液化烃球形储罐安全设计规范》(SH 3136)第6.1条、第7.4条	《安全生产法》第九十六条:生产经营单位有下列行为之一的,责令限期改正,可以处五万元以下的罚款;逾期未改正的,处五万元以上二十万元以下的罚款,对其直接负责的主管人员和其他直接责任人员处一万元以上二万元以下的罚款;情节严重的,责令停产停业整顿;构成犯罪的,依照刑法有关规定追究刑事责任: (二)安全设备的安装、使用、检测、改造和报废不符合国家标准或者行业标准的

续表

序号	检查重点内容	违反条文	处罚依据
设备设施管理			
20	涉及危险化工工艺、重点监管危险化学品的装置未设置自动化控制系统；或者涉及危险化工工艺的大型化工装置未设置紧急停车系统的	《危险化学品生产企业安全生产许可证实施办法》（国家安全监管总局令第41号）第九条	《安全生产法》第九十九条：生产经营单位未采取措施消除事故隐患的，责令立即消除或者限期消除；生产经营单位拒不执行的，责令停产停业整顿，并处十万元以上五十万元以下的罚款，对其直接负责的主管人员和其他直接责任人员处二万元以上五万元以下的罚款
21	有毒有害、可燃气体泄漏检测报警系统未按照标准设置、使用或定期检测校验；以及报警信号未发送至有操作人员常驻的控制室、现场操作室进行报警的	《安全生产法》第三十三条、《石油化工企业可燃气体和有毒气体检测报警设计规范》（GB 50493）	《安全生产法》第九十六条：生产经营单位有下列行为之一的，责令限期改正，可以处五万元以下的罚款；逾期未改正的，处五万元以上二十万元以下的罚款，对其直接负责的主管人员和其他直接责任人员处一万元以上二万元以下的罚款；情节严重的，责令停产停业整顿；构成犯罪的，依照刑法有关规定追究刑事责任： （二）安全设备的安装、使用、检测、改造和报废不符合国家标准或者行业标准的
22	安全联锁未正常投用或未经审批摘除以及经审批后临时摘除超过一个月未恢复的	《安全生产法》第三十三条	《安全生产法》第九十六条：生产经营单位有下列行为之一的，责令限期改正，可以处五万元以下的罚款；逾期未改正的，处五万元以上二十万元以下的罚款，对其直接负责的主管人员和其他直接责任人员处一万元以上二万元以下的罚款；情节严重的，责令停产停业整顿；构成犯罪的，依照刑法有关规定追究刑事责任： （二）安全设备的安装、使用、检测、改造和报废不符合国家标准或者行业标准的
23	工艺或安全仪表报警时未及时处置的	《安全生产法》第三十八条	《安全生产法》第九十九条：生产经营单位未采取措施消除事故隐患的，责令立即消除或者限期消除；生产经营单位拒不执行的，责令停产停业整顿，并处十万元以上五十万元以下的罚款，对其直接负责的主管人员和其他直接责任人员处二万元以上五万元以下的罚款
24	在用装置（设施）安全阀或泄压排放系统未正常投用的	《安全生产法》第三十三条、《固定式压力容器安全技术监察规程》（TSG R0004—2009）第8.3.5条	《安全生产法》第九十六条：生产经营单位有下列行为之一的，责令限期改正，可以处五万元以下的罚款；逾期未改正的，处五万元以上二十万元以下的罚款，对其直接负责的主管人员和其他直接责任人员处一万元以上二万元以下的罚款；情节严重的，责令停产停业整顿；构成犯罪的，依照刑法有关规定追究刑事责任： （二）安全设备的安装、使用、检测、改造和报废不符合国家标准或者行业标准的
25	涉及放热反应的危险化工工艺生产装置未设置双重电源供电或控制系统未设置不间断电源（UPS）的	《安全生产法》第三十八条、《石油化工企业生产装置电力设计技术规范》（SH 3038）、《供配电系统设计规范》（GB 50052）	《安全生产法》第九十九条：生产经营单位未采取措施消除事故隐患的，责令立即消除或者限期消除；生产经营单位拒不执行的，责令停产停业整顿，并处十万元以上五十万元以下的罚款，对其直接负责的主管人员和其他直接责任人员处二万元以上五万元以下的罚款
安全管理			
26	未建立变更管理制度或未严格执行的	《安全生产法》第四条、第四十一条	《安全生产法》第九十一条：生产经营单位的主要负责人未履行本法规定的安全生产管理职责的，责令限期改正，逾期未改正的，处二万元以上五万元以下的罚款，责令生产经营单位停产停业整顿
27	危险化学品生产装置、罐区、仓库等设施与周边的安全距离不符合要求的	《安全生产法》第三十八条	《安全生产法》第九十九条：生产经营单位未采取措施消除事故隐患的，责令立即消除或者限期消除；生产经营单位拒不执行的，责令停产停业整顿，并处十万元以上五十万元以下的罚款，对其直接负责的主管人员和其他直接责任人员处二万元以上五万元以下的罚款

序号	检查重点内容	违反条文	处罚依据
		安全管理	
28	控制室或机柜间面向具有火灾、爆炸危险性装置一侧有门窗。(2017年前必须整改完成)	《安全生产法》第三十八条、《石油化工企业设计防火规范》(GB 50160)第5.2.18条	《安全生产法》第九十九条:生产经营单位未采取措施消除事故隐患的,责令立即消除或者限期消除;生产经营单位拒不执行的,责令停产停业整顿,并处十万元以上五十万元以下的罚款,对其直接负责的主管人员和其他直接责任人员处二万元以上五万元以下的罚款
29	生产、经营、储存、使用危险化学品的车间、仓库与员工宿舍在同一座建筑内或与员工宿舍的距离不符合安全要求的	《安全生产法》第三十九条	《安全生产法》第一百零二条:生产经营单位有下列行为之一的,责令限期改正,可以处五万元以下的罚款,对其直接负责的主管人员和其他直接责任人员可以处一万元以下的罚款;逾期未改正的,责令停产停业整顿;构成犯罪的,依照刑法有关规定追究刑事责任: (一)生产、经营、储存、使用危险物品的车间、商店、仓库与员工宿舍在同一座建筑内,或者与员工宿舍的距离不符合安全要求的
30	危险化学品未按照标准分区、分类、分库存放,或存在超量、超品种以及相互禁忌物质混放混存的	《危险化学品安全管理条例》第二十四条、《常用化学危险品贮存通则》(GB 15603)	《危险化学品安全管理条例》第八十条:生产、储存、使用危险化学品的单位有下列情形之一的,由安全生产监督管理部门责令改正,处5万元以上10万元以下的罚款;拒不改正的,责令停产停业整顿直至由原发证机关吊销其相关许可证件,并由工商行政管理部门责令其办理经营范围变更登记或者吊销其营业执照;有关责任人员构成犯罪的,依法追究刑事责任: (五)危险化学品的储存方式、方法或者储存数量不符合国家标准或者国家有关规定的
31	危险化学品厂际输送管道存在违章占压、安全距离不足和违规交叉穿越问题的	《安全生产法》第三十八条	《安全生产法》第九十九条:生产经营单位未采取措施消除事故隐患的,责令立即消除或者限期消除;生产经营单位拒不执行的,责令停产停业整顿,并处十万元以上五十万元以下的罚款,对其直接负责的主管人员和其他直接责任人员处二万元以上五万元以下的罚款
32	光气、氯气(液氯)等剧毒化学品管道穿(跨)越公共区域的	《危险化学品输送管道安全管理规定》(国家安全监管总局令第43号)	《安全生产法》第九十九条:生产经营单位未采取措施消除事故隐患的,责令立即消除或者限期消除;生产经营单位拒不执行的,责令停产停业整顿,并处十万元以上五十万元以下的罚款,对其直接负责的主管人员和其他直接责任人员处二万元以上五万元以下的罚款
33	动火作业未按规定进行可燃气体分析;受限空间作业未按规定进行可燃气体、氧含量和有毒气体分析;以及作业过程无人监护的	《安全生产法》第四十条、《化学品生产单位特殊作业安全规范》(GB 30871)	《安全生产法》第九十八条:生产经营单位有下列行为之一的,责令限期改正,可以处十万元以下的罚款;逾期未改正的,责令停产停业整顿,并处十万元以上二十万元以下的罚款,对其直接负责的主管人员和其他直接责任人员处二万元以上五万元以下的罚款;构成犯罪的,依照刑法有关规定追究刑事责任: (三)进行爆破、吊装以及国务院安全生产监督管理部门会同国务院有关部门规定的其他危险作业,未安排专门人员进行现场安全管理的。 《安全生产法》第九十九条:生产经营单位未采取措施消除事故隐患的,责令立即消除或者限期消除;生产经营单位拒不执行的,责令停产停业整顿,并处十万元以上五十万元以下的罚款,对其直接负责的主管人员和其他直接责任人员处二万元以上五万元以下的罚款
34	脱水、装卸、倒罐作业时,作业人员离开现场或油气罐区同一防火堤内切水和动火作业同时进行的	《安全生产法》第三十八条	《安全生产法》第九十九条:生产经营单位未采取措施消除事故隐患的,责令立即消除或者限期消除;生产经营单位拒不执行的,责令停产停业整顿,并处十万元以上五十万元以下的罚款,对其直接负责的主管人员和其他直接责任人员处二万元以上五万元以下的罚款
35	在有较大危险因素的生产经营场所和有关设施、设备上未设置明显的安全警示标志的	《安全生产法》第三十二条	《安全生产法》第九十六条:生产经营单位有下列行为之一的,责令限期改正,可以处五万元以下的罚款;逾期未改正的,处五万元以上二十万元以下的罚款,对其直接负责的主管人员和其他直接责任人员处一万元以上二万元以下的罚款;情节严重的,责令停产停业整顿;构成犯罪的,依照刑法有关规定追究刑事责任: (一)未在有较大危险因素的生产经营场所和有关设施、设备上设置明显的安全警示标志的

序号	检查重点内容	违反条文	处罚依据
			安全管理
36	危险化学品生产企业未提供化学品安全技术说明书,未在包装(包括外包装件)上粘贴、拴挂化学品安全标签的	《危险化学品安全管理条例》第十五条	《危险化学品安全管理条例》第七十八条:有下列情形之一的,由安全生产监督管理部门责令改正,可以处 5 万元以下的罚款;拒不改正的,处 5 万元以上 10 万元以下的罚款;情节严重的,责令停产停业整顿: (三)危险化学品生产企业未提供化学品安全技术说明书,或者未在包装(包括外包装件)上粘贴、拴挂化学品安全标签的
37	对重大危险源未登记建档,或者未进行评估、有效监控的	《安全生产法》第三十七条	《安全生产法》第九十八条:生产经营单位有下列行为之一的,责令限期改正,可以处十万元以下的罚款;逾期未改正的,责令停产停业整顿,并处十万元以上二十万元以下的罚款,对其直接负责的主管人员和其他直接责任人员处二万元以上五万元以下的罚款;构成犯罪的,依照刑法有关规定追究刑事责任: (二)对重大危险源未登记建档,或者未进行评估、监控,或者未制定应急预案的
38	未对重大危险源的安全生产状况进行定期检查,采取措施消除事故隐患的	《危险化学品重大危险源监督管理暂行规定》(国家安全监管总局令第 40 号)第十六条	《危险化学品重大危险源监督管理暂行规定》第三十五条:危险化学品单位未按照本规定对重大危险源的安全生产状况进行定期检查,采取措施消除事故隐患的,责令立即消除或者限期消除;危险化学品单位拒不执行的,责令停产停业整顿,并处 10 万元以上 20 万元以下的罚款,对其直接负责的主管人员和其他直接责任人员处 2 万元以上 5 万元以下的罚款
39	易燃易爆区域使用非防爆工具或电器的	《安全生产法》第三十八条	《安全生产法》第九十九条:生产经营单位未采取措施消除事故隐患的,责令立即消除或者限期消除;生产经营单位拒不执行的,责令停产停业整顿,并处十万元以上五十万元以下的罚款,对其直接负责的主管人员和其他直接责任人员处二万元以上五万元以下的罚款
40	未在存在有毒气体的区域配备便携式检测仪、空气呼吸器等器材和设备或者不能正确佩戴、使用个体防护用品和应急救援器材的	《安全生产法》第三十八条、第七十九条	《安全生产法》第九十九条:生产经营单位未采取措施消除事故隐患的,责令立即消除或者限期消除;生产经营单位拒不执行的,责令停产停业整顿,并处十万元以上五十万元以下的罚款,对其直接负责的主管人员和其他直接责任人员处二万元以上五万元以下的罚款

17. 关于危险化学品从业单位安全生产标准化评审工作有关事项的通知

(国家安全监管总局,安监总厅管三〔2016〕111 号,2016 年 10 月 21 日)

各省、自治区、直辖市及新疆生产建设兵团安全生产监督管理局:

为贯彻落实《安全生产法》,更好推动危险化学品企业落实安全生产主体责任,做好危险化学品从业单位安全生产标准化评审工作,根据国家安全监管总局印发的《危险化学品从业单位安全生产标准化评审标准》(安监总管三〔2011〕93 号)和《企业安全生产标准化评审工作管理办法(试行)》(安监总办〔2014〕49 号),现将危险化学品从业单位安全生产标准化评审工作有关事项通知如下:

一、关于评审程序

危险化学品从业单位安全生产标准化建设以危险化学品从业单位自主创建为主,程序包括自评、申请、评审、公告、颁发证书和牌匾。危险化学品从业单位在开展安全生产标准化建设时，可以依据危险化学品安全生产标准化相关要求及标准对本单位安全生产条件及安全管理现状进行诊断，有针对性地开展安全生产标准化建设。

二、关于评审人员

（一）国家安全监管总局化学品登记中心依据职责，开展危险化学品安全生产标准化体系建设相关技术支持工作，制定评审人员培训大纲，编制培训教材，指导各地区评审组织单位开展评审人员培训。

（二）承担评审工作的评审人员应具备以下条件：

1. 具有国民教育化学、化工工艺、机械、仪表自动化、电气、职业安全健康等与企业安全生产相关的专业大专（含）以上学历或工程类化工、石油化工等相关专业中级（含）以上技术职称。

2. 从事危险化学品或化工行业安全相关的技术或管理等工作3年以上。

3. 经统一考核，取得评审人员培训合格证书。

4. 录入企业安全生产标准化信息管理系统。

（三）评审人员应定期（原则上每3年一次）参加危险化学品从业单位安全生产标准化评审人员培训，及时更新、掌握评审工作有关要求。

（四）评审人员应每年至少参与完成对2个企业的安全生产标准化评审或诊断工作，且应客观公正，依法保守企业的商业秘密和有关评审工作信息。

（五）评审人员有下列行为之一的，其培训合格证书由原发证单位注销并公告：

1. 隐瞒真实情况，故意出具虚假证明、报告；

2. 未按规定办理换证；

3. 允许他人以本人名义开展评审工作或参与安全生产标准化工作诊断等咨询服务；

4. 因工作失误，造成事故或重大经济损失；

5. 利用工作之便，索贿、受贿或牟取不正当利益；

6. 其他违法、违规行为。

三、关于现场评审

（一）评审工作应在收到评审通知之日起3个月内完成（不含企业整改时间）。

（二）评审单位应根据企业规模及工艺成立评审工作组，指定评审组组长。评审工作组成员应按照评审计划和任务分工实施评审，专家不得单独承担评审任务。

评审工作组至少由2名评审人员组成，可聘请专家提供技术支撑。

（三）评审单位应如实记录评审工作，评审记录应详实、准确、全面。

（四）评审工作组完成评审后，应编写评审报告。参加评审的评审组成员应在评审报告上签字。评审报告经评审单位负责人审批，并在完成评审后1个月内提交相应的评审组织单位。

评审工作组应将否决项与扣分项清单和整改要求反馈给企业，由企业整改，并由评审单位现场核实。

（五）评审计分方法。

1. 每个A级要素满分为100分，各个A级要素的评审得分乘以相应的权重系数（见附件），然后相加得到评审总分值。评审满分为100分，计算方法如下：

$$M = \sum_{i=1}^{n} K_i M_i$$

式中　M——总分值；

　　K_i——权重系数；

　　M_i——各A级要素得分值；

　　n——A级要素的数量（$1 \leqslant n \leqslant 12$）。

2. 当企业不涉及相关B级要素时为缺项，按零分计。A级要素得分值折算方法如下：

$$M_i = \frac{M_{i实} \times 100}{M_{i满}}$$

式中 $M_{i实}$——A级要素实得分值；

$M_{i满}$——扣除缺项后的要素满分值。

3. 每个B级要素分值扣完为止。

4. 申请危险化学品从业单位安全生产标准化一级、二级、三级的企业评审得分均应在80分（含）以上，且每个A级要素评审得分均应在60分（含）以上。

（六）评审单位应将评审资料存档，包括技术服务合同、评审通知、评审计划、评审记录、否决项与扣分项清单、评审报告、现场核实材料、企业申请资料等。

四、有关要求

为推动通过评审的危险化学品安全生产标准化企业持续改进、不断强化安全生产工作，评审组织单位每年应按照不低于20％的比例组织抽查。抽查内容应覆盖企业适用的安全生产标准化所有要素，且覆盖企业半数以上的管理部门和生产现场。

各地区要严格按照《企业安全生产标准化评审工作管理办法（试行）》和本通知要求，积极推进危险化学品从业单位安全生产标准建设，不断提升安全生产标准化工作质量和水平，持续夯实企业安全生产基础，加快提高安全保障能力，有效防范和遏制危险化学品安全事故。

附件：A级要素权重系数

附件：A级要素权重系数

序　　号	A级要素	权重系数（K_i）
1	法律、法规和标准	0.05
2	机构和职责	0.06
3	风险管理	0.12
4	管理制度	0.05
5	培训教育	0.10
6	生产设施及工艺安全	0.20
7	作业安全	0.15
8	职业健康	0.05
9	危险化学品管理	0.05
10	事故与应急	0.06
11	检查与自评	0.06
12	本地区的要求	0.05

参考文献

[1] 张海峰，曲福年，等. 危险化学品从业单位安全标准化工作指南. 第 3 版. 北京：中国石化出版社，2013.

[2] 阚珂，杨元元，等.《中华人民共和国安全生产法》释义. 北京：中国民主法制出版社，2014.

[3] 刘铁民，等. 安全生产管理知识. 北京：煤炭工业出版社，2005.

[4] 张广华. 危险化学品生产安全技术与管理. 北京：中国石化出版社，2004.

[5] 王自齐，等. 化学事故与应急救援. 北京：化学工业出版社，2003.